"十三五"普通高等教育本科系列教材

材料力学教程

主　编　苑学众
副主编　孙雅珍　马丽珠
编　写　洪　媛　杨　楠　赵春阳　傅柏权　齐宝欣

内 容 提 要

本书内容包括材料力学的基本概念、轴向拉伸和压缩、剪切和扭转、弯曲内力、截面几何性质、弯曲应力、弯曲变形、应力状态、强度理论与弯曲和扭转的组合、压杆稳定和能量法。各章附有习题。书末附有型钢表和习题参考答案。

本书可用于普通高等学校工科专业材料力学课程教材，适合土木类和机械类各专业学生使用，也可作为同类专业的教材和参考书。

图书在版编目（CIP）数据

材料力学教程/苑学众主编 .—北京：中国电力出版社，2019.2（2023.1 重印）
“十三五”普通高等教育本科规划教材
ISBN 978-7-5198-2819-6

Ⅰ.①材… Ⅱ.①苑… Ⅲ.①材料力学—高等学校—教材 Ⅳ.①TB301

中国版本图书馆 CIP 数据核字（2018）第 294817 号

出版发行：中国电力出版社
地　　址：北京市东城区北京站西街 19 号（邮政编码 100005）
网　　址：http://www.cepp.sgcc.com.cn
责任编辑：熊荣华（010-63412543）
责任校对：黄　蓓　王海南
装帧设计：张俊霞　郝晓燕
责任印制：钱兴根

印　　刷：望都天宇星书刊印刷有限公司
版　　次：2019 年 2 月第一版
印　　次：2023 年 1 月北京第四次印刷
开　　本：787 毫米×1092 毫米　16 开本
印　　张：13.25
字　　数：323 千字
定　　价：40.00 元

前　言

本书按照普通高等学校工科专业材料力学课程的基本要求编写，可作为工程院校材料力学教材，适合土木、工程管理、房地产、造价、无机、材料、高分子、机械、交通和物流等土建类和机械类专业学生使用，也可作为同类专业的教材和参考书。本书满足材料力学教学的基本要求（40～72 学时）。

本书内容循序渐进，在保证基本教学要求的条件下，为适应教学的需要，注意内容上的精简。在材料的力学性能部分修正了以往教材中关于低碳钢试样滑移的叙述。在弯曲变形位移计算中引入了主编提出的“悬臂梁法”。在弯曲内力和弯曲变形中采用的坐标系为土建类常用的向下为正的坐标系。

本书内容共分为 11 章，分别为：材料力学的基本概念、轴向拉伸和压缩、剪切和扭转、弯曲内力、截面几何性质、弯曲应力、弯曲变形、应力状态、强度理论与弯曲和扭转的组合、压杆稳定和能量法。书末附有型钢表和大多数习题的答案。公式按“章 - 序号”编写，但推导过程中的表达式在每节中按小写拉丁字母排序。本书采用国际单位制，为简洁起见，在例题求解过程中不标注单位。

本书主编为苑学众，副主编为孙雅珍和马丽珠，其他编者有洪媛、杨楠、赵春阳、傅柏权和齐宝欣。由于编者水平有限，书中不足之处和错误在所难免，希望读者批评指正。

编者
2018 年 9 月

目　录

第1章 材料力学的基本概念

1.1 材料力学的任务与研究对象

在工程实际中，各种机械与结构得到广泛应用。组成机械与结构基本单位，称为构件。构件受到外力作用，同时，其尺寸与形状也发生改变。构件尺寸与形状的变化称为变形。

构件的变形分为两类：一类为外力解除后能消失的变形，称为**弹性变形**；另一类为外力解除后不能消失的变形，称为**塑性变形或残余变形**。

1.1.1 材料力学的研究对象

实际工程中的构件是多种多样的，根据其几何形状的特征，主要可分为杆件、板件与块件。

一个方向的尺寸远大于其他两个方向尺寸的构件，称为**杆件或杆**。杆是工程中最常见、最基本的构件。一根杆件的形状与尺寸由其轴线与横截面确定。轴线与杆的长度方向一致，垂直于轴线的截面称为横截面。

杆件根据轴线特征可分为直杆和曲杆，根据截面特征可分为等截面杆和变截面杆。等截面直杆的分析计算原理，一般也可近似地用于曲率较小的曲杆与截面无显著变化的变截面杆（图1-1）。

图1-1 变截面杆

一个方向的尺寸远小于其他两个方向尺寸的构件，称为**板件或板**。板的中面为平面的板件称为平板，中面为曲面的板件称为**壳**（图1-2）。

三个方向的尺寸都不能忽略的构件，称为块件或**体**。块体在工程机械和结构中多为连接体或基础，在计算精度要求不高的情况下，有时体可近似作为杆件来处理。

图1-2 壳

材料力学的主要研究对象是杆件，以及由若干杆件组成的简单杆系，同时也研究一些形状与受力均比较简单的板与壳。至于一般较复杂的杆系与板壳问题，则属于结构力学与弹性力学等的研究范畴。工程实际中的构件，有许多属于杆件，而且杆件问题的分析原理与方法，也是分析其他形式构件的基础。

1.1.2 强度、刚度与稳定性

承力构件要保证正常工作，显然不能发生意外断裂或显著塑性变形。对于许多构件，工作时变形过大也是不允许的。这就要求构件具有足够的**强度**（即抵抗破坏的能力），以保证在规定的使用条件下不发生意外断裂或显著塑性变形；还要求构件具有足够的**刚度**（即抵抗变形的能力），以保证在规定的使用条件下不产生过大变形。

除此之外，还要求构件具备足够的**稳定性**（即保持原有平衡状态的能力），以保证在规定的使用条件下不失稳。对于杆件，**失稳**指的当杆的压力超过某一临界值时，突然从原来的小变形状态转变为大变形弯曲非平衡状态的现象。失稳通常会造成较严重的经济损失，所以构件工作时发生失稳也是严格禁止的。

构件具有足够的强度、刚度和稳定性是保证构件正常或安全工作的基本要求。在设计构件时，除应满足上述要求外，还应尽可能地合理选用材料与节省材料，以便减轻构件重量并降低制造成本。另外，为了构件的安全，通常希望选用优质材料并且较大尺寸的截面，但是这样又导致了材料浪费与结构笨重。可见，安全与经济以及安全与重量之间是存在矛盾的。因此，如何合理地选择材料，如何恰当地确定构件的截面形状和尺寸是构件设计中十分重要的问题。

综上所述，材料力学的主要任务就是研究构件在外力作用下的变形，受力与破坏或失效的规律，为合理设计构件提供有关强度、刚度与稳定性分析的基本理论和方法。

1.2 材料力学的基本假设

制作构件的材料各种各样，随着材料科学的发展，新材料更是层出不穷。材料通常是由多种化学成分组成，有些材料还是由多种组分形成的，如建筑上广泛使用的混凝土就是由砂、石、水泥加水混合而成的。因此从材料的微观结构出发研究构件的宏观行为，如强度、刚度和稳定性，是极其困难的，但从材料的宏观行为出发却能提炼出材料的共性。为了便于对构件的强度、刚度和稳定性进行理论分析，需要对工程材料的主要宏观力学行为作出假设。材料力学的基本假设是连续性假设、均匀性假设、各向同性假设。

1.2.1 连续性假设

假设在构件的内部毫无空隙地充满了物质，即认为是密实的。基于此假设，构件中的一些力学量，如各质点的位移，即可用坐标的连续函数表示，并可采用微积分的分析方法，给理论分析带来了极大的方便。

连续性假设不仅适用于构件变形前，而且也适用于变形后，即构件内变形前相邻近的质点变形后仍保持邻近，既不产生新的空隙或孔洞，也不出现重叠现象。

1.2.2 均匀性假设

材料在外力作用下所表现的性能，称为材料的**力学性能**或**机械性能**。在材料力学中，假设材料的力学性能与其在构件中的位置无关，即认为是均匀的。基于此假设，由构件中的任何部位切取的无限小的长方体（即**微体**）的力学性质都可以代表构件的力学性质。显然由试件测得的力学性能，同样适用于构件内的任何部位。

对于实际材料，其基本组成部分的力学性能往往存在不同程度的差异，所以通过微体测量材料的力学性能时，对于微观上十分均匀的材料（如玻璃），微体可取得很小，而对于微观上不均匀的材料（如混凝土），微体取得要相对大，一般应不小于组分中的最大颗粒骨料（如石块）的最大尺寸的3倍，这样按照统计学观点，仍可将材料看成是均匀的。

1.2.3 各向同性假设

假设材料沿任何方向的力学性能都相同，即认为是各向同性的。沿各个方向力学性能相同的材料称为**各向同性材料**，沿各个方向力学性能不相同的材料称为**各向异性材料**。

玻璃是典型的各向同性材料，金属材料从微观上看属于各向异性材料，因为组成金属的微观结构晶体是各向异性的，但由于金属构件所含晶体极多（$1\mathrm{mm}^3$ 的钢材中就包含了数万甚至数十万个晶体），而且在构件内晶体的排列又是随机的，因此，宏观上仍可将金属材料认为是各向同性材料。纤维增强的复合材料沿纤维方向的承载能力远大于垂直于纤维方向的承载能力，这说明纤维增强的复合材料在不同方向的力学性能也不同，属于典型的各向异性材料。

综上所述，在材料力学中，一般将实际材料看作是连续、均匀与各向同性的可变形固体。实践证明，在此基础上建立的理论与分析计算结果，能满足工程要求。当然随着科学技术的进步，纳米材料已经被成功研制出来，微观机械将获得越来越多的应用。在可变形固体力学理论的基础上，建立更精确的适用于微观构件的力学理论具有十分重要的现实意义。

1.3 外力和内力

1.3.1 外力

对于受力构件而言，其他构件与物体作用在其上的力均为外力，包括主动力，即**载荷**，和**约束力**。

由于外力的作用方式不同，可将其分为表面力和体积力。顾名思义，作用于构件表面的外力，称为**表面力**。例如，作用于压力容器内壁的气体或液体压力就是表面力，两个物体之间的接触压力也是表面力。作用在构件各质点上的外力，称为**体积力**，例如构件的自重和由于加速运动而产生的惯性力等。

按照表面力在构件表面的分布情况，又可将其分为分布力和集中力。连续作用在构件表面某一范围的力，称为**面分布力**，单位面积上所受的表面力称为**面力的集度**。各点集度大小不变的表面力称为**面均布力**。如果表面力的作用长度比宽度大很多，则把这样的表面力抽象为线作用力，称为**线载荷**。如果分布力的作用面积远小于构件的表面面积，或沿杆件轴线的分布范围远小于杆件长度，则可将这样的分布力抽象为作用于一点处的力，称为**集中力**。在图1-3中，屋顶上所受的雪载荷即为面分布力的实例，而支撑屋顶的立柱所受来自于屋顶的压力则可简化为集中力。

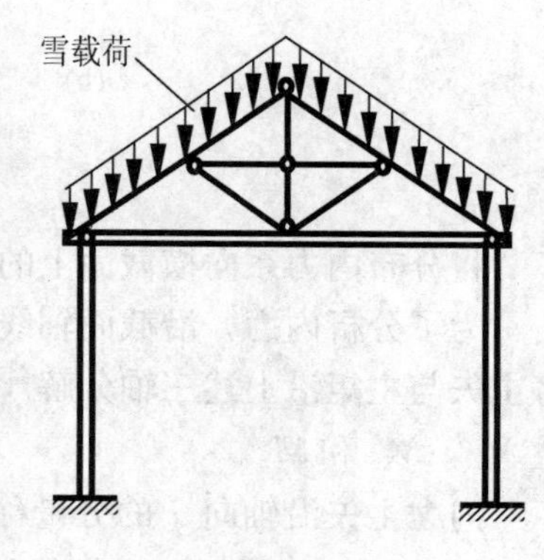

图1-3

按照载荷随时间变化的情况，又可将其分为静载荷和动载荷。将缓慢施加达到某一数值后保持恒定或变化很小的载荷，称为**静载荷**。其特征是在加载的过程中，构件的加速度很小，以至于可以忽略不计。随时间明显变化的载荷，称为**动载荷**，例如当构件受到冲击时所受的载荷。

1.3.2 内力和截面法

构件未受外力作用时，材料的原子之间的相互作用力是内力。构件受外力作用时，材料的原子之间由于外力，使固体内部各质点之间相对位置发生变化，从而引起相互作用力的变化，也即产生了种由外力引起的构件内部相连部分之间的相互作用力，称为**附加内力**，简称**内力**。构件的强度、刚度及稳定性，与内力的大小及其在构件内的分布情况密切相关，因此，内力分析是解决构件强度、刚度与稳定性问题的基础。

由刚体静力学可知，为了分析两物体之间的相互作用力，应将该二物体分离。如图 1-4 (a) 所示构件在外力作用下处于平衡状态。为了研究 m-m 横截面上的内力，假想地沿该截面将杆件切分为两部分，在切开截面上，构件左右两部分相互作用的内力显示出来。如图 1-4 (b) 所示，它们是作用力与反作用力，其大小相等、方向相反。根据连续性假设，内力在切开的截面上是连续分布力系。

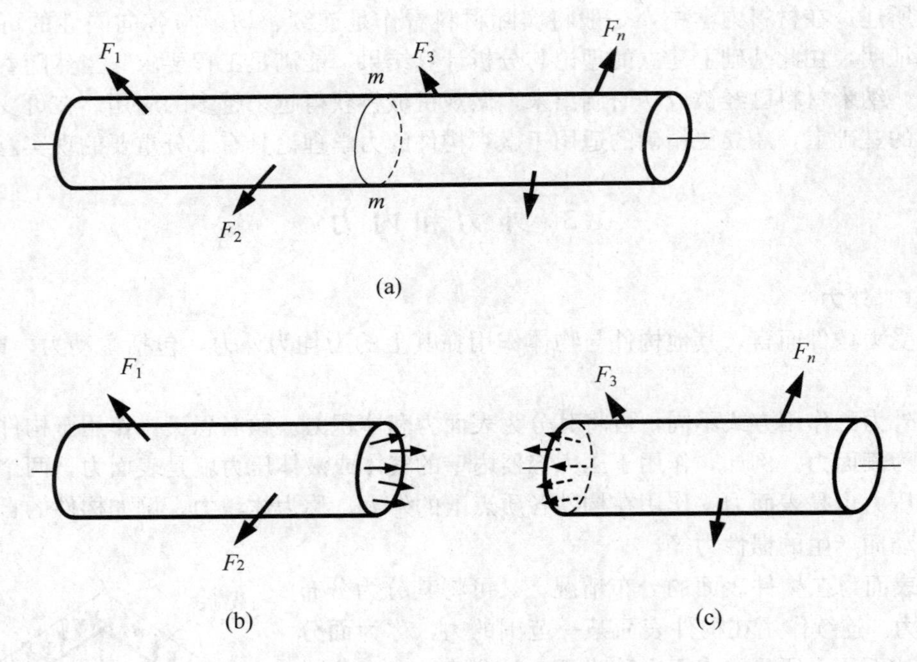

图 1-4

将分布内力系向横截面上的一点例如形心 C 简化，得主矢 F_R 和主矩 M［图 1-5 (a)］。

为了分析内力，沿截面轴线方向建立坐标轴 x，在所切横截面内建立坐标轴 y 和 z，并将主矢与主矩沿上述三轴分解［图 1-5 (b)］，得内力分量 F_N，F_{Sy} 和 F_{Sz}，以及内力偶矩分量 M_x，M_y 和 M_z。

内力主矢沿轴向 x 的分量称为**轴力**，用 F_N 表示。沿横截面的两个内力分量称为**剪力**，分别用 F_{Sy} 和 F_{Sz} 表示。沿轴线的内力偶矩分量称为**扭矩**，用 T 表示；沿横截面的内力偶矩

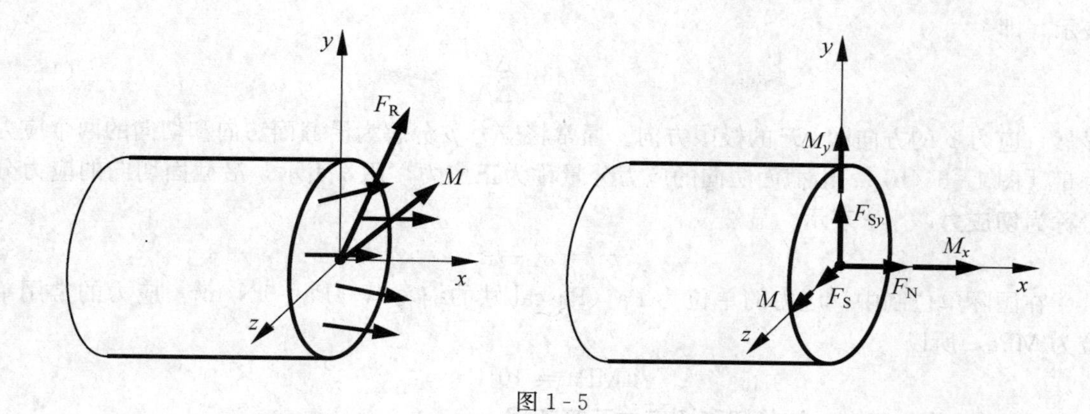

图 1 - 5

分量称为**弯矩**，分别用 M_y 和 M_z 表示。上述内力及内力偶矩分量与作用在切开杆段上的外力保持平衡，因此，由平衡方程

$$\sum F_x = 0,\ \sum F_y = 0,\ \sum F_z = 0$$
$$\sum M_x = 0,\ \sum M_y = 0,\ \sum M_z = 0$$

即可建立内力与外力间的关系，或由外力确定内力。为了叙述简单，以后将这些内力及内力偶矩分量统称为内力（分量）。上述分析内力的方法称为**截面法**。这些内力将在后续各章详细分析。

1.4　应　　力

1.4.1　正应力与切应力

为了描述截面上内力分布情况，需要引入内力集度即应力的概念。为考虑截面上任一点 k 的内力集度，取一小面积 ΔA，如图 1 - 6（a）所示，并设作用在该面积上的内力合力为 ΔF，定义**平均应力**为

$$p_{\text{avg}} = \frac{\Delta F}{\Delta A} \tag{1-1}$$

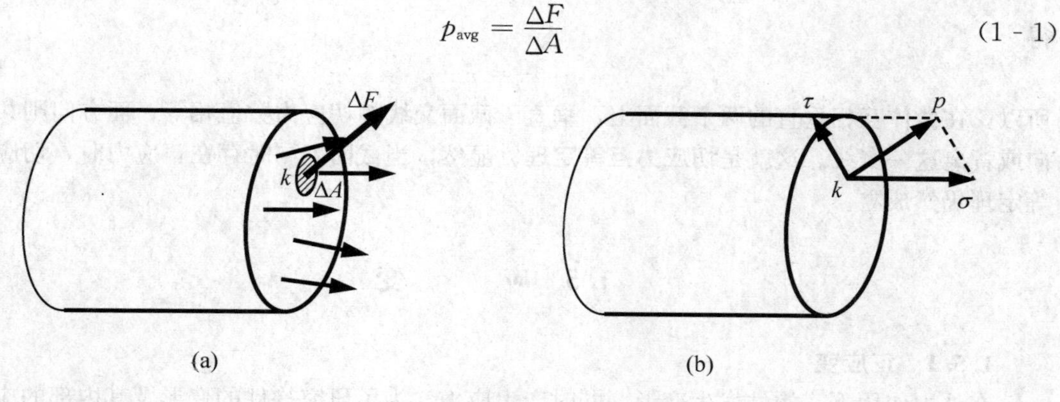

(a)　(b)

图 1 - 6

一般情况下，内力沿截面并非均匀分布，平均应力的大小和方向将随着所取面积 ΔA 的大小而异。ΔA 趋近于零时（点 k）平均应力的极限值，称为截面上 k 点处的**应力**，并用 p

表示，即

$$p=\lim_{\Delta A\to 0}\frac{\Delta F}{\Delta A} \tag{1-2}$$

显然，应力 p 的方向即 ΔF 的极限方向。通常将应力 p 分解为沿截面法向和切向的两个应力分量［图 1-6（b）］。沿截面法向的应力分量称为**正应力**，用 σ 表示，沿截面切向的应力分量称为**切应力**，用 τ 表示。显然

$$p^2=\sigma^2+\tau^2 \tag{1-3}$$

在国际单位制中，应力的单位为 Pa（Pascal 姓的缩写），$1\text{Pa}=1\text{N/m}^2$，应力的常用单位为 MPa，所以

$$1\text{MPa}=10^6\text{Pa}$$

1.4.2 单向应力、纯剪切和切应力互等定理

为了全面研究一点处的应力，可围绕该点一微体进行研究。显然，在微体不同方位的截面上，应力一般也不相同。

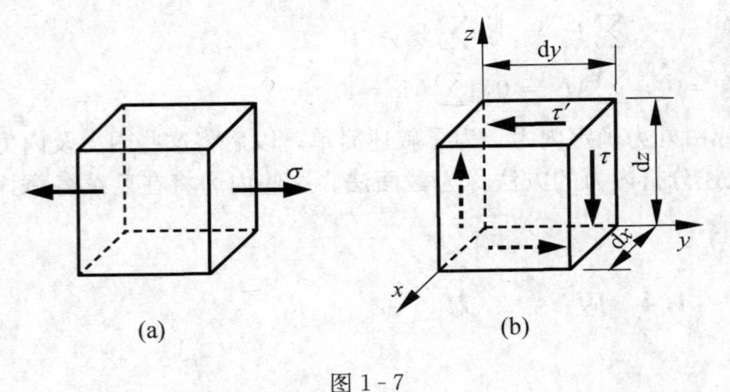

图 1-7

微体受力最基本、最简单的形式有两种，一种是**单向受力**或**单向应力**状态［图 1-7（a）］，另一种是**纯剪切**应力状态［1-6（b）］。在单向受力状态下，设微体右侧面的正应力为 σ，根据微体的平衡条件，左侧面的正应力也为 σ。对于图 1-7（b）所示微体，左右侧面的切应力必然相等，设其大小为 τ。为保持微体平衡，在上下侧面就必然有等值反向的切应力，设其大小为 τ'，方向如图所示。

由平衡方程

$$\sum M_x=0,\ \tau'\mathrm{d}x\mathrm{d}y\cdot\mathrm{d}z-\tau\mathrm{d}x\mathrm{d}z\cdot\mathrm{d}y=0$$

得

$$\tau=\tau' \tag{1-4}$$

所以，在微体互相垂直的两个截面上，垂直于截面交线的切应力数值相等，而方向则共同指向或背离这一交线。这就是**切应力互等定理**。显然，当截面上同时存在正应力时，切应力互等定理仍然成立。

1.5 应　　变

1.5.1 正应变

在外力作用下，构件发生变形，同时产生应力。为了研究构件的变形及其内部的应力分布，需要了解构件内部各点处的变形。为此，在任一点取一单元体（各棱边长度非常小的长方体）（图 1-8），设单元体一侧边 ka 的原长为 Δs，变形后，长度增加了 Δu。Δu 与 Δs 的比值称为 ka 方向的**平均正应变**，即

$$\varepsilon_{avg} = \frac{\Delta u}{\Delta s}$$

平均正应变的极限

$$\varepsilon = \lim_{\Delta s \to 0} \frac{\Delta u}{\Delta s} \tag{1-5}$$

称为点 k 沿 ka 方向的**正应变**。正应变以伸长的正应变（**拉应变**）为正，缩短的正应变（**压应变**）为负。

1.5.2　切应变

在构件中取一微体，如图 1-9 所示。设微体相邻棱边 ka 和 kb 所夹直角的变化量为 γ，这一直角的变化量称为**切应变**，用弧度度量。正应变与切应变均为量纲为一的量。

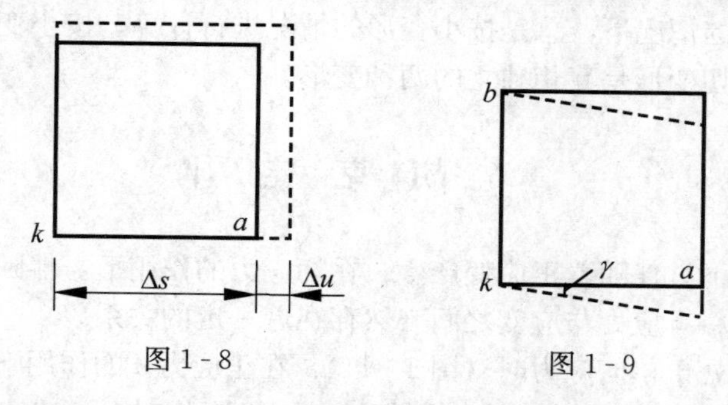

图 1-8　　图 1-9

例 1-1　图 1-10 表示正方形 $ABCD$ 的变形情况。确定棱边 AB 和 AD 的平均正应变和点 A 处直角 BAD 的切应变。

解： $ABCD$ 由于大小和形状发生了改变，是拉压变形和剪切变形的叠加。下面根据定义和小变形假设两种情况分别计算。

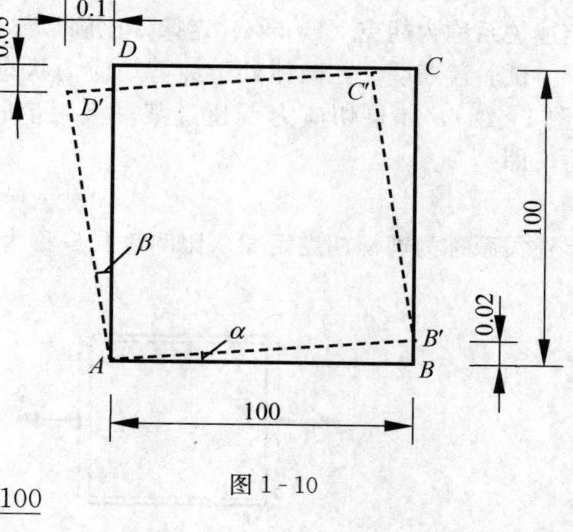

图 1-10

根据平均正应变的定义，有

$$\varepsilon_{AB} = \frac{\overline{AB'} - \overline{AB}}{\overline{AB}} = \frac{\sqrt{100^2 + 0.02^2} - 100}{100} = 2.00 \times 10^{-8} \approx 0$$

$$\varepsilon_{AD} = \frac{\overline{AD'} - \overline{AD}}{\overline{AD}} = \frac{\sqrt{(100 - 0.05)^2 + 0.1^2} - 100}{100} = -5.00 \times 10^{-4}$$

切应变为

$$\gamma = \beta - \alpha$$

$$\tan\beta = \frac{0.1}{100 - 0.05} = 1.00 \times 10^{-3}，\tan\alpha = \frac{0.02}{100} = 2.00 \times 10^{-4}$$

$$\beta - \alpha = 0.057^\circ - 0.011^\circ = 0.05^\circ$$

$$\gamma = 0.05° = 8.01 \times 10^{-4}(\text{rad})$$

一般构件的变形都很小，在这种情况下，由于切应变 γ 很小，AB 棱边的平均正应变为 AB 棱边变形后的长度在 AB 方向的投影的正应变，显然，有

$$\varepsilon_{AB} = 0$$

同理，AD 棱边的平均正应变为

$$\varepsilon_{AD} = \frac{\overline{AD'} - \overline{AD}}{\overline{AD}} = \frac{-0.05}{100} = -5 \times 10^{-4}$$

$$\gamma = \frac{0.1}{100} - \frac{0.02}{100} = 8 \times 10^{-4}(\text{rad})$$

比较两种解法所得的结果，可见按小变形计算的结果与按定义计算的结果是十分接近的，所以在没有指明的情况下，总是按小变形的情况进行计算。按小变形计算时，实际上就是认为拉压变形和剪切变形是互相独立的两种变形。

1.6 胡 克 定 律

在正应力的作用下，伴随着正应变产生；在切应力的作用下，伴随着切应变的产生，显然，对于一种具体材料，应力与应变之间必然存在着一定的关系。

试验表明，微体处于单向应力时（图 1 - 11），在正应力 σ 的作用下，设材料沿着正应力的作用方向发生的正应变为 ε，当正应力不超过某一极限值时，正应力 σ 与正应变 ε 之间存在着线性关系，即

$$\sigma = E\varepsilon \tag{1-6}$$

上述关系称为**胡克**（Hooke）**定律**，比例常数 E 称为**弹性模量**。

试验还表明，在微体处于纯剪切应力状态下，在切应力 τ 作用下，材料发生切应变 γ（图 1 - 12），如果切应力不超过某一极限值时，则切应力与切应变之间也存在着线性关系，即

$$\tau = G\gamma \tag{1-7}$$

上述关系称为**剪切胡克定律**，比例常数 G 称为**切变模量**。

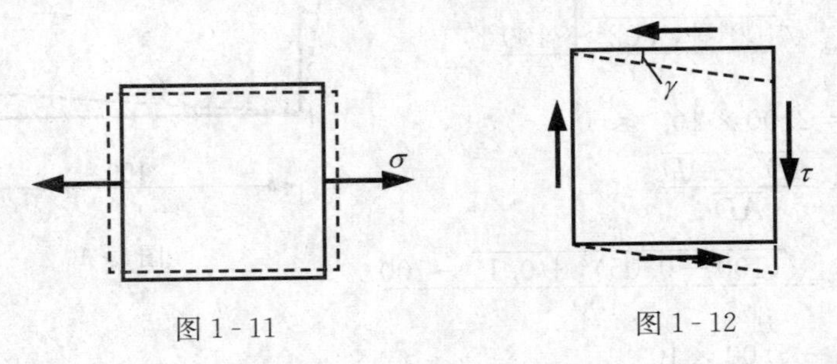

图 1 - 11　　图 1 - 12

对于工程中绝大多数材料，在一定应力范围内，均符合或近似符合胡克定律与剪切胡克定律，因此，胡克定律与剪切胡克定律是一个普遍适用的重要定律。弹性模量、切变模量与应力具有相同的量纲。在国际单位制中，弹性模量与切变模量的常用单位为 GPa，1GPa＝10^9 Pa。

弹性模量与切变模量均属于材料的力学性能，不同材料的力学性能不同，弹性模量与切变模量值自然不同，但均可由试验测定。例如，钢与合金钢的弹性模量 E＝200～220GPa，切变

模量 G=75～80GPa。铝与铝合金的弹性模量 E=70～72GPa，切变模量 G=26～30GPa。

习　题

1-1　结构受集中力 F 作用，求 1-1 截面和 2-2 截面上的内力。

1-2　等腰三角形薄板因受外力作用而变形，点 C 垂直向上的位移为 0.01mm，但杆 AB 和 BC 仍保持为直线。求 AB 和 BC 两边在点 B 的角度改变。

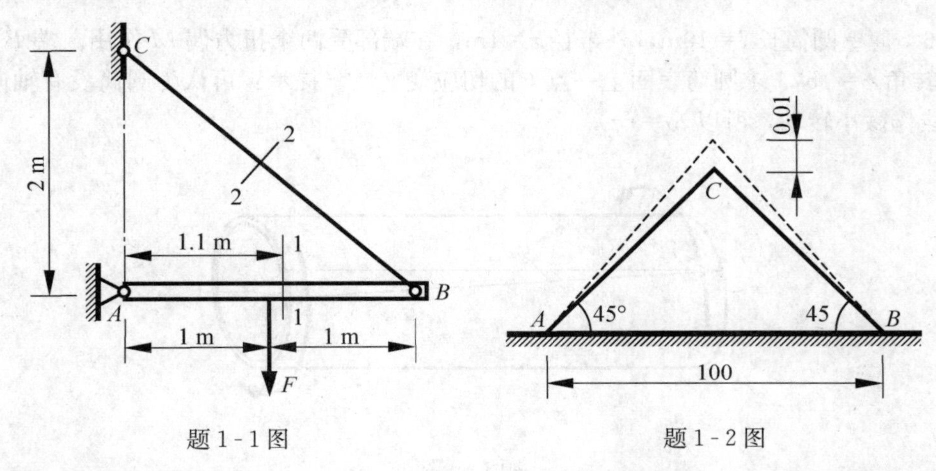

题 1-1 图　　题 1-2 图

1-3　图（a）和（b）中两个矩形微体，虚线表示变形后的情况，求二微体在 A 处的切应变和。

1-4　方形薄板 $ABCD$ 的变形如图中虚线所示，求棱边 AB 和 AD 的平均正应变及点 A 处直角 BAD 的切应变。

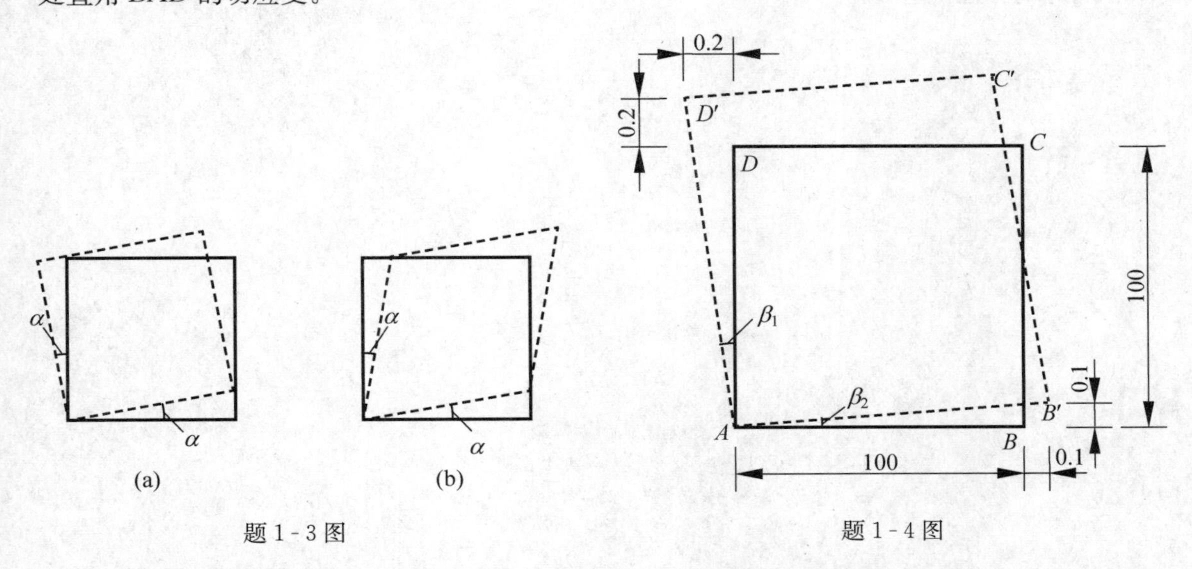

题 1-3 图　　题 1-4 图

1-5　方截面直杆在端部受合力为 F 的均布力作用，如果杆的伸长为 2mm，并假设杆的体积不变化，求轴向正应变 ε_x 和横向正应变 ε_y，ε_z。（提示：因为体积不变，变形前的体积=变形后的体积）

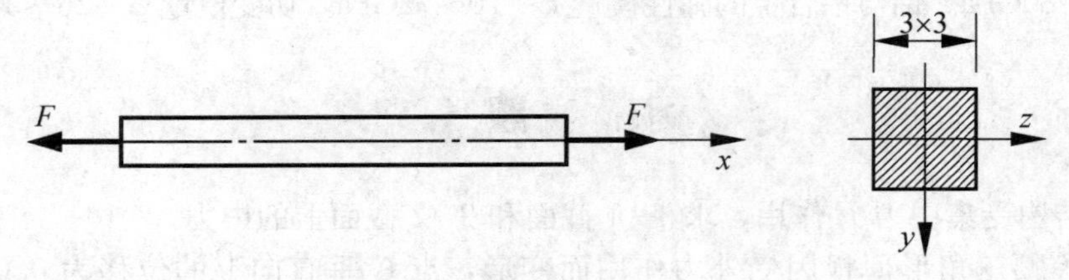

题 1-5 图

1-6 薄壁圆筒长 $l=10\text{m}$，外半径 $r=1\text{m}$，在端部受两个扭力偶 M 作用。端 B 相对于端 A 的转角 $\varphi=15°$。求圆筒表面上一点 k 的切应变 γ_{xy}。（提示：可认为圆筒没有轴向变形，仅绕轴线作微小转动，所以 $l\alpha=r\varphi$）

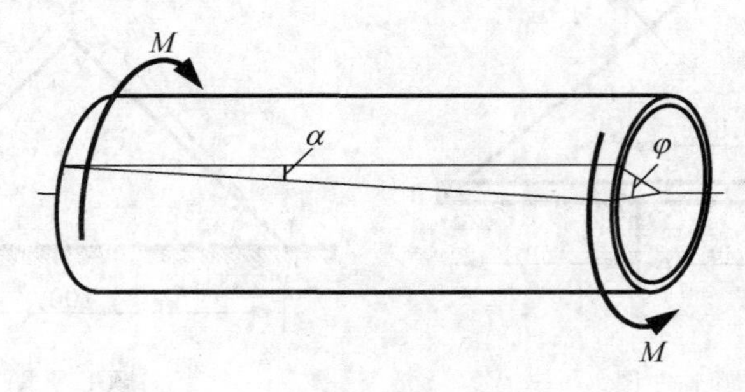

题 1-6 图

1-7 长为 1m，直径为 10mm 的圆截面在端部受合力为 $F=78.5\text{kN}$ 的均布力作用，测得杆的伸长为 2mm。已知杆的材料满足胡克定律，求（1）杆沿长度方向的平均正应变 ε_x；（2）材料的弹性模量 E。

第2章 轴向拉伸和压缩

2.1 轴向拉伸和压缩的概念

沿杆件轴线方向作用的外力，称为**轴向载荷**。杆件在轴向载荷作用下，沿轴线方向将伸长或缩短，发生的变形称为**轴向拉伸**或**轴向压缩**，统称为**轴向拉压**。发生轴向拉压变形的杆件称为**拉杆**或**压杆**，统称为**拉压杆**。

工程中拉压杆是很常见的，例如机器中的活塞杆，建筑中的立柱等。图 2-1 所示的桁架结构，其中的杆不是受拉就是受压。将受轴向拉压的杆件进行简化，受力和变形如图 2-2 所示，分别为轴向拉伸和轴向压缩。

本章讨论拉压杆的内力、应力、变形，以及材料在拉伸和压缩时的力学性能，并在此基础上，分析拉压杆的强度与刚度。在分析变形的基础上，研究简单拉压静不定问题。

图 2-1

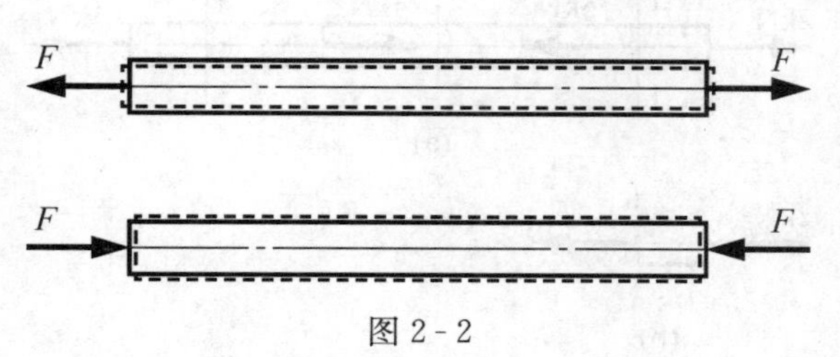

图 2-2

2.2 轴力和轴力图

2.2.1 轴力

图 2-3 (a) 所示拉杆，在轴向载荷作用下，将发生变形，所以任一截面内均会有内力。内力用截面法来求。沿任一横截面将杆截开，取左段［图 2-3 (b)］或右段［图 2-3 (c)］为研究对象。根据平衡条件，杆件横截面上的仅有沿杆轴线的内力分量，称为**轴力**，用 F_N 表示。轴力的符号规定为：使杆件产生拉伸的轴力为正，反之为负。图 2-3 (b) 和图 2-3 (c) 中的轴力均假设为正。

对图 2-3 (b) 所示杆段，平衡方程为

$$\sum F_x = 0, -F + F_N = 0$$

由平衡方程可得

$$F_N = F$$

即 $m-m$ 截面的轴力为 F。研究右段杆［图 2-3（c）］的平衡，也可得到同样的结果。

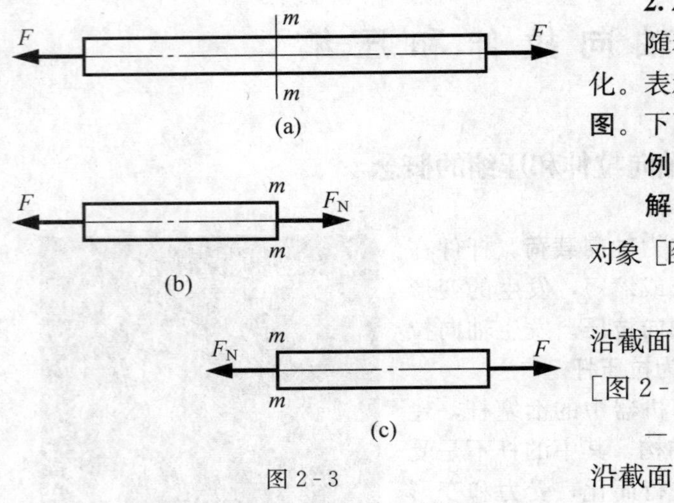

图 2-3

2.2.2 轴力图

随着外力的变化，杆件的内力也发生变化。表示轴力沿轴线变化的图线，称为**轴力图**。下面举例说明轴力图的绘制。

例 2-1 画图 2-4（a）所示杆的轴力图。

解： 沿截面 1-1 将杆截开，取左段为研究对象［图 2-4（b）］，由平衡方程 $\sum F_x = 0$，得

$$-2 + F_{N1} = 0,\ F_{N1} = 2(\text{kN})$$

沿截面 2-2 将杆截开，取左段为研究对象［图 2-4（c）］，由平衡方程 $\sum F_x = 0$，得

$$-2 + 5 + F_{N2} = 0,\ F_{N2} = -3(\text{kN})$$

沿截面 3-3 将杆截开，取右段为研究对象［图 2-4（d）］，由平衡方程 $\sum F_x = 0$，得

$$-F_{N3} + 1 = 0,\ F_{N3} = 1(\text{kN})$$

取直角坐标系，横坐标表示截面位置，纵坐标表示轴力，画出图 2-4（a）所示杆的轴力图如图 2-4（e）所示。

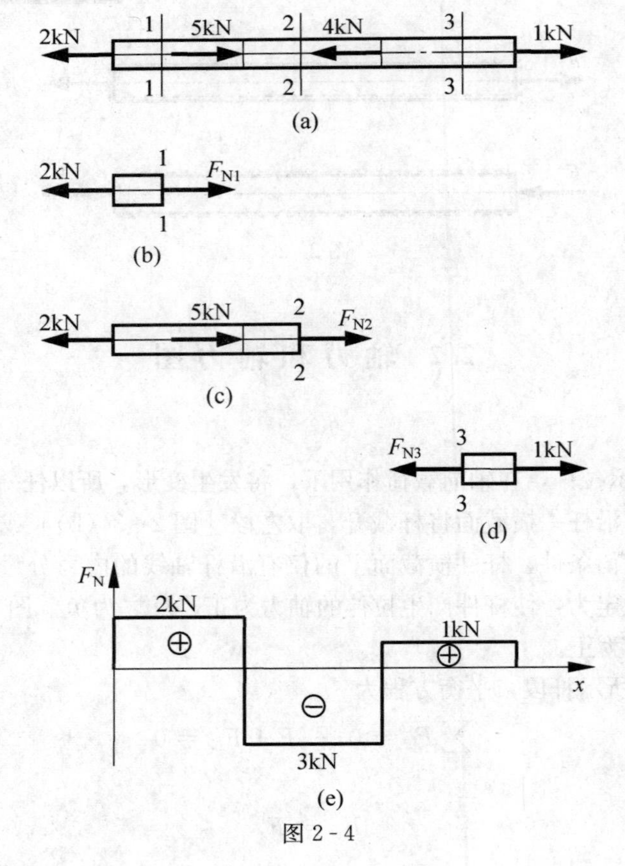

图 2-4

例 2-2　画图 2-5（a）所示杆的轴力图。设杆横截面积为 A，材料密度为 ρ。

解：在任一位置 x 处将杆截开［图 2-5（a）］，取下段为研究对象［图 2-5（b）］，由平衡方程 $\sum F_x=0$ 得该截面的内力为

$$F_{\mathrm{N}}(x)=xA\rho g$$

这是轴力随截面位置变化的函数，称为**轴力方程**，该方程为直线方程。根据该方程，画出杆的轴力图如图 2-5（c）所示。最大轴力发生在固定端 B。可见，如果外力为均布载荷，轴力图为斜直线。

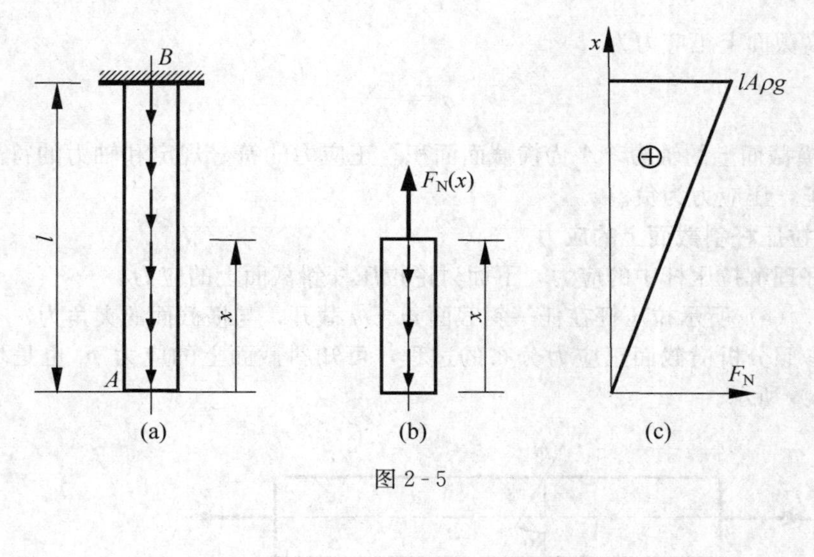

图 2-5

2.3　拉压杆的应力

2.3.1　拉压杆横截面上的应力

拉压杆横截面上有内力，所以必然有正应力和/或切应力。

取一等直杆，在杆件表面画上两条横向线 1-1 和 2-2［图 2-6（a）］，杆受力变形后，可发现在变形过程中，两条线仍为横向直线，只是分别平移到了 $1'$-$1'$和 $2'$-$2'$，间距增加。

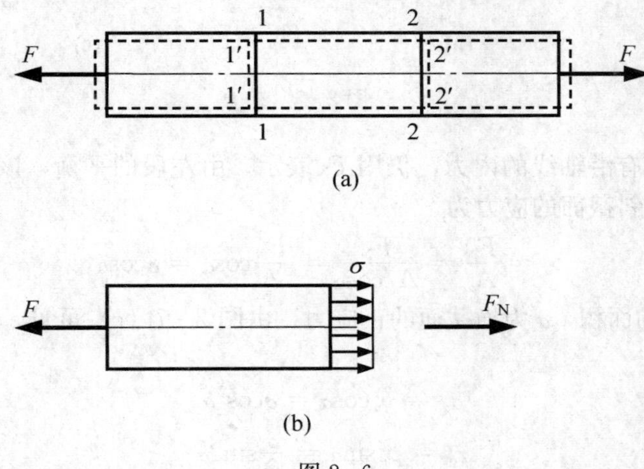

图 2-6

根据上述现象，可以建立拉压杆变形的**平面假设**：杆变形前的横截面，变形后仍保持为平面，且仍垂直于轴线，只是横截面的位置发生了变化。

如果设想杆件是由无数纵向“纤维”所组成，则由平面假设可知，任两截面间的所有纤维的变形均相同。根据材料的均匀连续性假设，如果变形相同，则受力也相同，所以，横截面上只有正应力σ，并沿横截面均匀分布［图 2-6（b）］。在拉压杆的横截面上取一微面积dA，作用在dA上的内力为$dF_N=\sigma dA$。由横截面的静力关系可知

$$F_N=\int_A \sigma dA=\sigma A$$

所以拉压杆横截面上正应力为

$$\sigma=\frac{F_N}{A} \tag{2-1}$$

其中，F_N为横截面上的轴力，A为横截面面积。正应力的符号规定和轴力的符号规定相同，即拉应力为正，压应力为负。

2.3.2　拉压杆斜截面上的应力

为了更好理解拉压杆中的应力，下面讨论拉压杆斜截面上的应力。

将图 2-7（a）所示拉压杆在任一斜截面$m-m$截开，与横截面的夹角为α。设杆件横截面积为A。参照分析横截面正应力分布的过程，可知斜截面上的应力p_α也是均匀分布的，如图 2-7（b）所示。

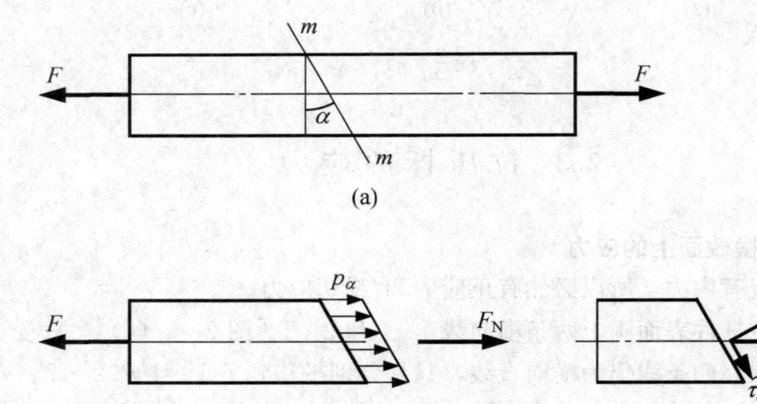

图 2-7

在斜截面上也仅有沿轴线的内力，仍用F_N表示。由左段的平衡，该内力大小为F，仍等于横截面的轴力。斜截面的应力为

$$p_\alpha=\frac{F_N}{A_\alpha}=\frac{F_N}{A/\cos\alpha}=\frac{F_N}{A}\cos\alpha=\sigma\cos\alpha$$

其中，A_α为斜截面的面积，σ为横截面的正应力。由图 2-7（c）可见，斜截面上的正应力和切应力分别为

$$\sigma_\alpha=p_\alpha\cos\alpha=\sigma\cos^2\alpha \tag{2-2}$$

$$\tau_\alpha=p_\alpha\sin\alpha=\frac{\sigma}{2}\sin2\alpha \tag{2-3}$$

可见拉压杆的任一斜截面上，既有正应力，也有切应力。由式（2-2）可知，当 $\alpha=0$ 时，为横截面，σ_α 到最大，为横截面的正应力 σ。由式（2-3）可知，当 $\alpha=45°$时，τ_α 最大，其值为

$$\tau_{\max}=\frac{\sigma}{2}$$

当 $\alpha=180°$时，截面为纵向截面，正应力和切应力均等于零。

2.3.3　圣维南原理

当作用在杆端的轴向外力非均匀分布时，外力作用点附近的变形和应力显然不能是均匀的。例如，图 2-8（a）所示拉杆在两端受集中力 F 作用，在左端附近分别考虑三个横截面 1-1、2-2 和 3-3，其应力分别如图 2-8（b）～图 2-8（d）所示。图中 $\overline{\sigma}$ 表示横截面上的平均正应力。由图可见，离端部较近的 1-1 截面，应力分布非常不均匀，但距离端部大约等于杆件横截面的最大尺寸 h 处，应力基本是均匀分布的了。

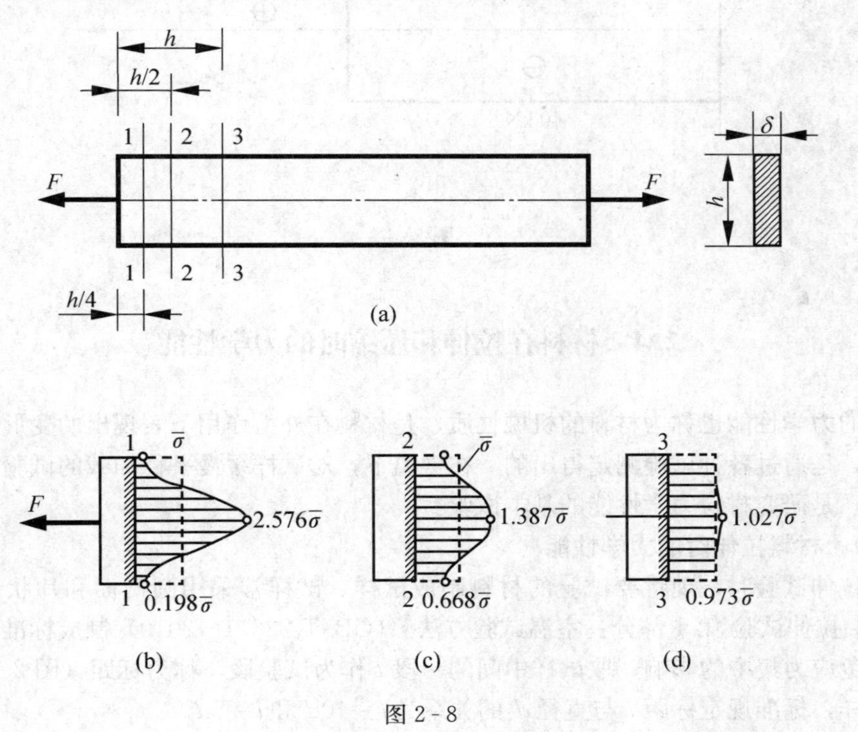

图 2-8

圣维南（Saint-Venant）**原理**指出，杆端作用力的分布方式，仅对杆端附近的变形和应力分布有影响，影响区的轴向尺寸约为 1～2 倍杆的最大横向尺寸。该原理适用于实心杆件和闭口空心杆件，已为大量的试验和精确的计算所证实。因此，对于轴向拉压杆，在离载荷稍远处，横截面上的应力分布可以视为均匀的。

例 2-3　图 2-9（a）所示杆，已知 AB 段横截面积为 $A_1=2000\text{mm}^2$，BD 段横截面积为 $A_2=1000\text{mm}^2$，求各段杆横截面上的正应力。

解： 杆的轴力图如图 2-9（b）所示。正应力分三段计算，由式（2-1），得

$$\sigma_{AB}=\frac{F_{\mathrm{N},AB}}{A_1}=\frac{-40\times10^3}{2000\times(10^{-3})^2}=-20\times10^6(\mathrm{Pa}),\text{即}-20(\mathrm{MPa})$$

$$\sigma_{BC}=\frac{F_{N,BC}}{A_2}=\frac{-40\times10^3}{1000\times10^{-6}}=-40\times10^6(\text{Pa})\text{，即}-40(\text{MPa})$$

$$\sigma_{CD}=\frac{F_{N,CD}}{A_2}=\frac{20\times10^3}{1000\times10^{-6}}=20\times10^6(\text{Pa})\text{，即}20(\text{MPa})$$

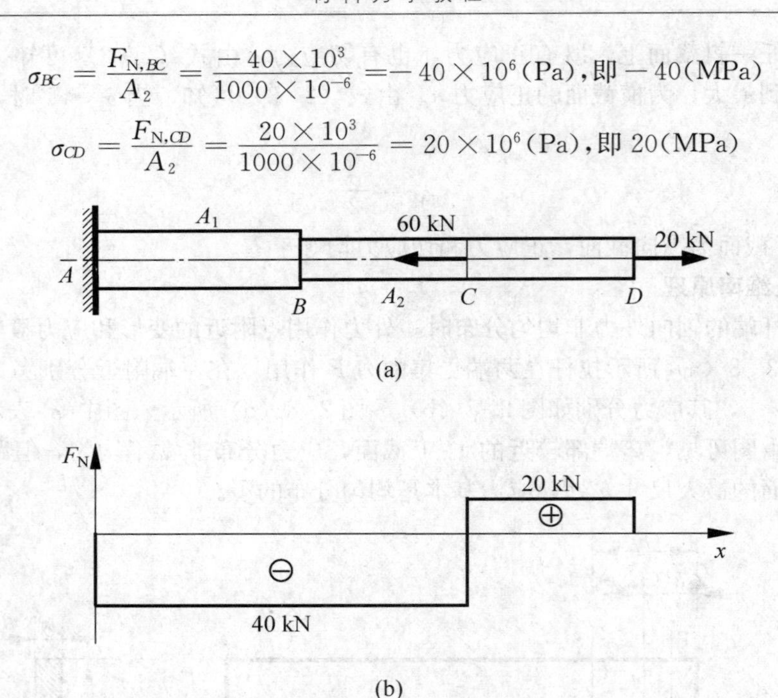

图 2-9

2.4 材料在拉伸和压缩时的力学性能

材料的**力学性能**也称为材料的**机械性质**，是材料在外力作用下表现出的变形和破坏等方面的特性，是通过各种试验测定得出的。在常温下，对试样缓慢平稳加载的试验，称为常温静载试验，是研究材料力学性能的基本试验。

2.4.1 材料拉伸时的力学性能

进行拉伸试验时，现将要试验的材料制成试样。试样常采用圆截面和片状试样，可按《金属材料 拉伸试验 第1部分：室温试验方法》(GB/T 228.1—2010) 制成标准试样。试验时，为避免应力集中的影响，取试样中间的一段 l 作为试验段，称为**标距**（图 2-10）。对于圆截面试样，标准规定标距 l 与直径 d 的关系为 $l=10d$ 和 $l=5d$。

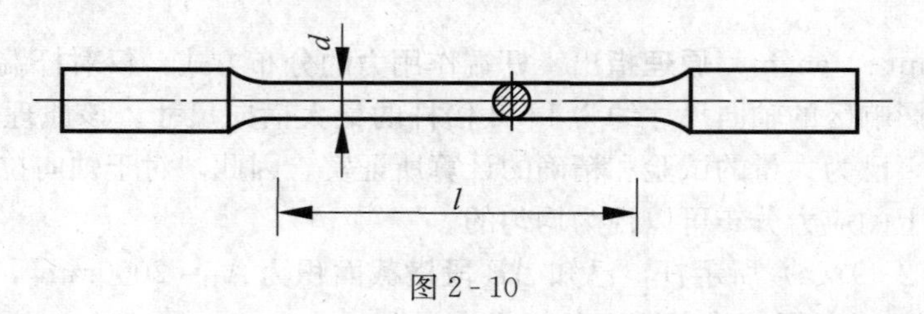

图 2-10

1. 低碳钢拉伸时的力学性能

低碳钢是指含碳量低于 0.3%的碳素钢。低碳钢在拉伸试验中所表现的力学性能比较典型。

将低碳钢试样装夹在试验机上加载，对于每一个拉力 F，测量标距的伸长量 Δl。表示拉力 F 和伸长 Δl 关系的曲线，称为拉伸图或 $F-\Delta l$ 曲线。拉伸图与试样的尺寸有关，而材料的应力和应变关系为其本质性能，所以，应将拉伸图转化为**应力-应变图**（**$\boldsymbol{\sigma}$-$\boldsymbol{\varepsilon}$ 图**），其曲线称为**应力-应变曲线**，或 **$\boldsymbol{\sigma}$-$\boldsymbol{\varepsilon}$ 曲线**，从而消除试样尺寸影响。设试样的原始横截面积为 A，在拉伸过程中的应力和应变分别为

$$\sigma=\frac{F}{A},\ \varepsilon=\frac{\Delta l}{l}$$

低碳钢的 $\sigma-\varepsilon$ 曲线如图 2-11 所示，其 $F-\Delta l$ 曲线与 $\sigma-\varepsilon$ 曲线完全相似。根据低碳钢的 $\sigma-\varepsilon$ 曲线，其拉伸可分为弹性阶段、屈服阶段、强化阶段、缩颈阶段四个阶段。

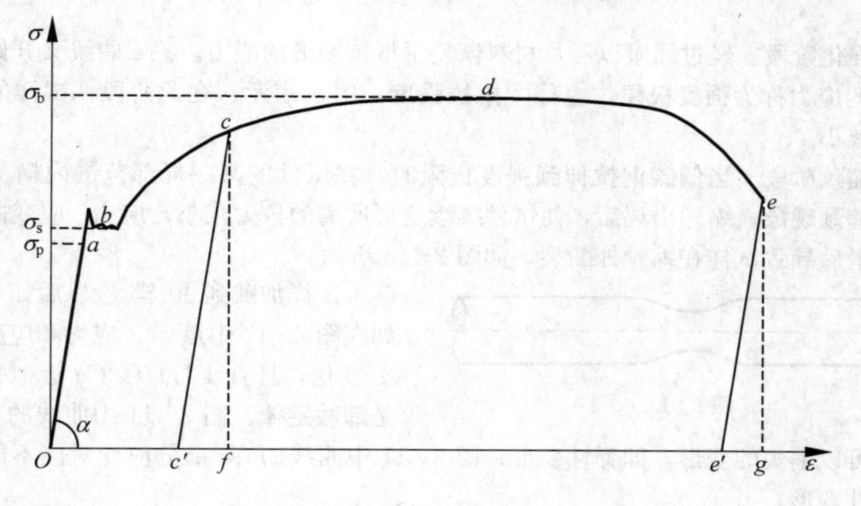

图 2-11

（1）弹性阶段。在拉伸的初始阶段，应力-应变曲线为一直线（图 2-11 中 Oa 段），正应力与正应变成正比，材料满足胡克定律，即

$$\sigma=E\varepsilon$$

直线段最高点 a 所对应的应力，称为材料的**比例极限**，用 σ_p 表示。直线 Oa 的斜率 $\tan\alpha$，等于材料的弹性模量 E。

比例极限后继续加载，应力-应变之间不再保持线性关系，但仍然是弹性的，弹性阶段的最高应力，称为**弹性极限**，用 σ_e 表示。当应力小于弹性极限时，对试样卸载，应力降为零，应变也随之消失，且卸载路径与加载时相同。低碳钢的弹性极限与比例极限很接近，工程上并不严格区分。

（2）屈服阶段。超过弹性极限后，当应力增加到一定值时，应力先突然降低，然后曲线出现水平段（有波动）。在此阶段内，应力变化很小，而变形却急剧增长，材料失去了抵抗变形的能力，这种现象称为**屈服**。在屈服阶段的最高应力和最低应力分别称为上屈服极限和下屈服极限。下屈服极限也称为**屈服极限**，用 σ_s 表示。低碳钢 Q235 的屈服极限为 $\sigma_s\approx235\text{MPa}$。屈服阶段，在磨光的片状试件表面会出现与轴线方向大约成 45°的条纹（图 2-12），这是由于该方向有最大切应力，材料内部晶格相对滑移从而形成**滑移线**。

图 2-12

(3) 强化阶段。经过屈服以后，材料恢复了抵抗变形的能力。σ-ε 曲线又开始上升，最高点 d 处的应力称为**强度极限**，也称为**抗拉强度**，用 σ_b 表示。在此阶段，试样的横向尺寸有明显的减小。

(4) 缩颈阶段。当低碳钢拉伸到强度极限时，在试件的某一局部范围内横截面急剧缩小，形成**缩颈现象**。缩颈出现后，使试件继续变形所需的拉力减小，应力-应变曲线相应呈现下降，最后导致试样在缩颈处断裂，如图 2-13 所示。

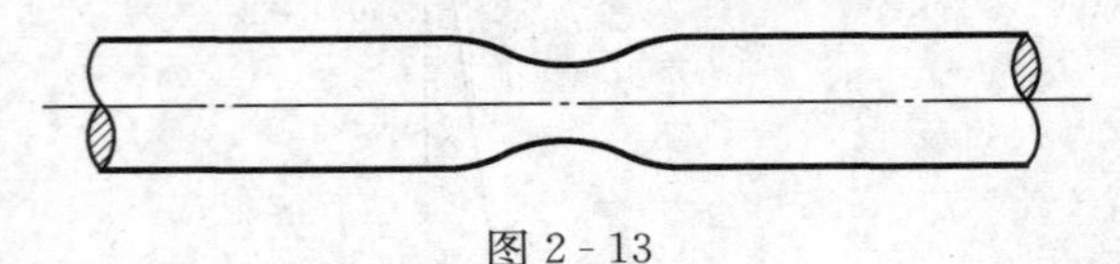

图 2-13

试样加载到屈服阶段以后如果卸载（例如在图 2-11 中点 c），应力和应变将沿直线 cc' 变化，且直线与直线 Oa 近似平行，这就是**卸载定律**。图 2-11 中曲线的 $c'f$ 部分的应变对应可以消失的变形，即弹性变形；图 2-11 中曲线的 Oc' 部分应变对应不能消失的变形，即塑性变形。

卸载后立即重新加载，则加载时的应力-应变关系大体上沿斜直线 $c'c$ 变化，直到点 c。所以在重新加载的过程中，应力-应变仍然基本保持线性关系。到点 c 后又沿曲线 cde 变化，直至断裂。在重新加载过程中，直到点 c 以前，材料的变形是弹性的，过点 c 后才开始有塑性变形。因此，如果将卸载后已有塑性变形的试样重新加载，则试件的比例极限将提高，但断裂前塑性变形却有所降低。

常温下将材料预拉到强化阶段，然后卸载再重新加载时，材料的比例极限提高而塑性降低的现象称为**冷作硬化**。在工程中常利用冷作硬化来提高材料的比例极限，例如钢筋在反复冷拉以后，其比例极限可以大大提高，这样可以较容易地控制构件的行为。但由于加工硬化，降低了材料的塑性，使继续轧制和拉拔困难。为了恢复塑性，则要进行退火处理。

材料能经受较大塑性变形而不破坏的能力，称为材料的**塑性**。材料的塑性用**延伸率**或**断面收缩率**度量。

设断裂时标距的长为 l_1，试样的延伸率为

$$\delta=\frac{l_1-l}{l}\times 100\%$$

设断裂后断口的横截面面积为 A_1，试样的断面收缩率为

$$\psi=\frac{A-A_1}{A_0}\times 100\%$$

对于 Q235 钢，其延伸率 δ 在 25% 和 35% 之间，其断面收缩率 ψ 约为 60%。

在工程中，通常将延伸率 $\delta>5\%$ 的材料称为塑性材料，如低碳钢、铝合金和黄铜等；将延伸率 $\delta<5\%$ 的材料称为脆性材料，如灰口铸铁、岩石和玻璃等。

2. 铸铁拉伸时的力学性能

灰口铸铁拉伸时的应力 - 应变曲线如图 2 - 14 所示。整个拉伸过程中 σ - ε 为一微弯的曲线，直到拉断时，试件变形仍然很小。脆性材料拉伸时，没有屈服和缩颈，拉断时延伸率很小，故强度极限 σ_b 是衡量强度的唯一指标。拉断时，断口与轴线垂直，这是横截面的拉应力引起的。

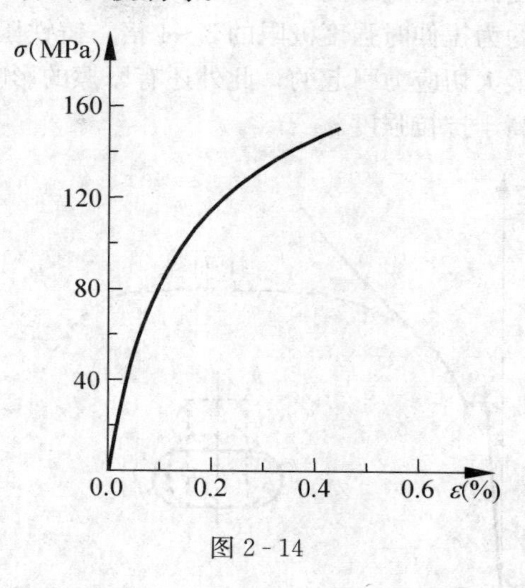

图 2 - 14

3. 其他几种塑性材料拉伸时的力学性能

图 2 - 15 给出了几种塑性材料拉伸时的 σ - ε 曲线，它们在拉断前均有较大的塑性变形，然而它们的应力一应变规律却大不相同，除 50 钢和低碳钢一样有明显的弹性阶段、屈服阶段、强化阶段和局部变形阶段外，30 铬锰硅钢和硬铝并没有明显的屈服阶段。对于没有明显屈服阶段的塑性材料，通常以产生的塑性应变为 0.2%时的应力作为**屈服极限**，并称为**名义屈服极限**，用 $\sigma_{0.2}$ 来表示，如图 2 - 16 所示。

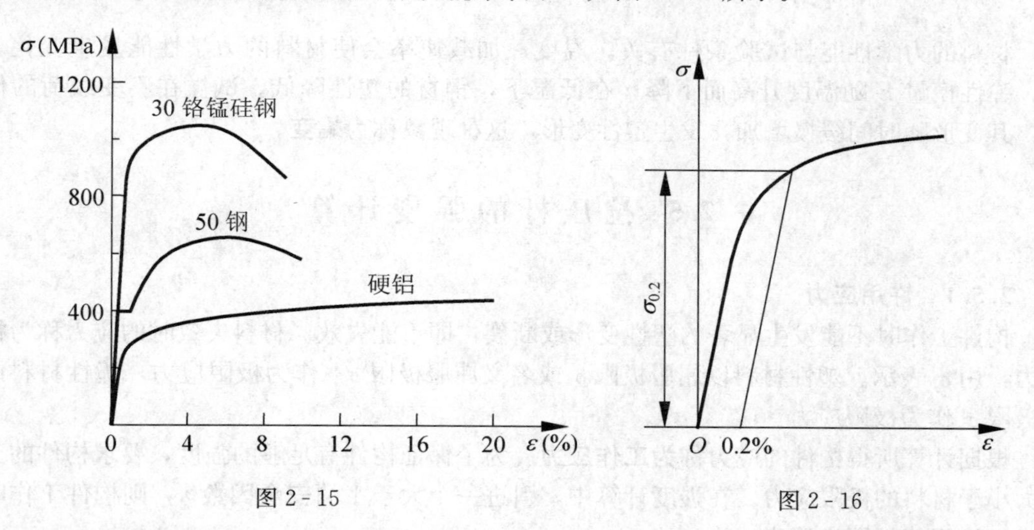

图 2 - 15　　图 2 - 16

2.4.2　材料压缩时的力学性能

一般细长杆件压缩时容易产生失稳现象，因此材料的压缩试件一般做成短而粗。金属材料的压缩试件为圆柱，混凝土、石料等试件为立方体。

低碳钢压缩时的应力 - 应变曲线如图 2 - 17 中的实线所示。图中也画出了拉伸时的应力一应变曲线。在屈服以前两条曲线基本重合，这表明低碳钢压缩时的弹性模量 E、屈服极限 σ_s 等都与拉伸时基本相同。如图所示，随着外力的增大，试件越压越扁，最终并不会断裂。由于无法测出压缩时的强度极限，所以对低碳钢一般不做压缩试验，主要力学性能可由拉伸试验确定。类似情况在一般的塑性金属材料中也存在，但有的塑性材料，如铬钼硅合金钢，在拉伸和压缩时的屈服极限并不相同。

脆性材料压缩时的力学性能与拉伸时有较大区别。例如灰口铸铁，其压缩时的应力 - 应变曲线分别如图 2 - 18 所示。与图 2 - 14 比较可见，铸铁压缩时的强度极限比拉伸时大得多，约为拉伸时强度极限的 3～4 倍。铸铁压缩时沿与轴线约成 35°方向的斜面断裂，这也主要是最大切应力引起的，此外还有摩擦的影响。其他脆性材料，如混凝土和石料，抗压强度也远高于抗拉强度。

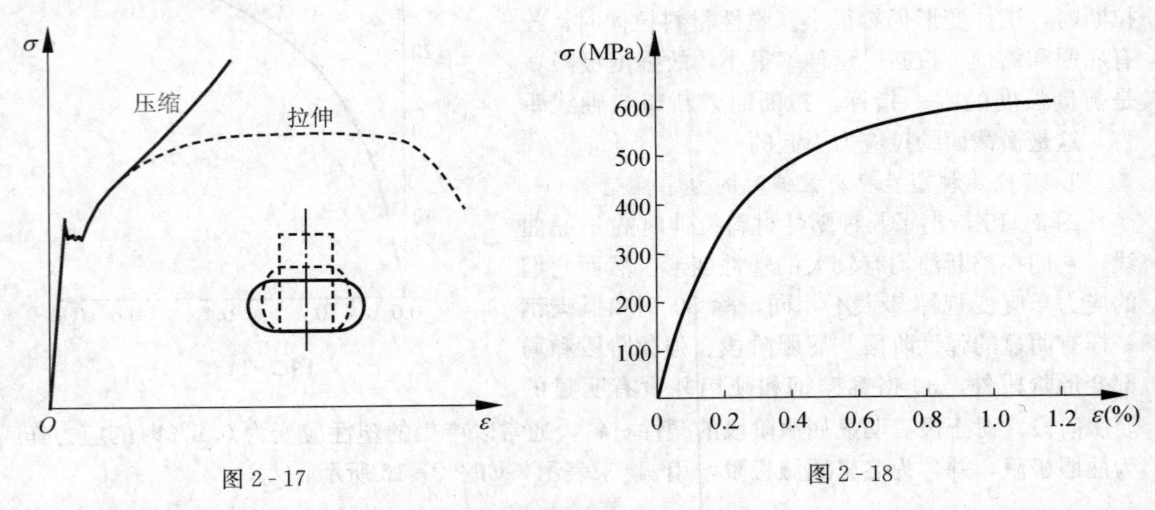

图 2 - 17　　　　　　　　　　　　　　图 2 - 18

材料的力学性能与试验条件有关。温度、加载速率会使材料的力学性能发生变化。例如，弹性模量 E 随温度升高而下降；在低温下，钢材的塑性降低。试样在不变载荷的作用下，其变形随时间缓慢增加，发生塑性变形，这种现象称为**蠕变**。

2.5　拉压杆的强度计算

2.5.1　许用应力

构件工作时不能发生显著的塑性变形或断裂，即不能失效。材料失效时的应力称为**极限应力**，用 σ_u 表示。塑性材料以屈服极限 σ_s 或名义屈服极限 $\sigma_{0.2}$ 作为极限应力，脆性材料以强度极限 σ_b 作为极限应力。

根据计算所得构件的应力称为**工作应力**。为了保证构件有足够的强度，要求构件的工作应力小于材料的极限应力。在强度计算中，引进一个大于 1 的**安全因数** n，则构件工作时的应力的许用值，即**许用应力**为

$$[\sigma]=\frac{\sigma_u}{n} \tag{2-4}$$

常温、静载下，一般塑性材料的安全因数取 $n=1.5\sim2.2$，脆性材料取 $n=3.0\sim5.0$。

2.5.2　强度条件

为了保证拉压杆在工作时不至于因强度不够而破坏，要求拉压杆的最大工作应力 σ_{max} 不超过材料的许用应力 $[\sigma]$，于是拉压杆的强度条件为

$$\sigma_{max}=\left(\frac{F_N}{A}\right)_{max}\leqslant[\sigma] \tag{2-5}$$

对于等截面杆，强度条件可以表示为

$$\sigma_{max} = \frac{F_{N,max}}{A} \leqslant [\sigma] \tag{2-6}$$

根据强度条件，可以解决校核强度，设计截面尺寸、确定许用载荷等几类强度问题。

1. 校核强度

已知拉压杆的截面尺寸、载荷和材料的许用应力，即可用式（2-6）判断构件的应力是否满足强度条件，即工作时是否安全。

2. 设计截面尺寸

已知拉压杆的载荷和材料的许用应力，根据强度条件可以确定该杆所需横截面积。例如，对于等截面拉压杆，其所需横截面积为

$$A \geqslant \frac{F_{N,max}}{[\sigma]}$$

3. 确定许用载荷

已知拉压杆的截面尺寸和许用应力，根据强度条件，先计算杆件所能承受的最大轴力即许用轴力

$$[F_N] = A[\sigma]$$

再根据平衡条件确定许用载荷。

还应指出，如果最大工作应力 σ_{max} 超过了许用应力 $[\sigma]$，但不超过许用应力的 5%，在工程计算中仍然是允许的。

例 2-4　图 2-19（a）所示支架中，杆 1 为木杆，许用应力 $[\sigma_1]=7\text{MPa}$，面积 $A_1=100\text{cm}^2$，杆 2 为 40×40×4 等边角钢，许用应力 $[\sigma_2]=160\text{MPa}$。已知 $\alpha=30°$，求结构的许用载荷。

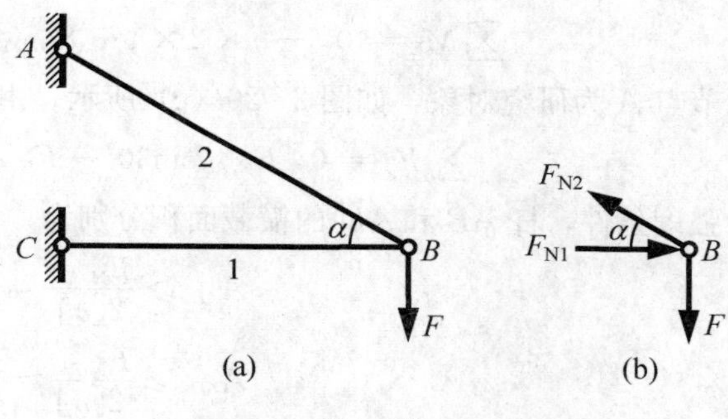

图 2-19

解：以节点 B 为研究对象，受力如图 2-19（b）所示。由平衡方程得

$$\sum F_y = 0,\ F_{N2}\sin\alpha - F = 0,\ F_{N2} = 2F \tag{a}$$

$$\sum F_y = 0,\ F_{N1} - F_{N2}\cos\alpha = 0,\ F_{N1} = \sqrt{3}F \tag{b}$$

由型钢表（附录Ⅰ），查得角钢的横截面积为 $A_2=3.086\text{cm}^2$。杆 1 和杆 2 的许用轴力分别为

$$F_{N1,max} = A_1[\sigma_1] = 100 \times 10^{-4} \times 7 \times 10^6 = 70 \times 10^3(\text{N})$$

$$F_{N2,max} = A_2[\sigma_2] = 2 \times 3.086 \times 10^{-4} \times 160 \times 10^6 = 98.752 \times 10^3(\text{N})$$

由式（a），由 1 杆确定的许用载荷为

$$[F_1] = \frac{F_{N1,max}}{\sqrt{3}} = 40.4(\text{kN})$$

由式（b），由 2 杆确定的许用载荷为

$$[F_2] = \frac{F_{N2,max}}{2} = 49.376(\text{kN})$$

显然，应取上面两个许用载荷中的较小者为结构的许用载荷，即 $[F]=40.4\text{kN}$。

例 2-5　图 2-20（a）所示组合结构，杆 ED 为刚性杆，AB 和 AD 均由两根等边角钢

组成。已知 $[\sigma]=160\text{MPa}$，选择两杆等边角钢型号。

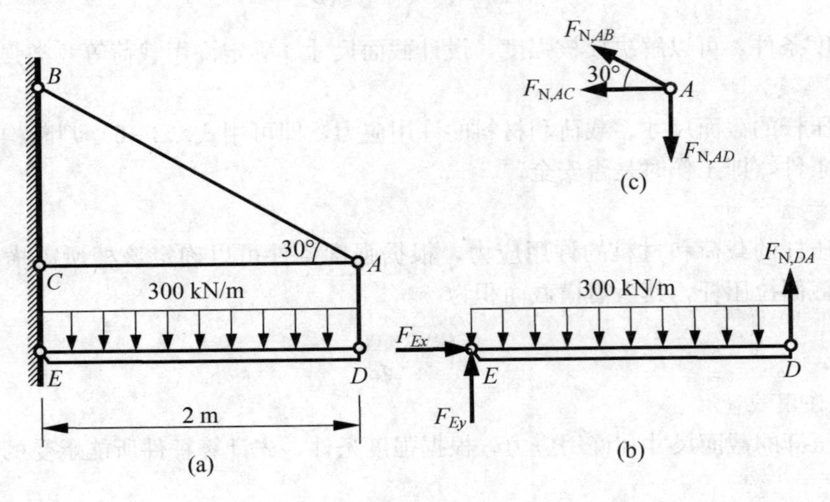

图 2-20

解：取 ED 为研究对象，如图 2-20（b）所示。由平衡方程得

$$\sum M_E=0,\ -q\times2\times1+F_{N,DA}\cdot2=0,\ F_{N,DA}=300(\text{kN})$$

取节点 A 为研究对象，如图 2-20（c）所示。由平衡方程得

$$\sum F_y=0,\ F_{N,AB}\sin30^\circ-F_{N,AD}=0,\ F_{N,AB}=600(\text{kN})$$

由强度条件，杆 AB 和 AD 的横截面积分别为

$$A_{AB}\geqslant\frac{F_{N,AB}}{2[\sigma]}=18.8(\text{cm}^2)$$

$$A_{AD}\geqslant\frac{F_{N,AD}}{2[\sigma]}=9.38(\text{cm}^2)$$

由型刚表查得杆 AB 的等边角钢型号为 100×100×10，杆 AD 的型号为 80×80×6。

2.6 拉压杆的变形

杆件在受轴向载荷时，其轴线方向的尺寸和横向尺寸将发生改变（图 2-21），分别称为杆的轴向变形和横向变形。

图 2-21 所示等直杆，长为 l，横截面积为 A，在轴向力 F 的作用下，杆长变为 l_1，则杆的轴向尺寸变化与轴向正应变分别为

$$\Delta l=l_1-l$$

$$\varepsilon=\frac{\Delta l}{l} \tag{a}$$

胡克定律为

$$\sigma=E\varepsilon$$

将式（a）和式（2-1）代入胡克定律得

$$\Delta l=\frac{F_N l}{EA} \tag{2-7}$$

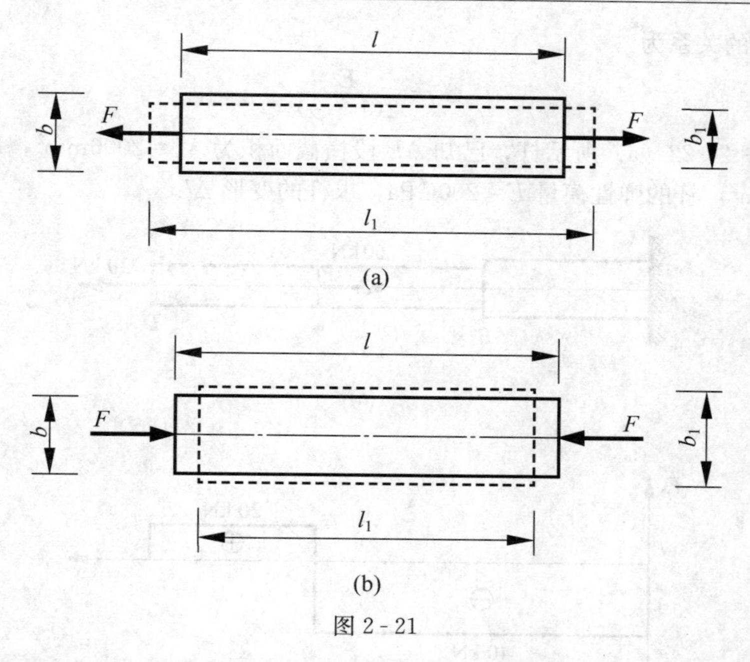

图 2 - 21

这是胡克定律的另一形式。可见，拉压杆的轴向变形 Δl 与轴力 F_N 及杆长 l 成正比，与 EA 成反比。乘积 EA 反映杆件抵抗拉伸或压缩变形的能力，称为杆横截面的**拉压刚度**。轴向变形 Δl 采用与轴力 F_N 相同的符号，即伸长为正，缩短为负。

设杆变形前一横向尺寸为 b，变形后的该尺寸为 b_1（图 2 - 21），则杆的横向变形与横向正应变分别为

$$\Delta b = b_1 - b$$

$$\varepsilon' = \frac{\Delta b}{b}$$

无论拉伸还是压缩，横向正应变与轴向正应变的符号总是相反。试验表明，当应力不超过材料的比例极限时，横向正应变与轴向正应变之比为一常数，该常数的相反数称为**泊松比**，用 μ 表示，即

$$\mu = -\frac{\varepsilon}{\varepsilon} \text{ 或 } \mu = \left|\frac{\varepsilon'}{\varepsilon}\right| \quad (2-8)$$

横向正应变与轴向正应变的关系也可写成：

$$\varepsilon' = -\mu\varepsilon$$

泊松比 μ 也是材料的弹性常数，由试验测定。对于绝大多数各向同性材料，μ 介于 0 和 0.5 之间。表 2 - 1 列出了几种常用材料的 E 和 μ 值。

表 2 - 1　　材料的弹性模量和泊松比

材料	钢	铝合金	铜	铸铁	木（顺纹）	混凝土
E(GPa)	190～220	70	100～120	80～160	8～12	14.7～35
μ	0.24～0.30	0.33	0.33～0.35	0.23～0.27	0.1～0.12	0.16～0.18

各向同性材料共有三个弹性常数，即弹性模量 E、泊松比 μ 和切变模量 G。可以证明

E、G 和 μ 之间的关系为

$$G=\frac{E}{2(1+\mu)} \tag{2-9}$$

例 2-6 图 2-22（a）所示杆，已知 AB 段横截面积为 $A_1=2000\text{mm}^2$，BD 段横截面积为 $A_2=1000\text{mm}^2$，杆的弹性模量 $E=200\text{GPa}$，求杆的变形 Δl。

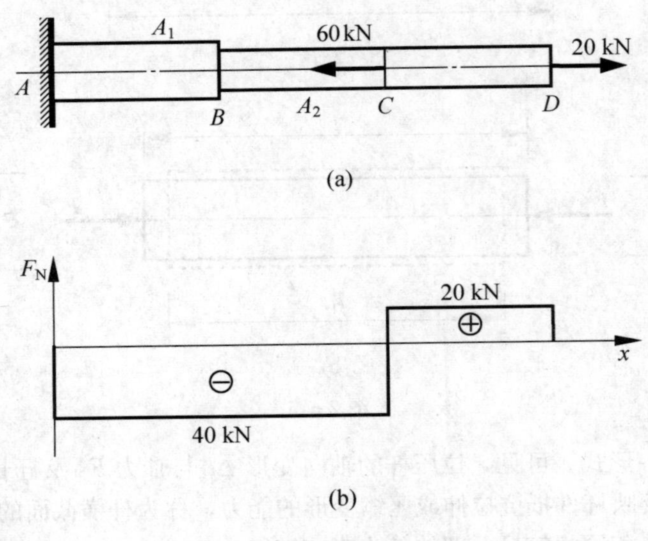

图 2-22

解： 杆的轴力图如图 2-22（b）所示。杆的变形是三段杆变形的代数和，根据胡克定律，有

$$\Delta l=\Delta l_{AB}+\Delta l_{BC}+\Delta l_{CD}=\frac{F_{N,AB}l_{AB}}{EA_1}+\frac{F_{N,BC}l_{BC}}{EA_2}+\frac{F_{N,CD}l_{CD}}{EA_2}$$

$$=\frac{10^3\times 1}{200\times 10^9\times 1000\times 10^6}\left(-\frac{40}{2}-40+20\right)$$

$$=-2\times 10^{-4}(\text{m}),\text{即}-0.2(\text{mm})$$

例 2-7 图 2-23（a）所示杆的横截面积为 A，材料密度为 ρ，求由自重引起的杆的伸长 Δl。

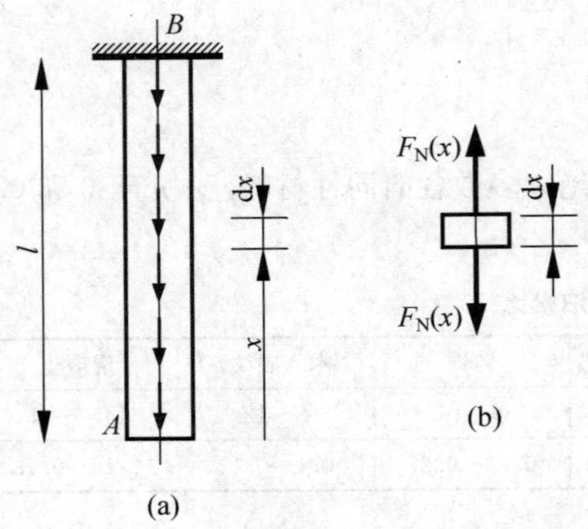

图 2-23

解： 在距自由端为 x 处取一微段 $\mathrm{d}x$［图 2-23(b)］，截面的轴力为

$$F_N(x)=xA\rho g$$

由胡克定律得微段的伸长为

$$\Delta(\mathrm{d}x)=\frac{F_N(x)\mathrm{d}x}{EA}=\frac{\rho g x\mathrm{d}x}{E}$$

上式两端积分得杆的伸长为

$$\Delta l=\int_0^l\frac{\rho g x}{E}\mathrm{d}x=\frac{\rho g l^2}{2E}$$

例 2-8 图 2-24（a）所示支架杆 AB（杆 1）和杆 BC（杆 2）均为 20×20×4 等边角钢。

已知 $E=200\text{GPa}$，$F=10\text{kN}$，求节点 B 的水平和铅垂位移。

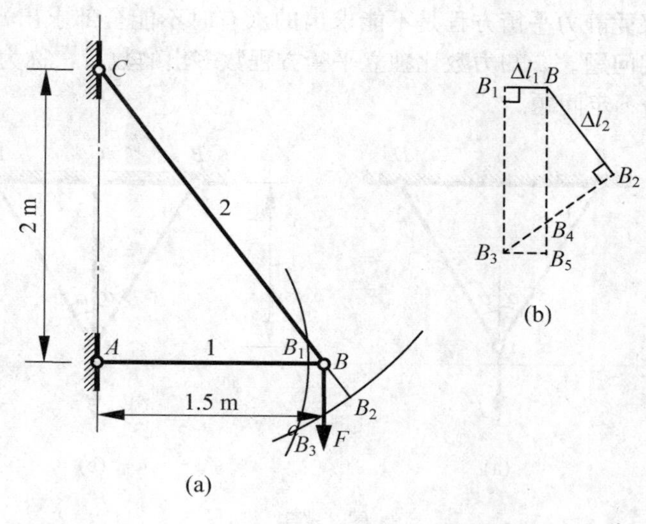

图 2-24

解：由节点 B 的平衡方程，可得杆 1 和 2 的轴力分别为

$$F_{N1}=-7.5(\text{kN}),\ F_{N2}=12.5(\text{kN})$$

查附录Ⅰ等边角钢表，角钢的横截面积为 $A=1.459\text{cm}^2$。杆 1 和杆 2 的变形大小分别为

$$\Delta l_1=\frac{F_{N1}l_1}{EA}=\frac{7.5\times10^3\times1.5}{200\times10^9\times1.459\times10^{-4}}=0.3855\times10^{-3}(\text{m})$$

$$\Delta l_2=\frac{F_{N2}l_2}{EA}=\frac{12.5\times10^3\times2.5}{200\times10^9\times1.459\times10^{-4}}=1.071\times10^{-3}(\text{m})$$

杆 1 缩短后，长度为 AB_1，杆 2 伸长后，长度为 CB_2，如图 2-24（a）所示。变形后，铰链 B 的轨迹，一方面在以 A 为圆心，AB_1 为半径的圆周上；另一方面在以 C 为圆心，CB_2 为半径的圆周上，故两个圆的交点 B_3 即变形后铰链的位置。因为是小变形，分别用过点 B_1 和 B_2 的切线代替弧线，如图 2-24（b）所示，两条切线的交点 B_3 即为铰链 B 变形后的位置。在图 2-24 中，$\triangle ABC\cong\triangle B_2B_4B\cong\triangle B_5B_4B_3$，节点 B 的水平位移为

$$\Delta_{Bx}=\Delta l_1=0.386\times10^{-3}(\text{m})$$

节点 B 的铅垂位移为

$$\Delta_{By}=\Delta l_2\times\frac{5}{4}+\Delta l_1\times\frac{3}{4}=1.63\times10^{-3}(\text{m})$$

2.7　拉压静不定问题

2.7.1　静不定问题的概念

物体系的约束力和内力都可以用平衡方程求出的问题，称为**静定问题**。例如，图 2-25（a）所示平面桁架受汇交力系，有两个独立的平衡方程，而未知量恰好为两杆的轴力，此桁架属于静定问题。

如果在上述桁架中增加一杆［图 2-25（b）］，则未知力变为 3 个，但独立的平衡方程仍

然只有两个，未知约束力的数目超过了所能列出的独立静力平衡方程式的数目，这样，它们的约束力或内力，仅凭静力平衡方程是不能求出的（有时不能全部求出）。这样的问题称为**静不定问题或超静定问题**。未知力数比独立平衡方程数多出的数目，称为**静不定次数**，故图2-25（b）为一次静不定问题。

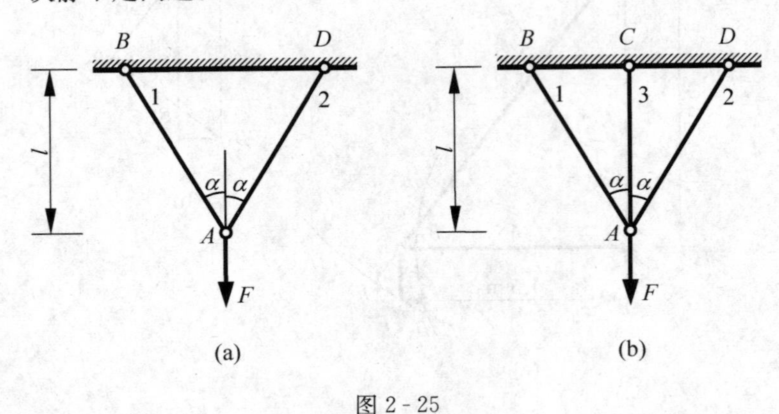

图 2-25

2.7.2 静不定问题的解法

平衡状态下，静不定的物体系各构件的变形之间是有联系的，而变形是与受力相联系的，根据这些联系，总是可以建立足够数量的另外的力之间的关系，称为**补充方程**。现以图2-26（a）所示的结构说明拉压静不定问题的解法。

设图2-26（a）中杆1、2和3的拉压刚度均为EA，杆AB可看成刚体，求杆1、2和3的轴力。

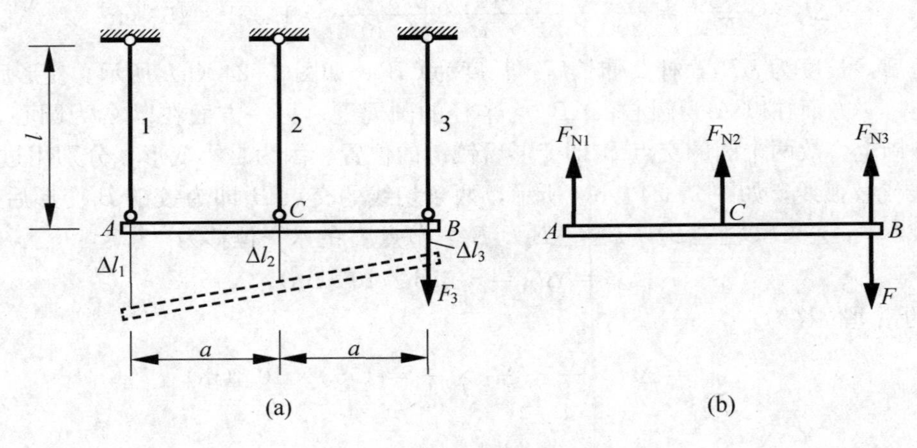

图 2-26

首先画位移图。由于杆AB为刚体，假设移动到虚线位置［图2-26（a）］，各杆皆受拉。设各杆的轴力分别为F_{N1}、F_{N2}和F_{N3}，杆AB受力如图2-26（b）所示。该力系为平面平行力系，仅有两个独立平衡方程，而未知力有三个，为一次静不定问题。平衡方程为

$$\sum F_y = 0,\ F_{N1} + F_{N2} + F_{N3} - F = 0 \tag{a}$$

$$\sum M_B = 0,\ F_{N2} + 2F_{N1} = 0 \tag{b}$$

要求出三个轴力，还需要一个补充方程。在力 F 作用下，三根杆的伸长不是任意的，它们之间必须保持一定的几何关系，称为**几何条件（方程）**，也称为**变形协调条件（方程）**。由变形图，小变形时，点 A、B 和 C 的位移铅垂向下，等于三个杆的变形 Δl_1、Δl_2 和 Δl_3。该结构的变形协调条件为

$$\Delta l_1 + \Delta l_3 = 2\Delta l_2 \tag{c}$$

设三杆均处于线弹性范围内，杆件的变形和内力之间应满足胡克定律。由胡克定律可知

$$\Delta l_1 = \frac{F_{N1} l}{EA},\ \Delta l_2 = \frac{F_{N2} l}{EA},\ \Delta l_3 = \frac{F_{N3} l}{EA} \tag{d}$$

这些杆件的变形和内力之间的关系称为**物理关系**或**物理方程**。将物理关系代入变形协调条件，即可建立补充方程。将式（d）代入式（c）得

$$F_{N1} + F_{N3} = 2F_{N2} \tag{e}$$

这就是补充方程。

将平衡方程式（a）、式（b）和补充方程式（e）式联立求解，得

$$F_{N1} = -\frac{1}{6}F,\ F_{N2} = \frac{1}{3}F,\ F_{N3} = \frac{5}{6}F$$

F_{N1} 为负值，说明杆 1 实际受力方向与假设相反，变形为缩短。这说明横梁 AB 是绕着 AC 两点之间的某一点发生了顺时针转动。

一般说来，在静不定问题中内力不仅与载荷和结构的几何形状有关，也和杆件的拉压刚度 EA 有关，单独增大某一根杆的刚度，该杆的轴力也相应增大，这也是静不定问题和静定问题的重要区别之一。

需要说明的是，杆件的变形情况，可以假设，但在建立轴力与变形的物理条件时，则须满足轴力与变形的一致性原则，即拉力对应杆件的伸长变形，压力对应着杆件的缩短变形。

例 2-9　图 2-27（a）所示结构中，杆 1、2 和 3 刚度均为 EA，求各杆的轴力。

解： 结构对称，所以杆 1 和 2 的变形相同。画变形图如图 2-27（a）所示，变形协调条件为

$$\Delta l_3 \cos\alpha = \Delta l_1$$

取节点 A 为研究对象［图 2-27（b）］，平衡方程为

$$\sum F_x = 0,\ F_{N1} = F_{N2}$$

$$\sum F_y = 0,\ 2F_{N1}\cos\alpha + F_{N3} - F = 0$$

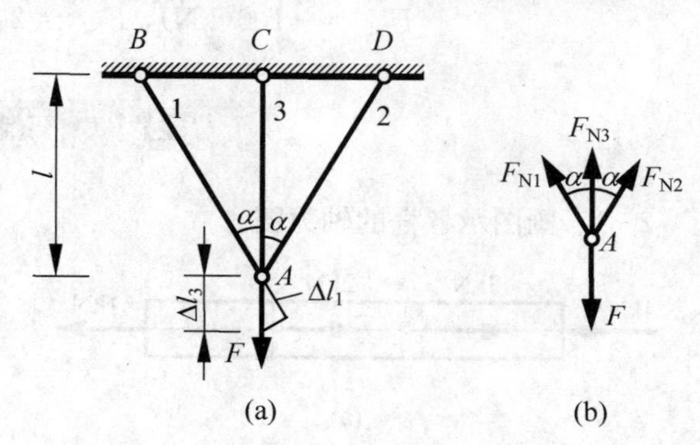

图 2-27

物理方程为

$$\Delta l_1 = \frac{F_{N1} l/\cos\alpha}{EA},\ \Delta l_3 = \frac{F_{N3} l}{EA}$$

将物理方程代入几何方程得补充方程：

$$F_{N1} = F_{N3}\cos^2\alpha$$

联立求解补充方程和平衡方程，得杆的轴力分别为

$$F_{\mathrm{N1}} = F_{\mathrm{N1}} = \frac{F\cos^2\alpha}{1+2\cos^3\alpha},\ F_{\mathrm{N3}} = \frac{F}{1+2\cos^3\alpha}$$

均为拉力。

例 2-10 已知图 2-28 所示杆的拉压刚度为 EA，求杆的内力。

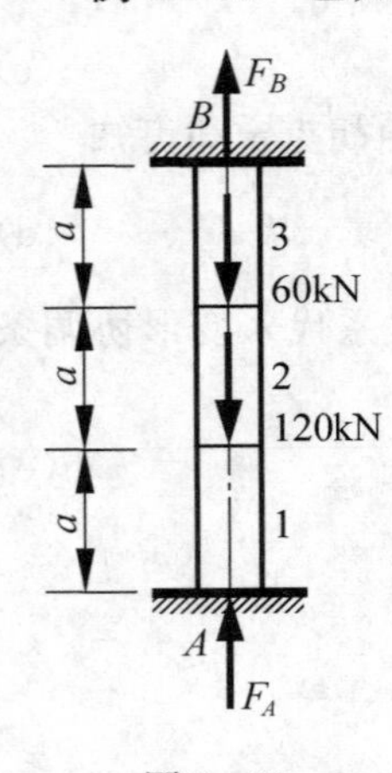

图 2-28

解： 设杆的约束力如图 2-28 所示。杆受共线力系，仅有一个独立的平衡方程，故本问题为一次静不定。平衡方程为

$$\sum F_y = 0,\ F_A - 120 - 60 + F_B = 0$$

由于支座 A 和 B 均为固定端，变形后杆的长度不变，所以变形协调条件为

$$\Delta l_1 + \Delta l_2 + \Delta l_3 = 0$$

这里变形量为代数值，其中下标表示第几段杆（图 2-28）。根据胡克定律，物理方程为

$$\Delta l_1 = \frac{F_{\mathrm{N1}}a}{EA} = \frac{-F_A a}{EA},\ \Delta l_2 = \frac{F_{\mathrm{N2}}a}{EA} = \frac{(-F_A+120)a}{EA},$$

$$\Delta l_3 = \frac{F_{\mathrm{N3}}a}{EA} = \frac{F_B a}{EA}$$

将物理方程代入变形协调方程得补充方程：

$$-\frac{F_A a}{EA} + \frac{(-F_A+120)a}{EA} + \frac{F_B a}{EA} = 0$$

联立平衡方程和补充方程，得

$$F_A = 100(\mathrm{kN}),\ F_B = 60(\mathrm{kN})$$

从而得各段轴力分别为

$$F_{\mathrm{N1}} = -100(\mathrm{kN}),\ F_{\mathrm{N2}} = 20(\mathrm{kN}),\ F_{\mathrm{N3}} = 60(\mathrm{kN})$$

习题

2-1 画图示各杆的轴力图。

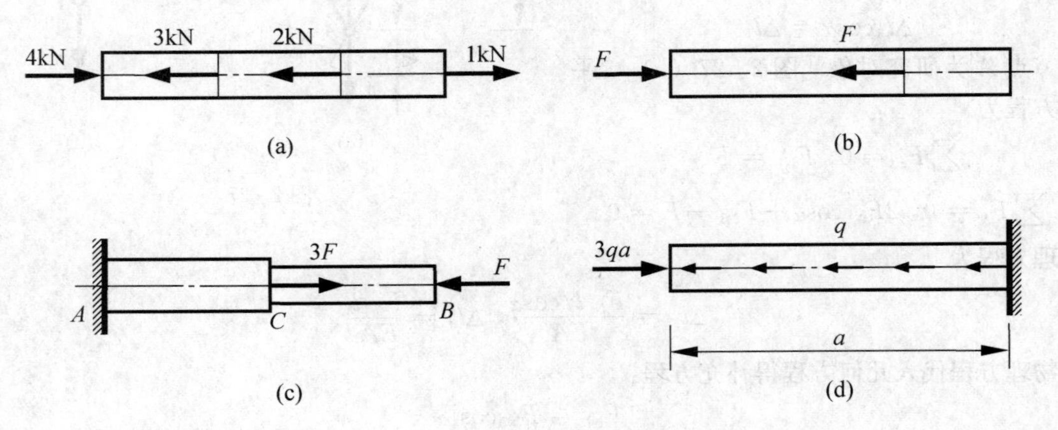

题 2-1 图

2-2　已知题 2-1（a）图所示杆的横截面积 $A=100\text{mm}^2$，求杆内的最大拉应力和最大压应力。

2-3　桁架中杆 AB 和 BC 的横截面均为圆形，直径分别为 10mm 和 8mm。已知 $F=784.8\text{N}$，求 AB 和 BC 杆的正应力。

2-4　一受轴向拉伸的杆件 AB，横截面积 $A=200\text{mm}^2$，力 $F=10\text{kN}$，求法线与杆轴成 30°及 45°的斜面上的正应力和切应力。

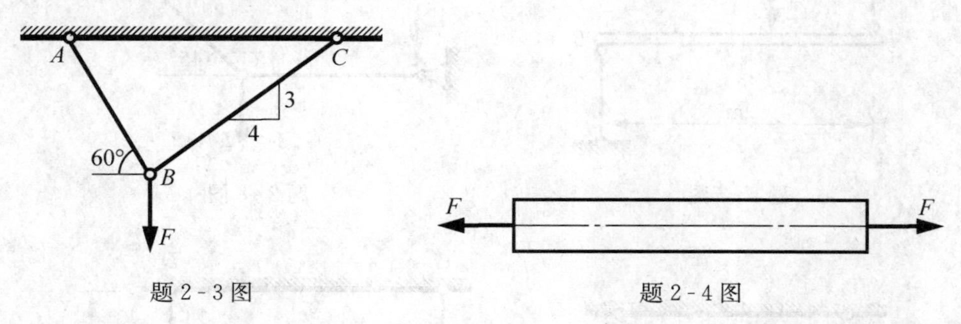

题 2-3 图　　题 2-4 图

2-5　图示混凝土柱，已知材料的比重 $\gamma=23.0\text{kN/m}^3$，$F=15\text{kN}$，直径 $d=360\text{mm}$，求 $y=1\text{m}$，2m 和 3m 横截面上的压应力。

2-6　图为某碳钢的应力-应变曲线。已知 $OA_1=0.006$，$OB_1=0.023$，$OA//BC$。试件的应力达到 600MPa（最高点 B）时卸载，求试件中的塑性应变。

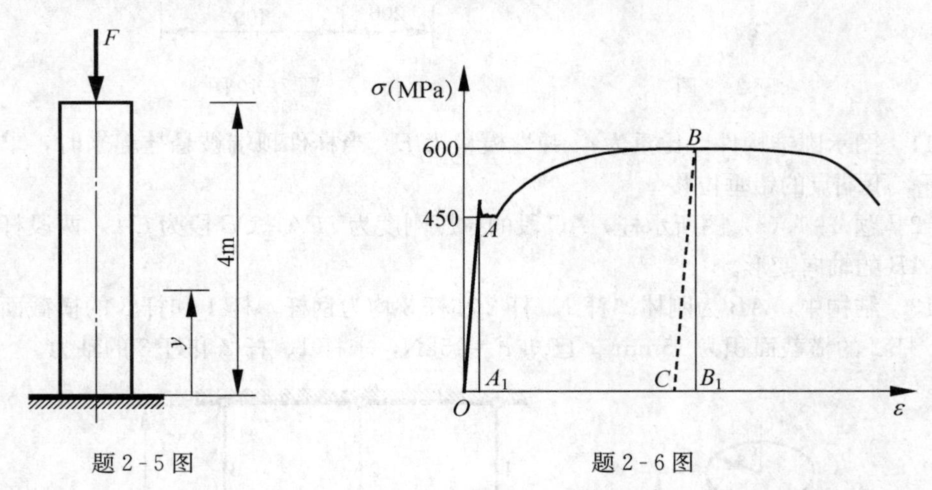

题 2-5 图　　题 2-6 图

2-7　结构中，杆 AB 为刚体，杆 AC 为钢杆，极限应力 $\sigma_u=680\text{MPa}$，直径 $d_1=20\text{mm}$；杆 BD 为铝杆，极限应力 $\sigma_u=70\text{MPa}$，横截面积 $A_2=1800\text{mm}^2$。已知结构的安全因数为 $n=2$，确定许用载荷。

2-8　结构中，杆 AC 和 AB 均为铝杆，许用应力 $[\sigma]=150\text{MPa}$。已知铅垂力 $F=20\text{kN}$，确定两杆所需的直径。

2-9　桁架中，圆截面杆 1 和 2 的直径分别为 $d_1=30\text{mm}$ 和 $d_2=20\text{mm}$，两杆材料相同，许用应力为 $[\sigma]=160\text{MPa}$。已知 $F=80\text{kN}$，校核桁架的强度。

2-10　结构中，AB 为刚性杆，杆 AC 为钢杆，弹性模量 $E_1=200\text{GPa}$，直径 $d_1=20\text{mm}$，杆 BD 为铝杆，弹性模量 $E_2=70\text{GPa}$，直径 $d_2=40\text{mm}$。已知 $F=90\text{kN}$。求杆 AB

上的点 E 的位移。

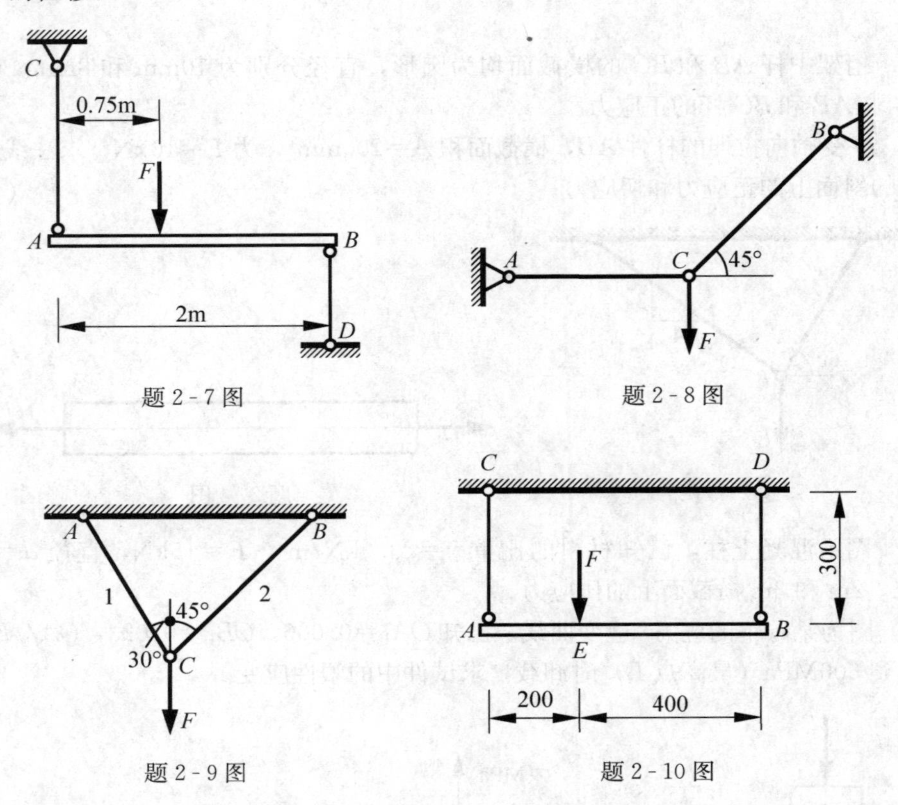

题 2-7 图　　题 2-8 图

题 2-9 图　　题 2-10 图

2-11　图示圆锥构件，比重为γ，弹性模量为 E。当杆件顶端被悬挂起来时，求在自重的作用下，下端点的铅垂位移。

2-12　题 2-1（c）图所示杆，AC 段的拉压刚度为 $2EA$，CB 段为 EA，两段杆长均为 l，求杆 AB 的轴向变形。

2-13　结构中，AB 为刚体。杆 1、杆 2 和杆 3 均为钢杆，杆 1 和杆 3 的横截面积均为 25mm^2，杆 2 的横截面积为 15mm^2。已知 $F=15\text{kN}$，求杆 1、杆 2 和杆 3 的轴力。

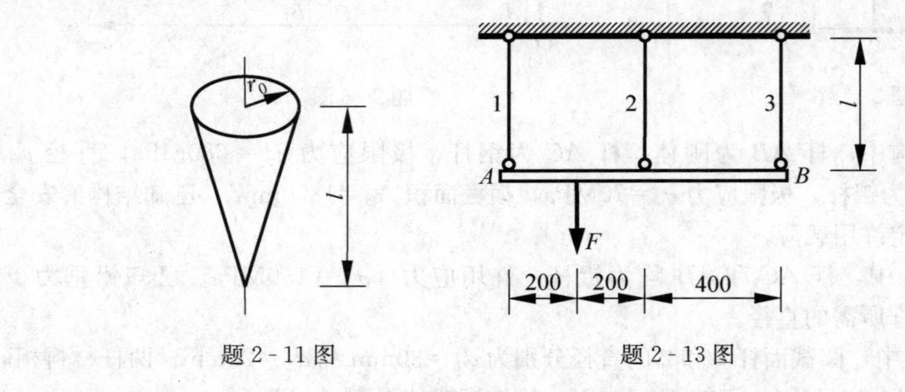

题 2-11 图　　题 2-13 图

2-14　结构中，折杆 AOB 为刚体，求杆 1 和杆 2 的轴力。

2-15　结构中，AB 为刚体，求杆 1 和杆 2 的轴力。

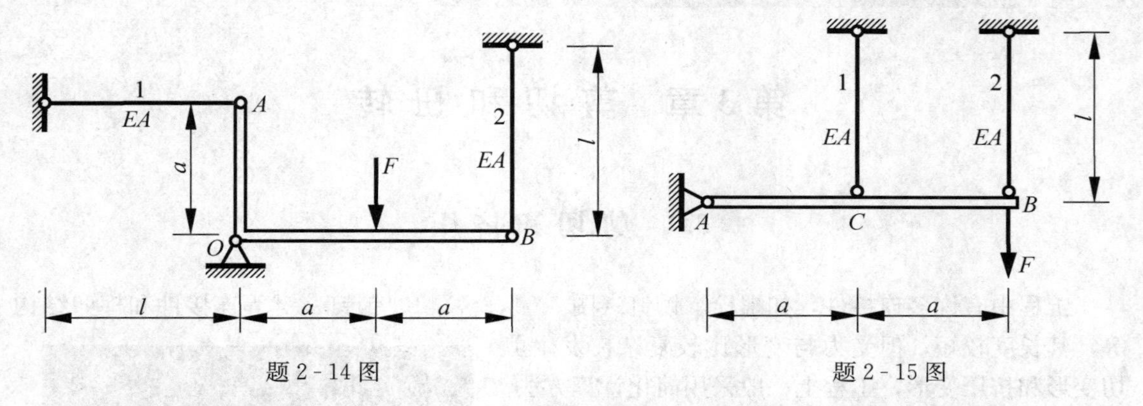

题 2 - 14 图　　　　题 2 - 15 图

2 - 16　桁架中，杆 1、杆 2 和杆 3 分别用铸铁、铜和钢制成，许用应力分别为 $[\sigma_1]=80\text{MPa}$，$[\sigma_2]=60\text{MPa}$，$[\sigma_3]=120\text{MPa}$，弹性模量分别为 $E_1=160\text{GPa}$，$E_2=100\text{GPa}$，$E_3=200\text{GPa}$。若载荷 $F=160\text{kN}$，三杆之间的横截面积的关系为 $A_1=A_2=2A_3$，确定各杆的横截面积。

2 - 17　求图示杆的约束力。

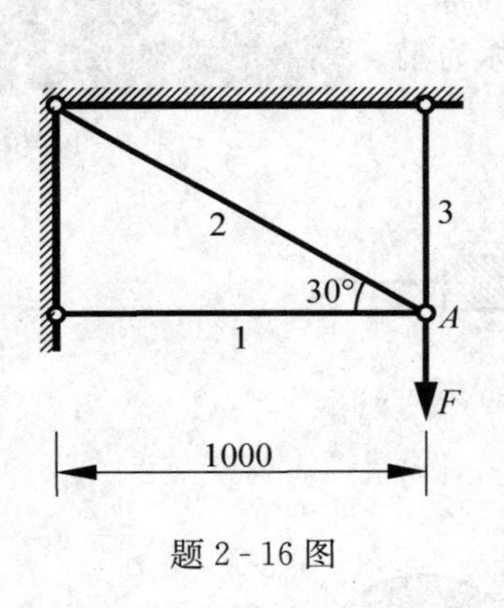

题 2 - 16 图

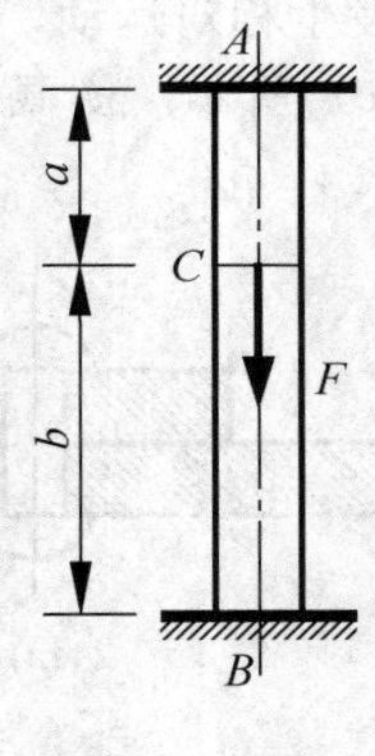

题 2 - 17 图

第3章 剪切和扭转

3.1 剪切和挤压

工程中有许多连接件，如螺栓、铆钉（图3-1，桥梁）、销钉、键等连接件和榫卯结构等，其长度较短，但受力与变形比较复杂，发生剪切变形和挤压变形，工程上一般采用简化计算方法。

图3-1 桥梁铆钉

3.1.1 剪切和剪切强度计算

图3-2（a）所示为铆钉连接件，铆钉的受力如图3-2（b）所示，其中F为合力。作用在铆钉侧面上的外力大小相等，方向相反，且作用线相距很近。在两个横向力作用下，铆钉横截面m-m分开的上下两部分之间发生相对运动，对应的变形称为**剪切**，如图3-2（c）所示。横截面m-m称为**剪切面**。

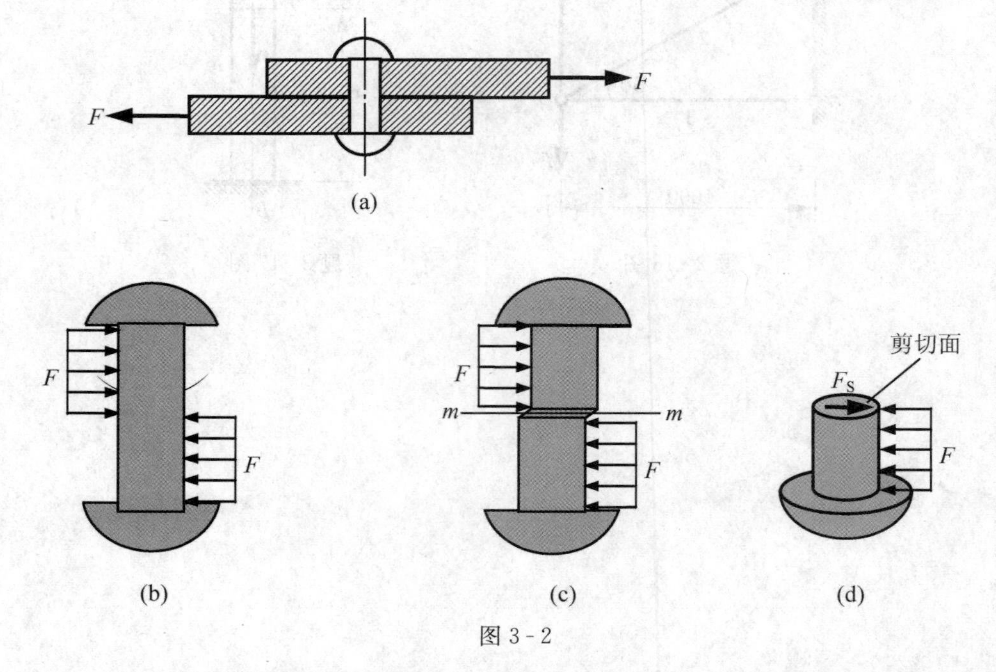

图3-2

沿截面m—m将铆钉截开，铆钉剪切面一定上有与截面相切的内力［图3-2（d）］，称为**剪力**，用F_S表示。由平衡方程$\sum F_x=0$，得

$$F_S=F$$

为了计算方便，在工程中，对于连接件，通常计算剪切面上的平均切应力，其值为

$$\tau = \frac{F_S}{A_S} \tag{3-1}$$

其中 A_S为剪切面的面积。剪切强度条件为

$$\tau = \frac{F_S}{A_S} \leqslant [\tau] \tag{3-2}$$

其中，[τ] 为连接件的许用切应力，等于连接件的极限剪切应力除以安全因数。

3.1.2　挤压和挤压强度条件

在载荷作用下，连接件构件之间相互作用，接触面附近的正应力称为**挤压应力**。当挤压应力较大时，在接触的局部区域，将产生显著塑性变形，造成连接件松动而失效。因此，对于连接件，也应该考虑其挤压强度问题。

对于铆钉连接件，实际挤压面为半圆柱面［图 3-3（a)］，铆钉和孔均发生变形。挤压应力的分布如图 3-3（b）所示。在工程计算中，通常取实际挤压面的正投影面积作为**计算挤压面积**，用 A_b表示，如图 3-3（b）和图 3-3（d）所示。即

$$A_b = td \tag{3-3}$$

连接件的计算挤压应力为

$$\sigma_{bs} = \frac{F_b}{A_b} \tag{3-4}$$

其中 F_b为挤压面上的挤压力。连接件的挤压强度条件为

$$\sigma_{bs} = \frac{F_b}{A_b} \leqslant [\sigma_{bs}] \tag{3-5}$$

其中［σ_{bs}］为连接件的许用挤压应力，等于连接件的挤压强度极限除以安全因数。

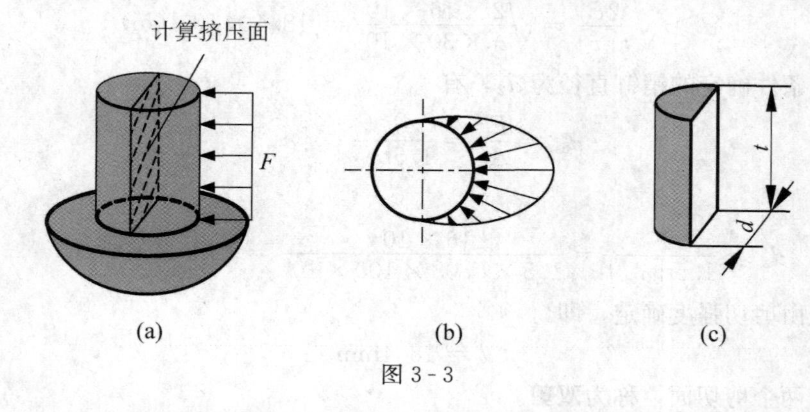

图 3-3

例 3-1　图 3-4（a）所示为拖车挂钩的连接件。销钉为 20 号钢，许用切应力 [τ]=30MPa，许用挤压应力 [σ_{bs}]=100MPa。已知 F=16kN，t=8mm，确定销钉的直径 d。

解： 销钉和其下段的受力分别如图 3-4（b)、图 3-4（c）所示。销钉剪切面的剪力和最大挤压力分别为

$$F_b = F,\ F_S = \frac{F}{2}$$

设由剪切强度条件确定的销钉直径为 d_1，有

$$\tau = \frac{F_S}{A_S} = \frac{F/2}{\pi d_1^2/4} \leqslant [\tau]$$

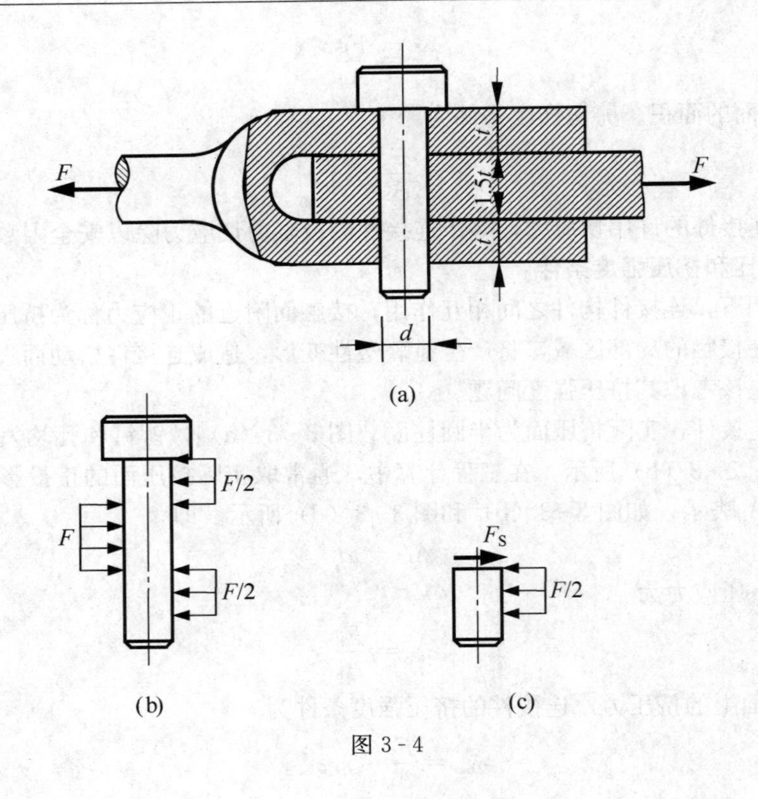

图 3-4

得

$$d \geqslant \sqrt{\frac{2F}{\pi[\tau]}} = \sqrt{\frac{2 \times 16 \times 10^3}{\pi \times 30 \times 10^6}} = 18.4 \times 10^{-3}(\text{m})$$

设由挤压强度条件确定的销钉直径为 d_2，有

$$\sigma_{bs} = \frac{F_b}{A_b} = \frac{F}{1.5td_2} \leqslant [\sigma_{bs}]$$

得

$$d_2 \geqslant \frac{F}{1.5t[\sigma_{bs}]} = \frac{16 \times 10^3}{1.5 \times 0.08 \times 100 \times 10^6} = 13.3 \times 10^{-3}(\text{m})$$

故销钉的直径由剪切强度确定，即

$$d = 18.4\text{mm}$$

这里，销钉有两个剪切面，称为**双剪**。

例 3-2 图 3-5 所示齿轮和轴用方头平键连接，轴的直径 d=55mm，键的尺寸为 $b\times h\times l$=16mm×10mm×60mm，传递的力偶矩 M_e=0.6kN·m。已知键的许用切应力 $[\tau]$=30MPa，许用挤压应力 $[\sigma_{bs}]$=100MPa，校核键的强度。

解： 将键沿剪切面［图 3-5（a）中虚线］假想切开，取截面以下部分为研究对象［图 3-5（b）］。截面上的剪力 F_S 为

$$F_S = A_S\tau = bl\tau$$

由平衡条件得

$$\sum M_O = 0,\ F_S \times \frac{d}{2} - M_e = 0$$

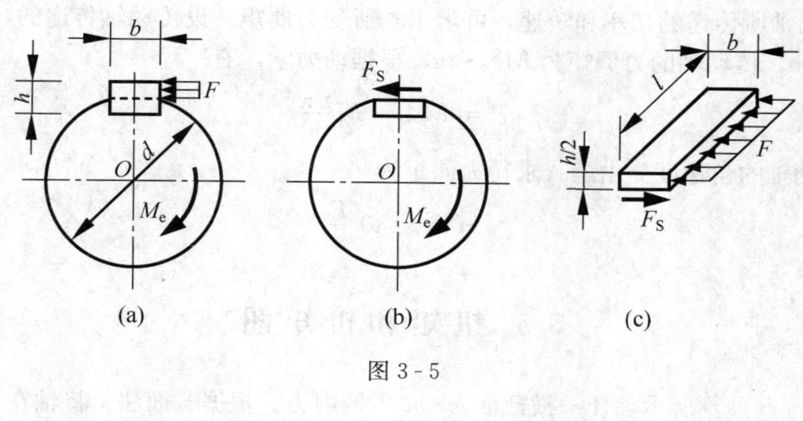

图 3-5

$$F_S = \frac{2M_e}{d}$$

剪切面上的切应力为

$$\tau = \frac{2M_e}{bld} = \frac{2 \times 0.6 \times 10^3}{16 \times 60 \times 55 \times 10^{-9}} = 27.3 \times 10^6 (\text{Pa}) < [\tau]$$

满足剪切强度条件。

由平衡条件，得挤压力为

$$F_b = F_S$$

计算挤压面即实际挤压面［图 3-5（c）］，面积为

$$A_b = \frac{hl}{2}$$

挤压应力为

$$\sigma_{bs} = \frac{F_b}{A_b} = \frac{2M_e/d}{hl/2} = \frac{4M_e}{dhl} = \frac{4 \times 0.6 \times 10^3}{55 \times 10 \times 60 \times 10^{-9}}$$
$$= 72.7 \times 10^6 (\text{Pa}) < [\sigma_{bs}]$$

平键满足挤压强度条件。

3.2 扭转的概念

工程中，经常用到承受外力偶的杆件，例如机器的动力常常是由电动机或内燃机提供的，动力的传递需要用传动轴。直杆在两个大小相等、方向相反、作用面垂直于杆件轴线的力偶作用下，杆任意两横截面将绕轴线相对转动，这种变形称为**扭转**，如图 3-6 所示。产生扭转的外力偶称为**扭力偶**，其矩称为**扭力偶矩**。以扭转变形为主的杆称为**轴**，横截面间绕轴线的相对角位移称为**扭转角**，简称**转角**，用 φ 表示。图中 γ 称为**剪切角**，剪切角即切应变。

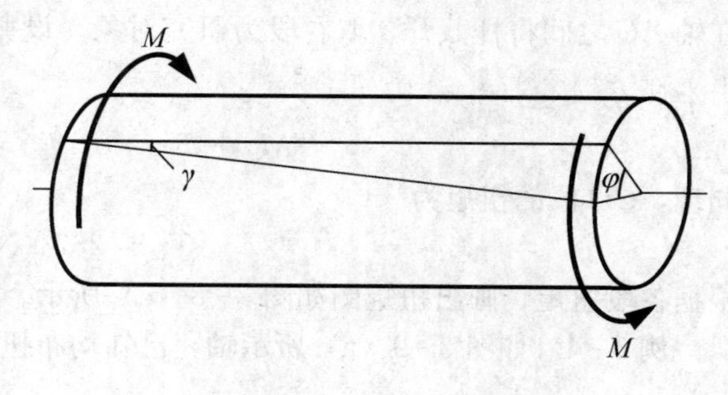

图 3-6

已知传动轴所传递的功率和转速，可求出轴所受力偶矩。设传动轴传递的功率为 PkW，转速为 nr/min，传动轴的力偶矩为 MN·m，根据动力学，有

$$P = M\omega = M\frac{n\pi}{30}$$

其中 ω 为传动轴的角速度。由上式求得力偶矩为

$$M = 9549\,\frac{P}{n} \tag{3-6}$$

3.3 扭矩和扭矩图

分析图 3-7（a）所示轴任一横截面 m-m 上的内力。根据截面法，将轴在 m-m 处截开［3-7（b）］，由平衡条件，横截面 m-m 上的内力必构成一力偶，且其矢量方向垂直于截面 m-m，该内力偶矩，即为**扭矩**，用 T 表示。

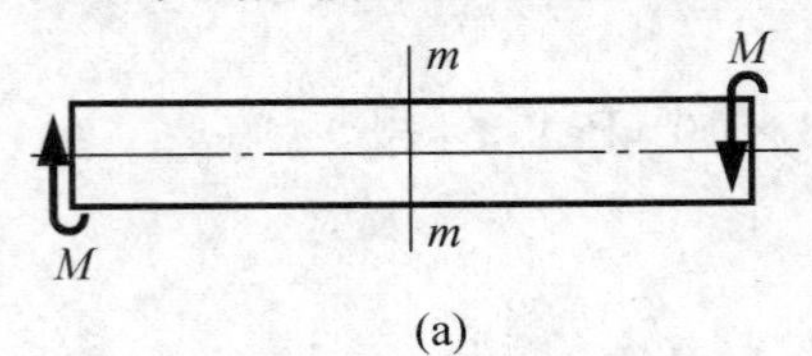

(a)

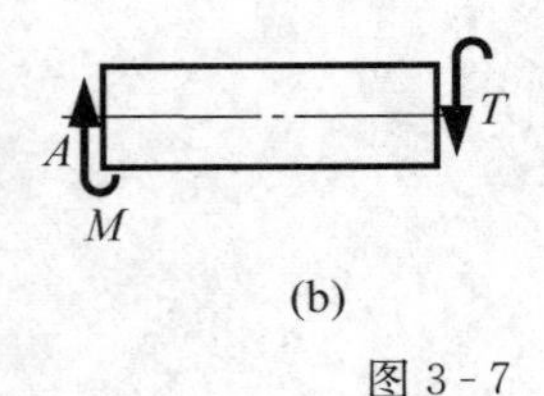

(b)

图 3-7

扭矩 T 的符号规定为：按右手螺旋法则确定扭矩矢量，如果扭矩的矢量指向与截面的外法向方向一致，则扭矩为正，反之为负。

表示杆件扭矩沿轴线变化的图线，称为**扭矩图**。下面举例说明扭矩图的绘制。

例 3-3 图 3-8 所示传动轴，转速 n=500r/min，主动轮 A 的输入功率为 P_A=500kW，从动轮 B、C 和 D 的输出功率分别为 P_B=200kW，P_C=160kW 和 P_D=140kW。作轴的扭矩图。

解：由式（3-6）可知，作用在轮 A 扭力偶矩为

$$M_A = 9549\,\frac{P_A}{n} = 9549 \times \frac{500}{500} = 9549(\text{N}\cdot\text{m})$$

同理，作用在轮 B、C 和 D 的扭力偶矩分别为

$$M_B = 3820(\text{N}\cdot\text{m}),\ M_C = 3056(\text{N}\cdot\text{m}),\ M_D = 2674(\text{N}\cdot\text{m})$$

在轴 BC 之间任取一截面将杆截开，取左段为研究对象，设截面的扭矩 T_1 为正，如图 3-8（b）所示。由平衡方程 $\sum M_x = 0$，得

$$-T_2 - M_C - M_D = 0,\ T_2 = -3056(\text{N}\cdot\text{m})$$

在轴 AC 之间将杆截开，取右段为研究对象，设截面的扭矩 T_2 为正，如图 3-8（c）所示。由平衡方程 $\sum M_x = 0$，得

$$-M_B + T_1 = 0,\ T_1 = 3820(\text{N}\cdot\text{m})$$

同理，CD 段的扭矩为

$$T_3 = 2674(\text{N}\cdot\text{m})$$

根据各段扭矩，画出扭矩图如图 3-8（d）所示。

例 3-4 如图 3-9（a）所示轴，已知均布扭力偶矩大小为 m，作杆的扭矩图。

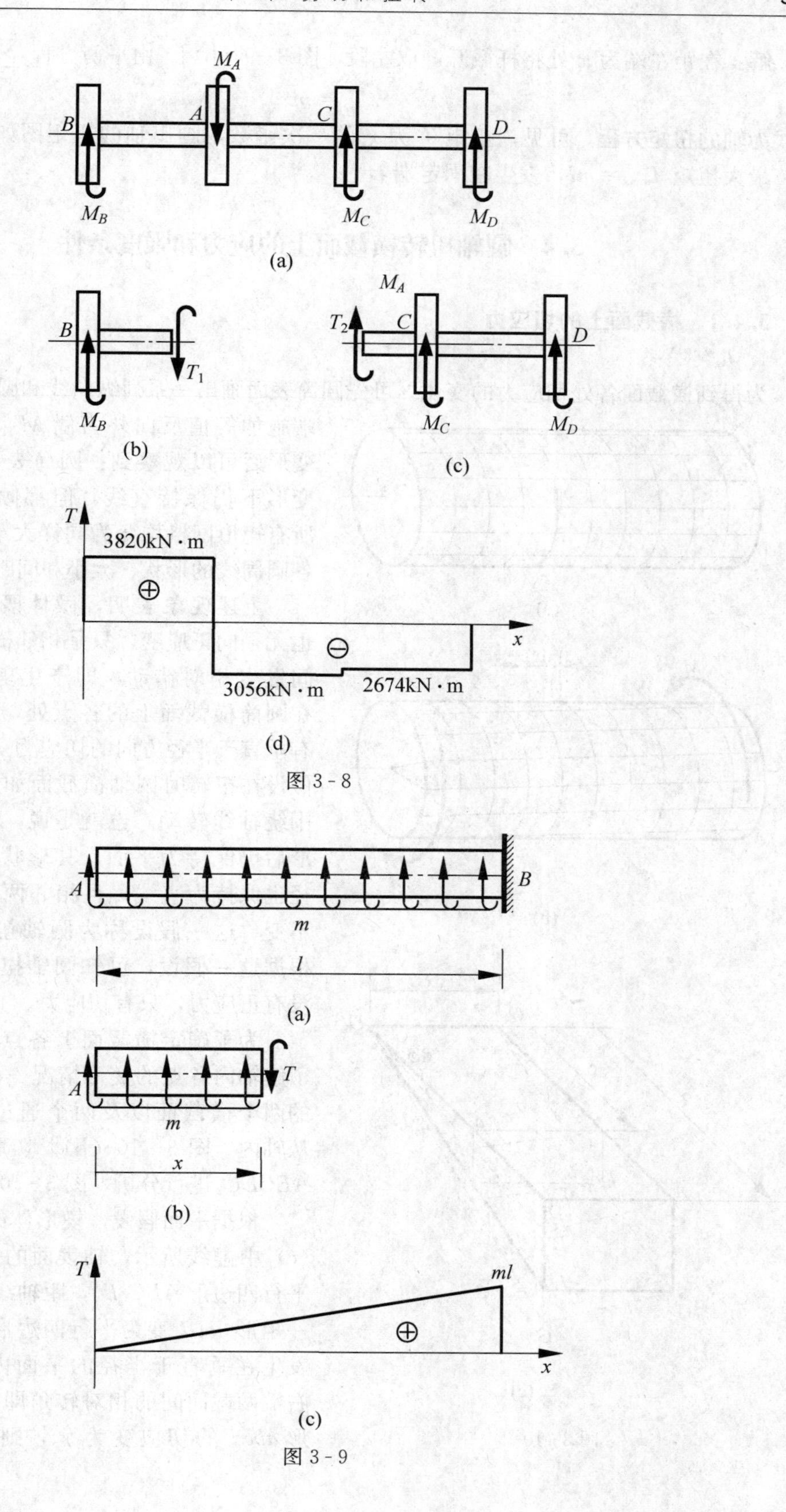

M_A
B
A
C
D
M_B
M_C
M_D
(a)
B
T_1
M_B
(b)
M_A
T_2
C
D
M_C
M_D
(c)
T
3820kN · m
⊕
⊖
x
3056kN · m
2674kN · m
(d)

图 3-8

A
B
m
l
(a)
A
T
m
x
(b)
T
ml
⊕
x
(c)

图 3-9

解：在距左端为 x 处将杆截开，取左段［图 3-9（b）］。由平衡方程 $\sum M_x = 0$，得

$$T = mx$$

上式为轴的**扭矩方程**。可见，扭矩 T 为 x 的一次函数，画出轴的扭矩图如图 3-9（c）所示。最大扭矩 $T_{\max}=ml$，发生在固定端 B。

3.4 圆轴扭转横截面上的应力和强度条件

3.4.1 横截面上的切应力

1. 几何关系

为得到横截面各处切应力的变化，可先圆筒表面画出一系列纵向线和圆周线，然后在两端施加等值反向外力偶 M［图 3-10（a）］。变形后可以观察到：圆筒表面各纵向线在小变形下仍保持直线，但都倾斜了同一角度，所有矩形网格均变为同样大小的平行四边形；各圆周线的形状、大小和间距均保持不变。

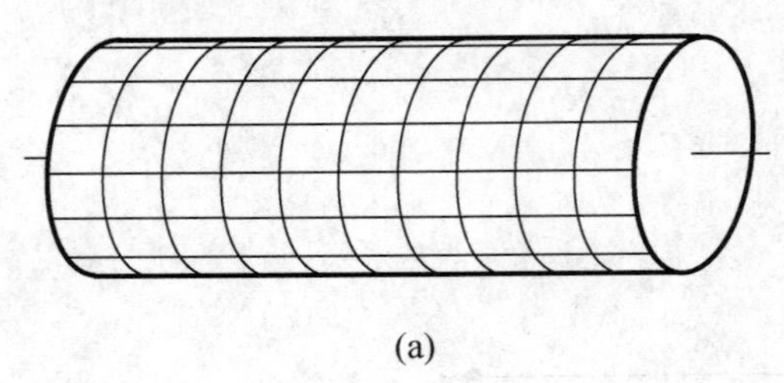

(a)

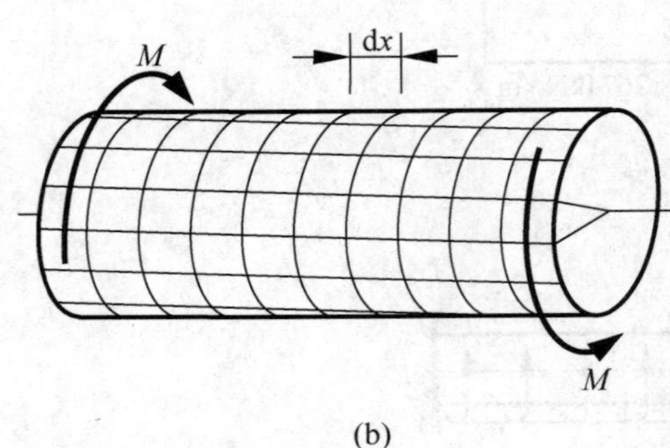

(b)

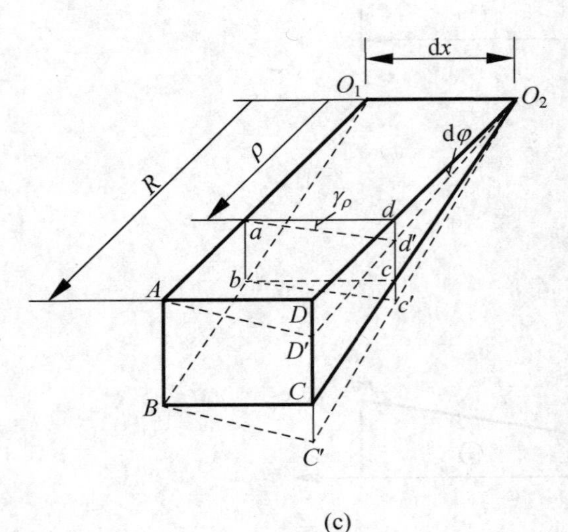

(c)

图 3-10

上述现象表明，微体既无轴向正应变，也无径向正应变，只是相邻横截面 ab 与 cd 之间发生相对错动，即产生剪切变形。可见，在圆筒横截面上的各点处，没有正应力，仅有垂直于半径方向的切应力 τ。同时，也可以假设在扭转时圆轴横截面如同刚性圆盘一样围绕轴线转动。也就是说，圆杆的横截面变形后仍保持为平面，其形状、大小不变，半径也保持为直线，且相邻两横截面间的距离不变。这一假设称为圆轴扭转的**平面假设**。根据这一假设，可知圆轴扭转时，横截面上没有正应力，只有切应力。

为了确定横截面上各点的切应力，需要了解轴内各点的变形情况。为此，用相距 dx 的两个横截面以及两个通过轴线的纵截面，从轴内［图 3-10（b）］切取一楔形微体 O_1ABCDO_2 进行分析［图 3-10（c）］。

根据平面假设，楔形体的变形如图 3-10（c）中虚线所示，轴表面的矩形 $ABCD$ 变为平行四边形 $ABC'D'$，距轴线距离为 ρ 处的任一矩形 $abcd$ 变为平行四边形 $abc'd'$，变形均发生在垂直于半径的平面内。设楔形体左、右端两截面间的相对转角即扭转角为 dφ，矩形 $abcd$ 的切应变为 γ_ρ，则由图 3-10（c）

可知

$$\tan\gamma_\rho \approx \gamma_\rho = \frac{dd'}{ad} = \frac{\rho \mathrm{d}\varphi}{\mathrm{d}x}$$

即

$$\gamma_\rho = \frac{\rho \mathrm{d}\varphi}{\mathrm{d}x} \tag{a}$$

2. 物理关系

根据剪切胡克定律，横截面上半径为 ρ 处的切应力为

$$\tau_\rho = G\gamma_\rho = G\rho \frac{\mathrm{d}\varphi}{\mathrm{d}x} \tag{b}$$

各点的切应力与半径 ρ 成正比。由于切应变位于垂直于半径的平面内，切应力的方向垂直于半径 ρ。

3. 静力关系

在轴的任一横截面上取微面积 $\mathrm{d}A$，$\mathrm{d}A$ 上的内力为 $\tau_\rho \mathrm{d}A$，如图 3-11 所示。根据扭矩的定义，整个横截面上的所有微内力对圆心的矩之和，等于该截面上的扭矩 T，即

$$\int_A \rho\tau_\rho \mathrm{d}A = T \tag{c}$$

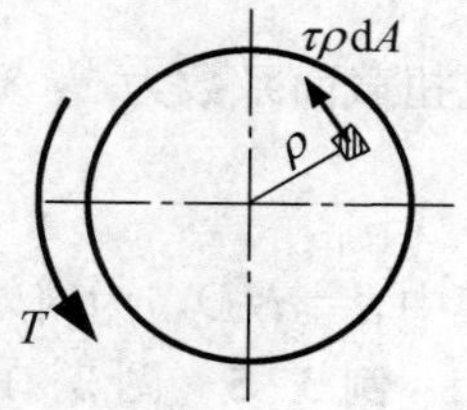

图 3-11

把式（b）代入式（c），有

$$G\frac{\mathrm{d}\varphi}{\mathrm{d}x}\int_A \rho^2 \mathrm{d}A = G\frac{\mathrm{d}\varphi}{\mathrm{d}x} I_\mathrm{p} = T \tag{d}$$

其中

$$I_\mathrm{p} = \int_A \rho^2 \mathrm{d}A \tag{3-7}$$

称为截面对圆心的**极惯性矩**。于是得

$$\frac{\mathrm{d}\varphi}{\mathrm{d}x} = \frac{T}{GI_\mathrm{p}} \tag{3-8}$$

这里$\frac{\mathrm{d}\varphi}{\mathrm{d}x}$是单位转角。式（3-8）中乘积 GI_p越大，单位转角就越小，GI_p称为圆轴横截面的**扭转刚度**。将式（3-8）代入式（b），得

$$\tau_\rho = \frac{T}{I_\mathrm{p}}\rho \tag{3-9}$$

此即圆轴扭转切应力的一般公式。

横截面上的最大切应力为

$$\tau_{\max} = \frac{T}{I_\mathrm{p}}\rho_{\max} = \frac{T}{I_\mathrm{p}} \times \frac{d}{2} \tag{e}$$

其中，d 为圆轴横截面的直径。令

$$W_\mathrm{p} = \frac{I_\mathrm{p}}{d/2} \tag{3-10}$$

W_p 称为**抗扭截面系数**，式（e）可写成

$$\tau_{\max} = \frac{T}{W_\mathrm{p}} \tag{3-11}$$

3.4.2 极惯性矩与抗扭截面系数

1. 实心圆截面

对于直径为 d 的圆，取图 3-12 所示阴影部分环形为微面积，所以

$$dA = 2\pi\rho d\rho$$

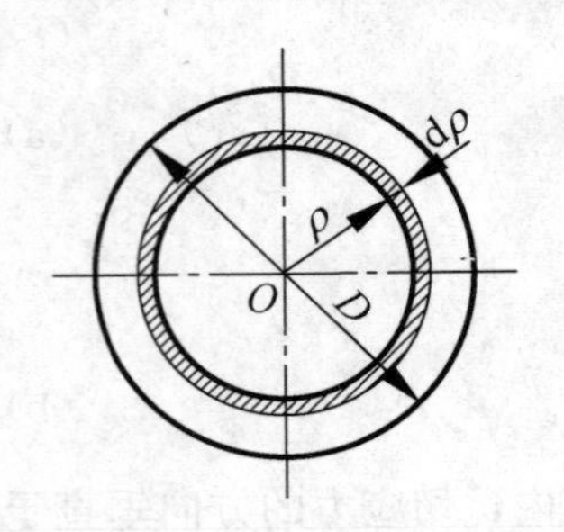

图 3-12

根据定义［式（3-10）］，实心圆对圆心的极惯性矩为

$$I_p = \int_0^{d/2} \rho^2 2\pi\rho d\rho = \frac{\pi d^4}{32} \tag{3-12}$$

实心圆截面的抗扭截面模量为

$$W_p = \frac{\pi d^3}{16} \tag{3-13}$$

2. 空心圆截面

对于内径为 d，外径为 D 的空心圆截面（图 3-13），极惯性矩为

$$I_p = \frac{\pi D^4}{32} - \frac{\pi d^4}{32} = \frac{\pi D^4}{32}(1-\alpha^4) \tag{3-14}$$

抗扭截面系数为

$$W_p = \frac{\pi D^3}{16}(1-\alpha^4) \tag{3-15}$$

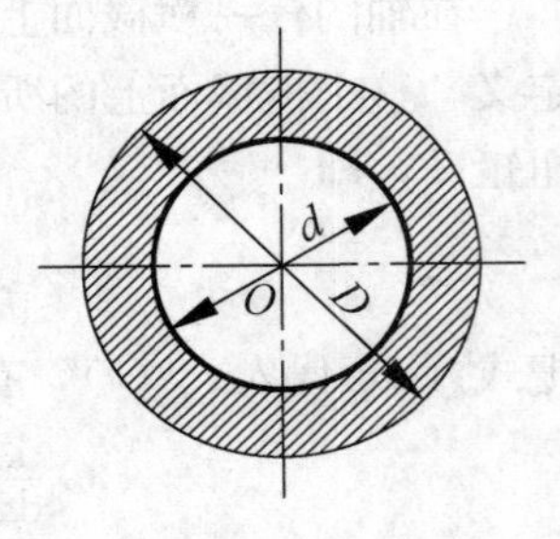

图 3-13

其中 $\alpha = d/D$，为内外径之比。

例 3-5 图 3-14（a）所示轴 AC 段为空心圆截面，BC 段为实心圆截面，轴的外径为 D=50mm，AB 段的内径为 d=25mm。已知 M_A=0.8kN·m，M_B=0.9kN·m，M_C=1.7kN·m，求轴内的最大切应力。

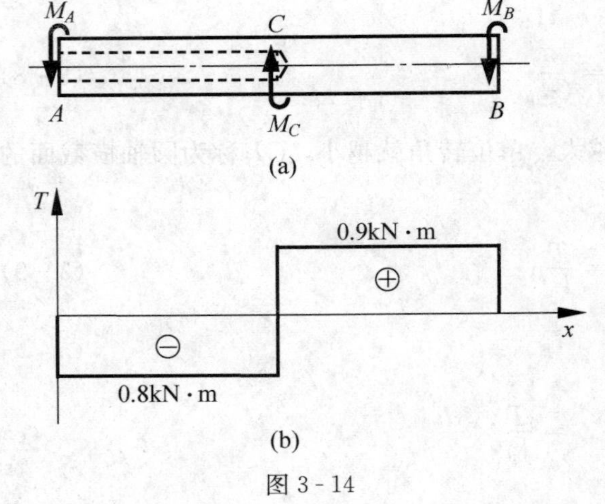

图 3-14

解： 作轴的扭矩图如图 3-14（b）所示。AC 和 CB 段的最大切应力分别为

$$\tau_{AB} = \frac{T_{AB}}{W_{p,AB}} = \frac{800 \times 16}{\pi \times 0.05^3 (1-0.5^4)}$$

$$= 34.8 \times 10^6 (\text{Pa})，即\ 34.8(\text{MPa})$$

$$\tau_{BC} = \frac{T_{BC}}{W_{p,BC}} = \frac{900 \times 16}{\pi \times 0.05^3}$$

$$= 36.7 \times 10^6 (\text{Pa})，即\ 36.7(\text{MPa})$$

故最大切应力发生在 BC 段任意截面的边缘，大小为

$$\tau_{max} = 36.7(\text{MPa})$$

3.4.3 圆轴扭转强度条件

圆轴扭转时的最大工作应力 τ_{max} 不应超过材料的许用切应力［τ］，故强度条件为

$$\tau_{max} = \left(\frac{T}{W_p}\right)_{max} \leqslant [\tau] \tag{3-16}$$

其中［τ］为扭转**许用切应力**，由材料的**极限切应力** τ_u 除以安全因数 n 得到。根据强度理论，对于塑性材料，［τ］=（0.5～0.6）［σ］，对于脆性材料，［τ］=（0.8～1.0）［σ］。

对等直圆轴，式（3-16）变为

$$\tau_{\max}=\frac{T_{\max}}{W_{\mathrm{p}}}\leqslant[\tau] \tag{3-17}$$

例3-6 由无缝钢管制成的汽车传动轴，外径 $D=90\mathrm{mm}$，壁厚 $\delta=2.5\mathrm{mm}$。已知使用时的最大扭矩为 $T=1.5\mathrm{kN\cdot m}$，材料的许用切应力 $[\tau]=60\mathrm{MPa}$，校核轴的强度。

解： 内外径之比为

$$\alpha=\frac{d}{D}=\frac{90-2\times2.5}{90}=0.9444$$

抗扭截面系数为

$$W_{\mathrm{p}}=\frac{\pi\times(90\times10^{-3})^3}{16}(1-0.9444^4)=2.925\times10^{-5}(\mathrm{m}^3)$$

轴的最大切应力为

$$\tau_{\max}=\frac{T}{W_{\mathrm{p}}}=\frac{1.5\times10^3}{29.4\times10^{-6}}=51.3\times10^6(\mathrm{Pa}),\text{即 }51.3(\mathrm{MPa})<[\tau]$$

所以轴满足强度要求。

例3-7 某传动轴，轴内的最大扭矩 $T=1.5\mathrm{kN\cdot m}$。若许用切应力 $[\tau]=50\mathrm{MPa}$，采用下列两种方案确定轴的横截面尺寸，并比较其重量。

（1）实心圆截面轴；

（2）空心圆截面轴，其内外径之比 $\alpha=0.9$。

解：（1）确定实心圆轴的直径。

根据式（3-13）和式（3-17），实心轴的直径为

$$d\geqslant\sqrt[3]{\frac{16T}{\pi[\tau]}}=\sqrt[3]{\frac{16\times1.5\times10^3}{\pi\times50\times10^6}}=0.0535(\mathrm{m})$$

（2）确定空心圆轴的内、外径。

根据式（3-15）和式（3-17），空心轴的外径为

$$D\geqslant\sqrt[3]{\frac{16T}{\pi(1-\alpha^4)[\tau]}}=\sqrt[3]{\frac{16\times1.5\times10^3}{\pi\times(1-0.9^4)\times50\times10^6}}=0.0763(\mathrm{m})$$

其内径为

$$d_1=0.9D=0.0687(\mathrm{m})$$

（3）重量比较。

上述空心与实心圆轴的重量比 β 等于二者横截面积之比，即

$$\beta=\frac{\pi(D^2-d_1^2)}{4}\times\frac{4}{\pi d^2}=\frac{(0.0763)^2-(0.0687)^2}{(0.0535)^2}=0.385$$

可见，使用空心圆轴，可以有效地节省材料。不过，空心圆轴加工较为困难，体积也增加了。

3.5 圆轴扭转变形和刚度条件

3.5.1 圆轴扭转变形

如前所述，轴的扭转变形，可用扭转角 φ 表示。由式（3-8）可知，长为 l 的圆轴两截

面间的扭转角为

$$\varphi=\int_l \mathrm{d}\varphi=\int_0^l \frac{T}{GI_{\mathrm{p}}}\mathrm{d}x \tag{3-18}$$

对于扭矩 T 为常数的等直圆轴，其两端横截面间的扭转角为

$$\varphi=\frac{Tl}{GI_{\mathrm{P}}} \tag{3-19}$$

可见，扭转角 φ 与扭矩 T、杆长 l 成正比，与扭转刚度 GI_{p}成反比。

对于扭矩、横截面面积或切变模量沿杆轴逐段变化的圆截面轴，其扭转变形则为

$$\varphi=\sum_{i=1}^{n}\frac{T_i l_i}{G_i I_{\mathrm{p}i}}$$

其中 i 代表第 i 段轴，n 为杆的总段数。

3.5.2 圆轴扭转刚度条件

设计轴时，除须考虑强度问题外，有时还应满足刚度要求。如车床的丝杆，扭转变形过大就会影响螺纹加工精度；镗床主轴变形过大则会产生剧烈的振动，影响加工精度和光洁度。

工程上常对受扭构件的单位长度扭转角进行限制，使其不超过某一许用值 $[\theta]$，即圆轴扭转的刚度条件为

$$\left(\frac{\mathrm{d}\varphi}{\mathrm{d}x}\right)_{\max}=\left(\frac{T}{GI_{\mathrm{p}}}\right)\leqslant[\theta] \tag{3-20}$$

其中 $[\theta]$ 称为**许用单位长度扭转角**。对于等直圆轴，如果以（°）/m 为单位，刚度条件为

$$\left(\frac{\mathrm{d}\varphi}{\mathrm{d}x}\right)_{\max}=\frac{T_{\max}}{GI_{\mathrm{p}}}\times\frac{180}{\pi}\leqslant[\theta] \tag{3-21}$$

对于一般传动轴，$[\theta]$ 为 0.5～1(°)/m；对于精密机器与仪表的轴，$[\theta]$ 之值可根据有关设计标准或规范确定。

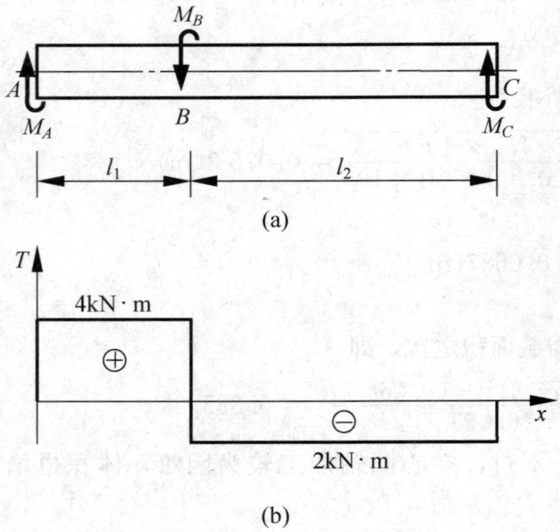

(a)

(b)

图 3-15

例 3-8 图 3-15（a）所示圆轴，$l_1=0.6\mathrm{m}$，$l_2=0.9\mathrm{m}$，$G=80\mathrm{GPa}$，$M_A=4\mathrm{kN\cdot m}$，$M_B=6\mathrm{kN\cdot m}$，$M_C=2\mathrm{kN\cdot m}$。已知 $[\tau]=60\mathrm{MPa}$，$[\theta]=0.5(°)/\mathrm{m}$，确定轴的直径，并计算扭转角 $\varphi_{C/A}$。

解： 扭矩图如图 3-15（b）所示，最大扭矩为 $T_{\max}=4\mathrm{kN\cdot m}$。由强度条件

$$\tau_{\max}=\frac{T_{\max}}{W_{\mathrm{P}}}=\frac{16T_{\max}}{\pi d^3}\leqslant[\tau]$$

得

$$d\geqslant\sqrt[3]{\frac{16T}{\pi[\tau]}}=\sqrt[3]{\frac{16\times4\times10^3}{\pi\times60\times10^6}}=0.070(\mathrm{m})$$

由刚度条件

$$\left(\frac{\mathrm{d}\varphi}{\mathrm{d}x}\right)_{\max}=\frac{T_{\max}}{GI_{\mathrm{p}}}\times\frac{180°}{\pi}\leqslant[\theta]$$

得

$$d \geqslant \sqrt[4]{\frac{32 \times 180 T_{\max}}{G\pi^2[\theta]}} = \sqrt[4]{\frac{32 \times 180 \times 4 \times 10^3}{\pi^2 \times 8 \times 10^4 \times 10^6 \times 0.5}} = 0.087\,40(\text{m})$$

为同时满足强度条件和刚度条件，取 $d=87.4\text{mm}$。

扭转角为

$$\varphi_{C/A} = \varphi_{C/B} + \varphi_{B/A} = \frac{T_1 l_1}{GI_p} + \frac{T_2 l_2}{GI_p} = \frac{32 \times 10^3 (4 \times 0.6 - 2 \times 0.9)}{80 \times 10^9 \times \pi \times 0.087\,4^4}$$
$$= 0.001\,31(\text{rad}), \text{即 } 0.075\,0(°)$$

习　题

3-1　图示铆接头，板厚 $t=2\text{mm}$，板宽 $b=15\text{mm}$，铆钉直径 $d=4\text{mm}$。已知许用切应力 $[\tau]=100\text{MPa}$，许用挤压应力 $[\sigma_{bs}]=300\text{MPa}$，许用拉应力 $[\sigma]=160\text{MPa}$。求许用拉力 $[F]$。

3-2　铆钉连接件，由相同的两个铆钉和三块厚度相等的钢板组成。铆钉的许用切应力 $[\tau]=60\text{MPa}$，许用挤压应力 $[\sigma_{bs}]=240\text{MPa}$。已知铆钉的直径 $d=15\text{mm}$，校核其强度。

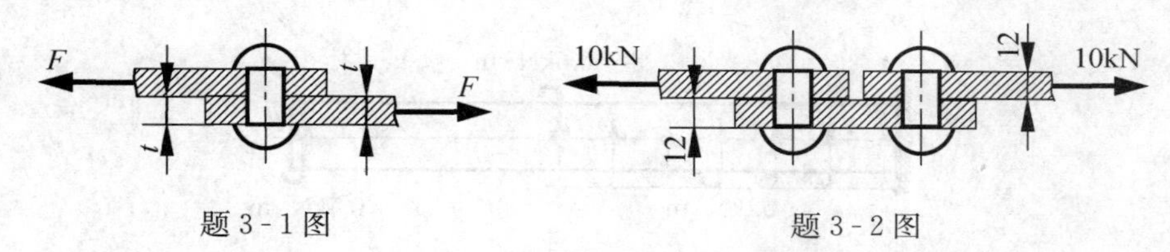

题 3-1 图　　题 3-2 图

3-3　圆梯形杆如图所示。已知拉力为 F，求杆的切应力和挤压应力。

3-4　铆钉连接件如图所示，铆钉和钢板的材料均为 Q235 钢。已知 $F=40\text{kN}$，许用切应力 $[\tau]=130\text{MPa}$，许用挤压应力 $[\sigma_{bs}]=300\text{MPa}$，求铆钉的直径 d。

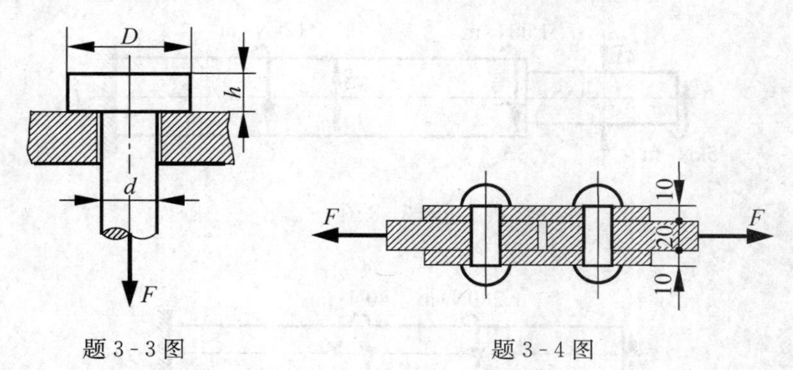

题 3-3 图　　题 3-4 图

3-5　画图示轴的扭矩图。

3-6　某传动轴，由电动机带动，已知轴的转速 $n=1000\text{r/min}$，电动机输入的功率 $P=20\text{kW}$。试求作用在轴上的扭力偶矩。

3-7　已知圆轴的许用切应力 $[\tau]=175\text{MPa}$，确定轴的直径。

3-8　已知阶梯轴的直径分别为 $D_1=80\text{mm}$，$D_2=120\text{mm}$。求轴内的最大切应力。

3-9　已知实心圆轴直径 $d=14\text{mm}$，材料的切变模量 $G=80\text{GPa}$，求截面 A 的扭转角。

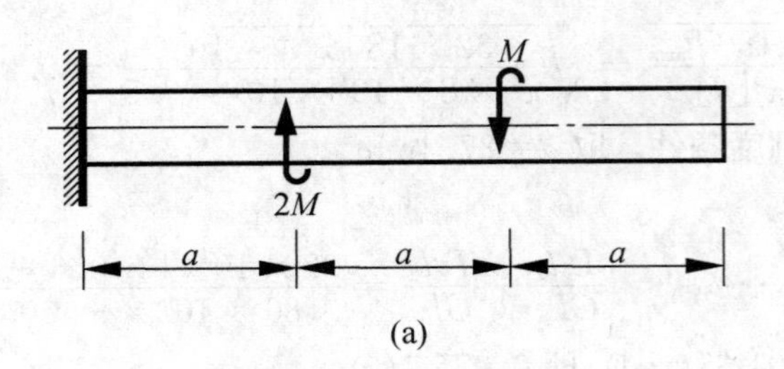

(a)

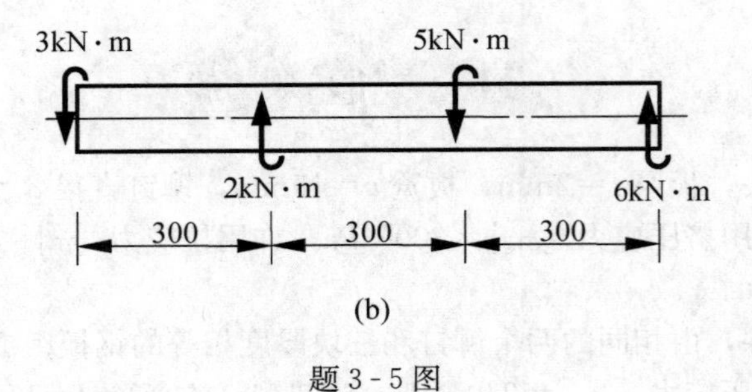

(b)

题 3 - 5 图

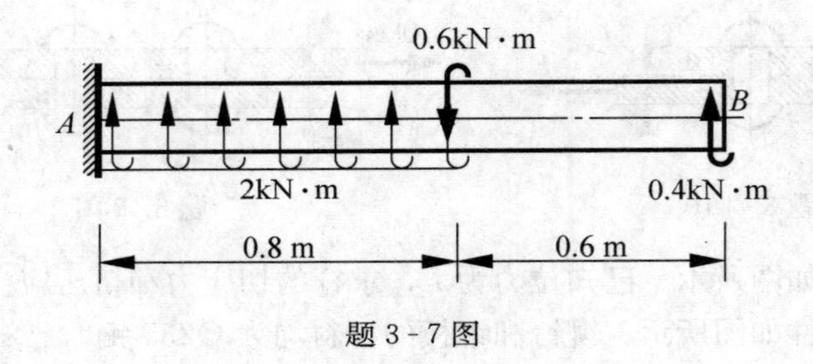

题 3 - 7 图

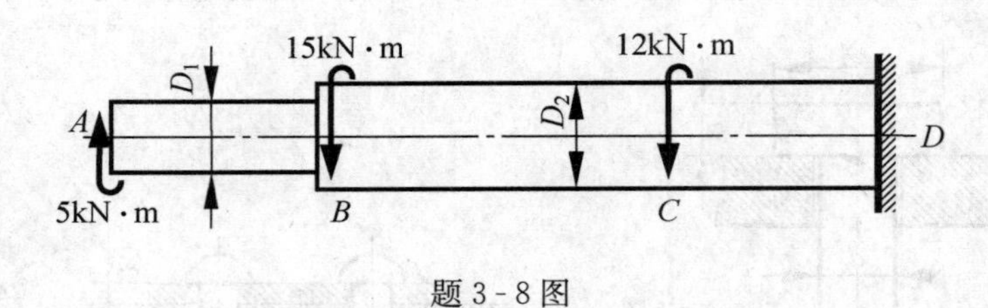

题 3 - 8 图

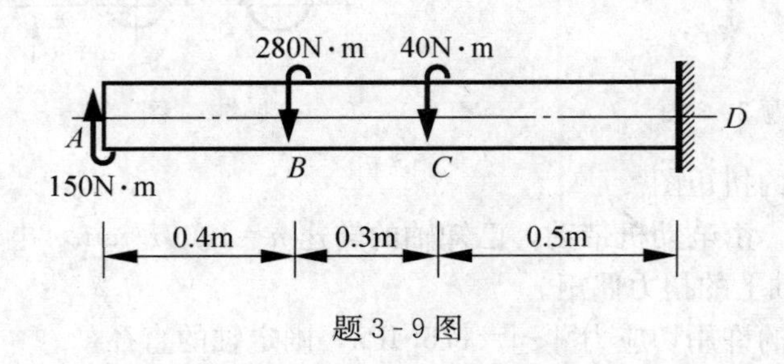

题 3 - 9 图

3 - 10　变截面轴的轴长为 l，左右两端的半径分别为 r_1 和 r_2。已知材料的切变模量为 G，求自由端的扭转角。

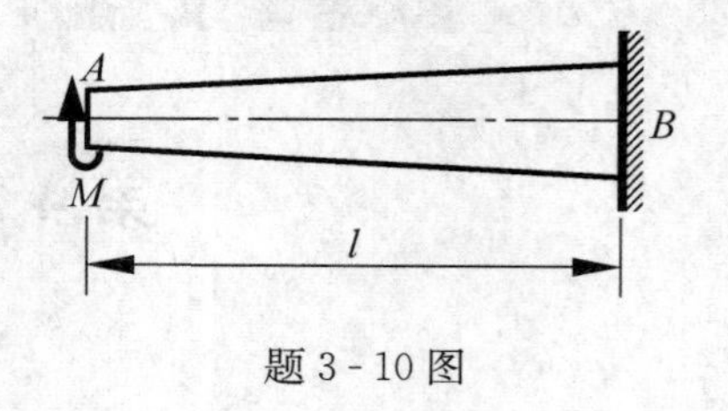

题 3-10 图

3-11　圆轴如图所示，材料的切变模量 $G=80\text{GPa}$，直径 $d_1=80\text{mm}$，$d_2=60\text{mm}$，$M_A=900\text{N}\cdot\text{m}$，$M_B=1700\text{N}\cdot\text{m}$，$M_C=800\text{N}\cdot\text{m}$。若截面 C 相对于截面 A 的转角为 $\varphi_{A/C}=3.6\times10^{-3}\text{ rad}$，转向与 M_C 相同，$l_1=400\text{mm}$，求 BC 段的长度 l_2。

3-12　已知轴截面的极惯性矩为 I_p，截面 B 的扭转角为 φ_B，求材料的切变模量。

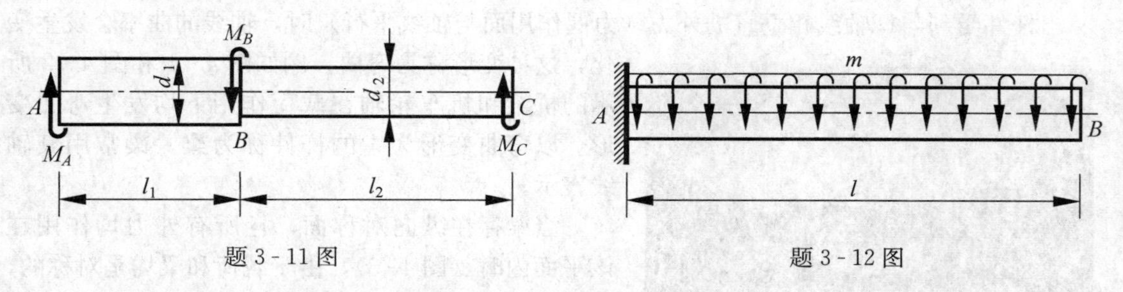

题 3-11 图　　题 3-12 图

3-13　一传动轴材料的切变模量 $G=80\text{GPa}$，$M_B=4210\text{N}\cdot\text{m}$，$M_C=2810\text{N}\cdot\text{m}$，许用切应力 $[\tau]=70\text{MPa}$，单位长度许用扭转角 $[\theta]=1(°)/\text{m}$。(1) 确定 AB 段的直径 d_1 和 BC 段的直径 d_2。(2) 三个轮如何安排更合理？

3-14　已知钢制圆轴的切变模量 $G=80\text{GPa}$，$d_1=70\text{mm}$，$d_2=40\text{mm}$，$M_A=1.4\text{kN}\cdot\text{m}$，$M_B=0.6\text{kN}\cdot\text{m}$，$M_C=0.8\text{kN}\cdot\text{m}$，若许用切应力 $[\tau]=60\text{MPa}$，单位长度许用扭转角 $[\theta]=1(°)/\text{m}$，校核轴的强度与刚度。

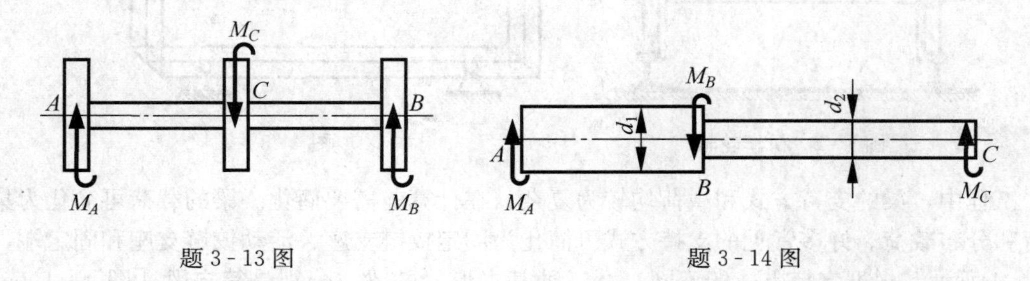

题 3-13 图　　题 3-14 图

3-15　圆轴如图所示，已知 $D=2d=100\text{mm}$，材料的切变模量 $G=80\text{GPa}$，(1) 求杆的最大切应力 τ_{max}；(2) 若使自由端 B 的扭转角为零，求两段杆长之比 l_1/l_2。

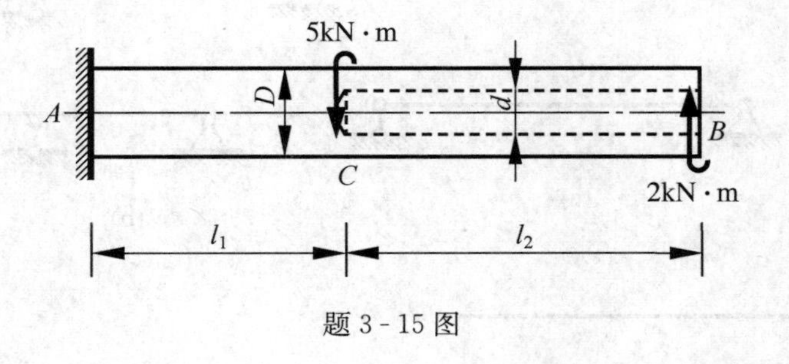

题 3-15 图

第4章 弯 曲 内 力

4.1 弯曲的概念

当杆件受到与杆轴线相垂直的外力（力偶作用面与轴线平行）时，轴线的曲率会发生变化，这种变形称为**弯曲**。例如图4-1和图4-2所示的桥梁和机车轮轴在载荷作用下均发生弯曲变形。以弯曲变形为主的杆件称为**梁**。梁常用其轴线表示。

图4-1 桥梁

当梁存在纵向对称面，且所有外力均作用在该平面内时（图4-3），由于载荷和梁均是对称的，梁的变形必然对称于纵向对称面。变形后，梁的轴线也必然在该平面内，所以梁发生**对称弯曲**或**平面弯曲**。

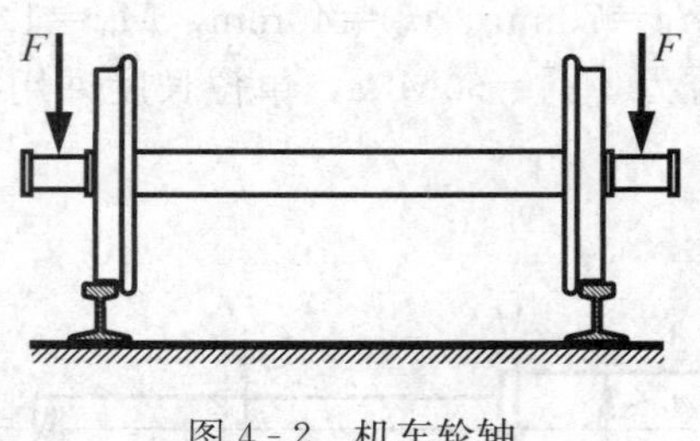

图4-2 机车轮轴

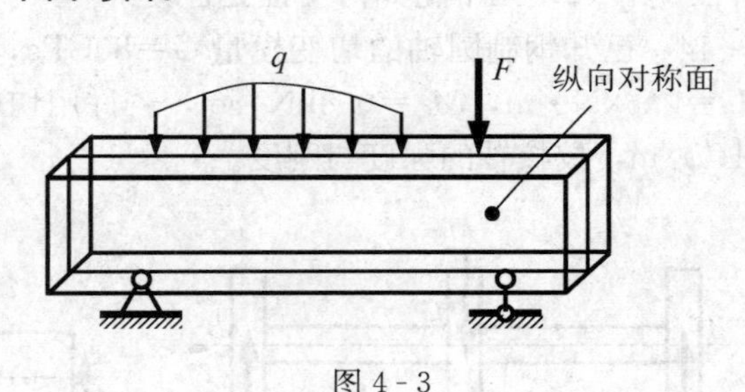

图4-3

工程中，梁的支持方式和载荷均较为复杂，在计算前需要简化。梁的载荷可简化为集中载荷和分布载荷。许多常见的支持方式可简化为固定铰链支座、活动铰链支座和固定端，如图4-4所示。根据支持方式的不同，有三种基本形式的梁，分别是**简支梁**［图4-4（a)］、**外伸梁**［图4-4（b)］和**悬臂梁**［图4-4（c)］。

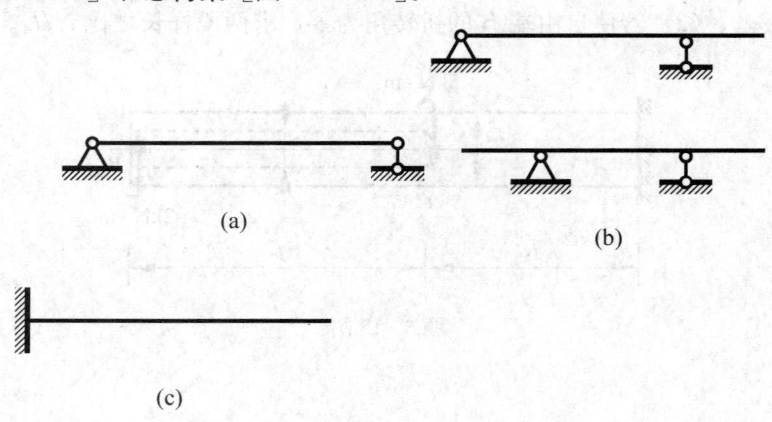

图4-4

在平面的情况下，上述三种梁的约束力都是三个，未知约束力均可由平面任意力系的三个独立的平衡方程求出，因此是**静定梁**。如果仅由静力平衡条件不能求出梁的全部约束力，这样的梁称为**静不定梁**。

梁在两支座之间的部分，称为**跨**，其长度称为**跨度式跨长**。

4.2 剪力和弯矩

静定梁的载荷已知时，约束力可由平衡方程求出，于是梁的外力皆已知。梁的内力可由截面法求出。考虑图 4-4（a）所示简支梁，求任一截面 D 的内力。

设梁支座约束力为 F_A 和 F_B [图 4-5（a)]。为求任一截面 D 的内力，沿该截面将梁截开，梁分为左、右两段。因为梁处于平衡状态，所以任一梁段也处于平衡状态。取左段为研究对象 [图 4-5（b)]。显然，由于外力与梁的轴线垂直，截面上也存在与轴线垂直的内力，这个力就是剪力 F_S。由 $\sum F_y = 0$，得

$$F_A - F_S = 0$$
$$F_S = F_A$$

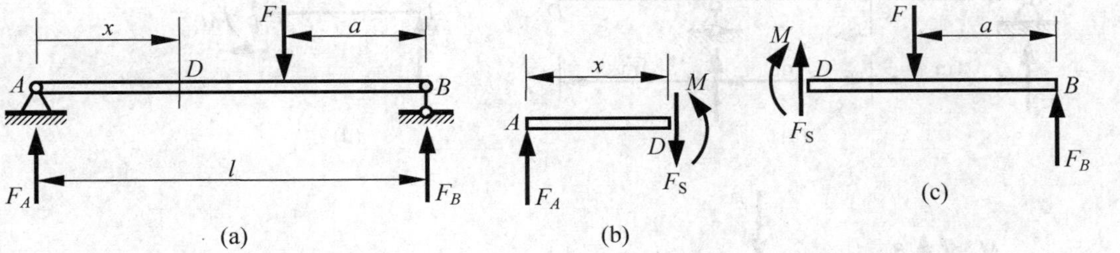

图 4-5

F_S 是与截面相切的分布内力系的合力。若将左段上的外力对截面 D 的形心取矩，其力矩的代数和等于零，这要求截面 D 上存在一个力偶，其矩用 M 表示，称为**弯矩**。由 $\sum M_C = 0$，得

$$-F_A x + M = 0$$
$$M = F_A x$$

若取右段为研究对象 [图 4-5（c)]，同样可求出截面 D 的内力，求得的同一截面的剪力和弯矩是作用力和反作用力的关系。为使内力符号与变形对应，要根据梁的变形，规定内力的正负。在内力所在截面附近取微段 dx，规定：

(1) 使微段左端相对右段向上错动时的剪力为正，反之为负；或使微段顺时针转动的剪力为正，如图 4-6（a)、图 4-6（b)；

(2) 使微段弯曲变形凸向下时的弯矩为正，反之为负；或使微段发生下拉上压变形的弯矩为正，如图 4-6（c)、图 4-6（d)。

例 4-1 求图 4-7 所示梁截面 A_+、C、B 和 D_- 的内力。这里，A_+ 代表在 A 截面右侧无限接近 A 的截面，D_- 代表在 D 截面左侧无限接近 D 的截面。

解：(1) 求约束力。取梁为研究对象 [图 4-7（a)]。

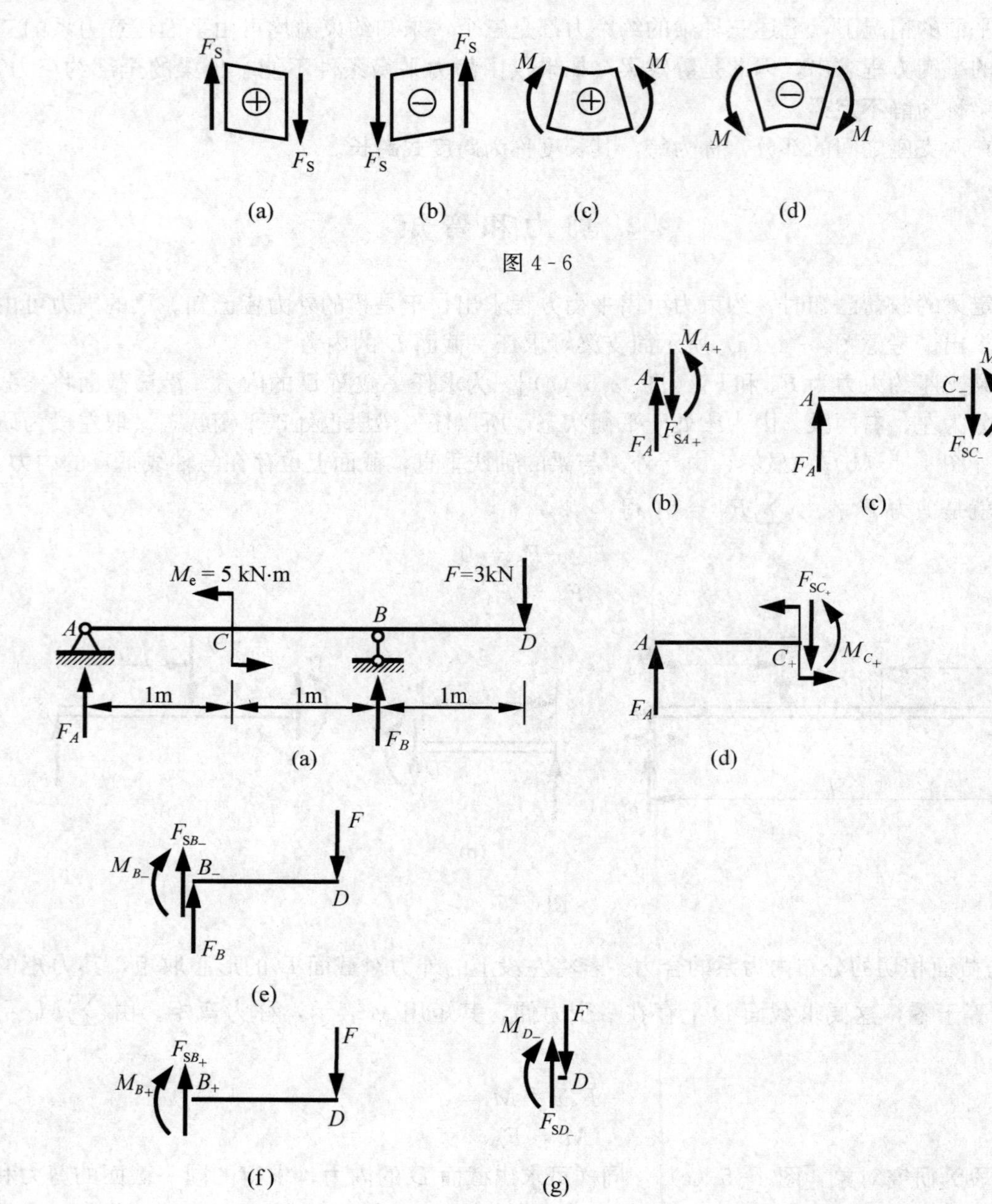

图 4-6

图 4-7

$\sum M_A = 0$，$F_B \times 2 + M_e - F \times 3 = 0$

$F_B = 2(\text{kN})$

$\sum F_y = 0$，$F_A + F_B - F = 0$

$F_A = 1(\text{kN})$

（2）将梁沿 A_+ 切开，取左段为研究对象。设截面的剪力和弯矩均为正［图 4-7（b）］。

$\sum F_y = 0$，$F_A - F_{SA_+} = 0$，$F_{SA_+} = 1(\text{kN})$

$\sum M_{A_+} = 0, -F_A \times 0 + M_{A_+} = 0, M_{A_+} = 0$

(3) 将梁沿 C_- 切开。取左段为研究对象［图 4-7 (c)］。

$\sum F_y = 0, F_A - F_{SC_-} = 0, F_{SB_-} = 1(\text{kN})$

$\sum M_{C_-} = 0, -F_A \times 1 + M_{C_-} = 0, M_{C_-} = 1(\text{kN} \cdot \text{m})$

(4) 将梁沿 C_+ 切开。取左段为研究对象［图 4-7 (d)］。

$\sum F_y = 0, F_A - F_{SC_+} = 0, F_{SC_+} = 1(\text{kN})$

$\sum M_{C_+} = 0, -F_A \times 1 + M_e + M_{C_+} = 0, M_{C_+} = -4(\text{kN} \cdot \text{m})$

(5) 将梁沿 B_- 切开。取右段为研究对象［图 4-7 (e)］。

$\sum F_y = 0, F_{SB_-} + F_B - F = 0$

$F_{SB_-} = 1(\text{kN})$

$\sum M_{B_-} = 0, -M_{B_-} - F \times 1 = 0$

$M_{B_-} = -1(\text{kN} \cdot \text{m})$

(6) 将梁沿 B_+ 切开。取右段为研究对象［图 4-7 (f)］。

$\sum F_y = 0, F_{SB_+} - F = 0, F_{SB_+} = 3(\text{kN})$

$\sum M_{B_+} = 0, -M_{B_+} + F \times 1 = 0, M_{B_+} = -1(\text{kN} \cdot \text{m})$

(7) 将梁沿 D_- 切开。取右段为研究对象［图 4-7 (g)］。

$\sum F_y = 0, F_{SD_-} - F = 0, F_{SD_-} = 3(\text{kN})$

$\sum M_{D_-} = 0, M_{D_-} = 0$

可见，在梁上集中力作用处（点 A、B 和 D），截面两侧的剪力有突变，突变大小等于集中力，但弯矩不变；在集中力偶作用处，截面两侧的弯矩有突变，突变大小等于集中力偶，但剪力不变；在铰链处，若无外力偶，弯矩为零；在梁的自由端，若无集中力和外力偶，剪力和弯矩均为零。

由于指定截面的内力与所取研究对象的所有外力是相平衡的，所以对于剪力和弯矩，可得到如下结论：

(1) 横截面的剪力等于该截面一侧所有竖向外力的代数和。左侧向上的外力和右侧向下的外力均引起截面正的剪力。反之，引起负的剪力；

(2) 横截面的弯矩等于该截面一侧所有外力对该截面的矩的代数和。左侧顺时针和右侧逆时针的力矩引起正的弯矩。反之，引起负的弯矩。

上述计算梁的内力的方法上述方法直接由截面一侧的外力得出内力，称为**直接法**。这相当于取该侧梁段为研究对象，列平衡方程并进行移项。

4.3 剪力图和弯矩图

梁横截面上的剪力和弯矩分别是截面坐标 x 的函数，可表示为

$$F_S = F_S(x)$$

$$M = M(x)$$

这两个关系式分别称为**剪力方程**和**弯矩方程**。两个函数的图线，称为**剪力图**和**弯矩图**。画水平梁的剪力图时，采用坐标轴F_S向上的坐标系；画弯矩图时，机械行业常采用坐标轴M指向上的坐标系，本书采用土木建筑等部门的常用画法，即坐标轴M指向下的坐标系，即正的弯矩画在x轴的下方，两种画法的弯矩图对于x轴是对称的。求出剪力方程和弯矩方程，即可画梁的内力图。

例 4-2 画图 4-8（a）所示梁的剪力图和弯矩图。

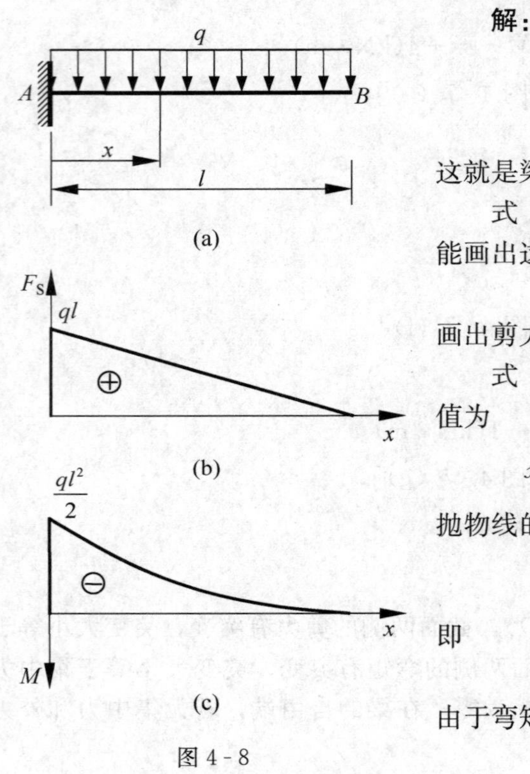

图 4-8

解： 取任一截面x，该截面的剪力和弯矩分别为

$$F_S(x) = q(l - x) \tag{a}$$

$$M(x) = -\frac{q}{2}(l - x)^2 \tag{b}$$

这就是梁的剪力和弯矩方程。

式（a）表明，剪力图为斜直线，只要确定两点就能画出这条直线。由

$$x = 0,\ F_S(0) = ql;\ x = l,\ F_S(l) = 0$$

画出剪力图如图 4-8（b）所示。

式（b）表明，弯矩图为抛物线。弯矩图的端点值为

$$x = 0,\ M(0) = -\frac{ql^2}{2};\ x = l,\ M(l) = 0$$

抛物线的顶点在弯矩的导数等于零处。由

$$\frac{dM(x)}{dx} = q(l - x) = 0$$

即

$$x = l$$

由于弯矩的二阶导数

$$\frac{d^2M(x)}{dx^2} = -q < 0$$

可见，弯矩为凸函数。但由于M坐标轴指向下，所以曲线向下凸。画出弯矩图如图 4-8（c）所示。

4.4 载荷集度、剪力和弯矩的关系

4.4.1 载荷集度、剪力和弯矩的微分关系

图 4-9（a）所示梁，受集度为$q(x)$的分布载荷作用。在x处取微段dx作为研究对象，可认为作用在微段上的载荷是均匀的［图 4-9（b）］。设微段左侧面的剪力和弯矩分别为$F_S(x)$和$M(x)$，则右侧面的剪力和弯矩分别为$F_S(x) + dF_S(x)$和$M(x) + dM(x)$。微段的平衡方程为

$$\sum F_y = 0,\ F(x) + q(x)dx - [F_S(x) + dF_S(x)] = 0 \tag{a}$$

$$\sum M_C = 0,\ -M(x) - F_S(x)\mathrm{d}x - q(x)\mathrm{d}x\frac{\mathrm{d}x}{2} + M(x) + \mathrm{d}M(x) = 0 \tag{b}$$

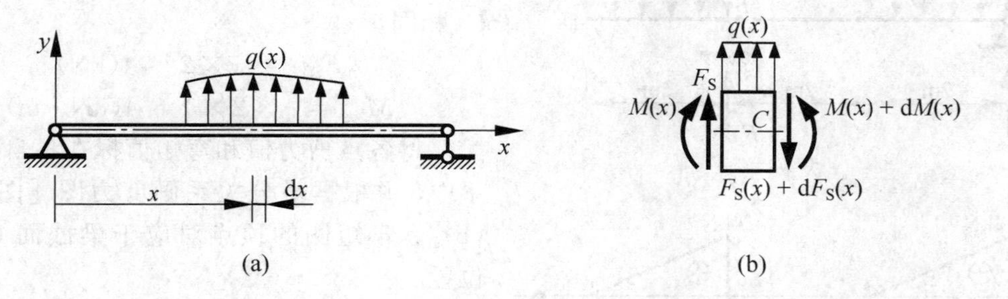

图 4-9

由式（a）得

$$\frac{\mathrm{d}F_S(x)}{\mathrm{d}x} = q(x) \tag{4-1}$$

由式（b）并省略二阶微量 $\frac{q(x)(\mathrm{d}x)^2}{2}$，得

$$\frac{\mathrm{d}M(x)}{\mathrm{d}x} = F_S(x) \tag{4-2}$$

将式（4-2）微分一次，并将式（4-1）代入，得

$$\frac{\mathrm{d}^2M(x)}{\mathrm{d}x^2} = q(x) \tag{4-3}$$

式（4-1）、式（4-2）和式（4-3）为剪力、弯矩和载荷集度间的微分关系。根据导数的几何意义，载荷集度是剪力图在 x 处切线的斜率，剪力是弯矩图在 x 处切线的斜率。由微分关系可见：

（1）当梁段无载荷作用，即载荷集度 $q(x)=0$ 时，由式（4-1）可知，在该段内剪力 F_S 为常数，剪力图为水平线。由式（4-2）可知，弯矩 M 是 x 的一次函数，弯矩图为斜直线。当剪力 $F_S>0$ 时，弯矩图从左向右看，向下斜；反之，向上斜。

（2）当梁段有均布载荷，即载荷集度 $q(x)$ 为常数时，则剪力 F_S 为一次函数，剪力图是斜直线。若此时分布载荷向下，即载荷集度 $q(x)<0$ 时，剪力图从左向右看，向下倾斜。这时，弯矩 M 是二次函数，弯矩图是抛物线。由式（4-3），若载荷集度 $q(x)<0$，函数是凸函数，即弯矩图向下凸。

（3）由式（4-2）可知，在剪力 $F_S=0$ 截面，弯矩 M 取极值。

4.4.2 利用载荷集度、剪力和弯矩间的关系画内力图

画剪力图和弯矩图时，根据微分关系，不需要写出内力方程，从而可使作图过程简化。

例 4-3 画图 4-10（a）所示梁的剪力图和弯矩图。

解：支座的约束力为

$$F_A = 4(\mathrm{kN}),\ F_B = 8(\mathrm{kN})$$

由直接法，梁段分段点的剪力和弯矩分别为

$$F_{SA_+} = F_A = 4(\mathrm{kN}),\ M_{A_+} = 0$$

$$F_{SC_-} = F_A - q\times 2 = 0,\ M_C = F_A\times 2 - q\times 2\times 1 = 4(\mathrm{kN\cdot m})$$

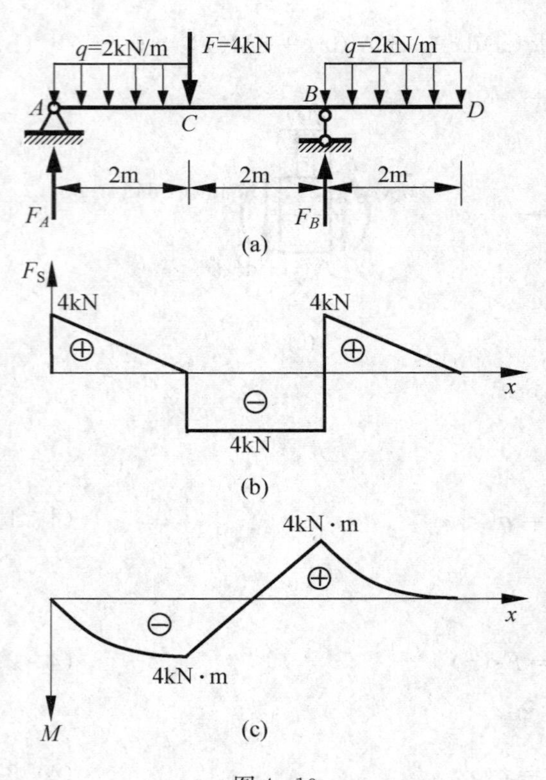

图 4 - 10

$$F_{SC_+} = F_A - q \times 2 - F = -4(\text{kN})$$

梁段 CB 上无载荷，截面 B_- 的剪力与截面 C_+ 相同。

$$F_{SB_+} = q \times 2 = 4(\text{kN})$$

$$M_{B_+} = q \times 2 \times 1 = 4(\text{kN} \cdot \text{m})$$

将各点剪力值和弯矩值标在各自的坐标系中，并根据微分关系画剪力图［图 4 - 10 (b)］。弯矩图的顶点对应于梁截面 C 和 D 位置。

将各点弯矩值标在坐标系中，并连线［图 4 - 10（c)］。根据微分关系，AC 段为斜直线，且应向下斜。CB 段为抛物线，因 $q<0$，故应向下凸。

例 4 - 4 画图 4 - 11（a）所示梁的剪力图和弯矩图。

解： 支座约束力分别为

$$F_A = 2.167(\text{kN})$$

$$F_B = 4.833(\text{kN})$$

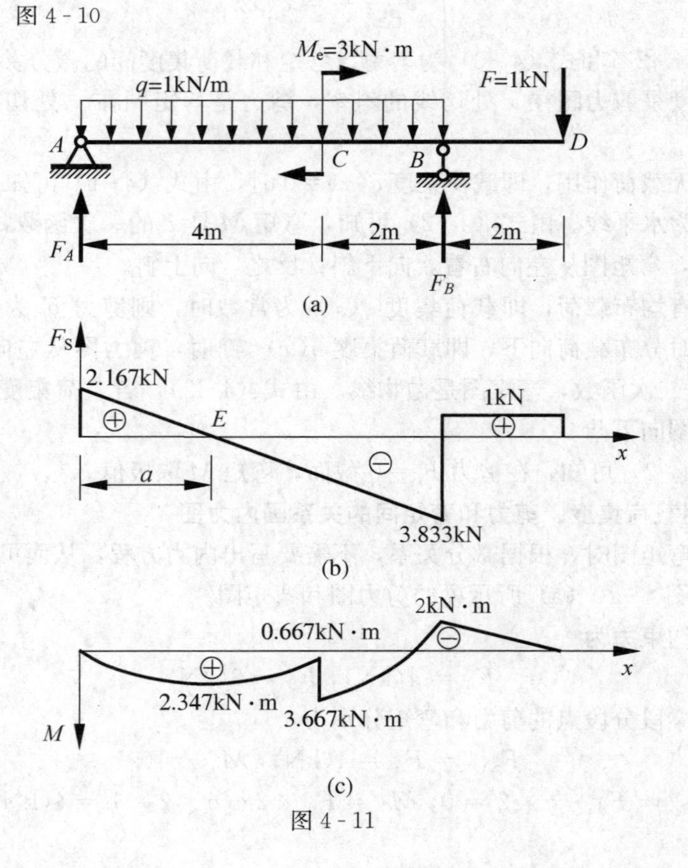

图 4 - 11

求出梁各分段点的剪力和弯矩，并填入表4-1中。

表4-1 **分段点的剪力和弯矩**

截面	A_+	C_-	C_+	B_-	B_+	D_-	E
F_S/kN	2.167			−3.833	1	←	0
M/(kN·m)	0	0.667	3.667	−2	←	0	2.347

先画剪力图如图4-11（b）所示。在剪力图上截面点E处剪力为零，对应弯矩的极值。设截面E距梁左段的距离为a，则有

$$F_{SE} = F_A - qa = 0$$
$$a = 2.167(\mathrm{m})$$

截面E的弯矩为

$$M_E = F_A a - qa \times \frac{a}{2} = 5.5(\mathrm{kN \cdot m})$$

画出弯矩图如图4-11（c）所示。

4.5 刚架和曲杆的内力

4.5.1 刚架的内力

工程结构的构件，不但有直杆，也有折杆。含有折杆的结构称为**刚架**。折杆的拐折点称为**刚节点**。通常把具有刚节点的杆系结构称为**刚架**。如果组成刚架的各段杆的轴线和载荷都位于同一平面内，则称为**平面刚架**。

平面刚架任一横截面上的内力，有轴力、剪力和弯矩。对于轴力和剪力，其正负规定与前面规定相同。对于弯矩，不规定正负，但弯矩图画在受拉或受压的一侧。这里仍采用土木工程中的规定，画在受拉的一侧。

计算刚架内力可以先计算各载荷不连续点处（边界点）的内力，然后画出每段杆的内力图；也可以先求内力方程，再画内力图。

例4-5 图4-12（a）所示刚架每段杆的长度均为l，画内力图。

解：（1）求约束力。支座约束力分别为

$$F_{Ax} = ql,\ F_{Ay} = \frac{ql}{2},\ F_{By} = \frac{3ql}{2}$$

方向如图4-12（a）所示。

（2）求内力方程。如图4-12（b）所示，在距右端B为x_1处截开刚架，取右段为研究对象。设轴力和剪力均为正，设弯矩使截面上侧受压。水平杆内力方程分别为

$$F_N(x_1) = 0,\ F_S(x_1) = qx_1 - \frac{3ql}{2},\ M(x_1) = \frac{3ql}{2}x_1 - \frac{qx_1^2}{2}$$

将刚架在距右端A为x_2处截开，取下段为研究对象。设轴力和剪力均为正，设弯矩使截面左侧受压［图4-12（c）］。铅垂杆内力方程分别为

$$F_N(x_1) = \frac{ql}{2},\ F_S(x_1) = ql,\ M(x_1) = qx_2$$

（3）画内力图。先计算边界点的内力，再根据内力方程沿刚架轴线画出轴力图和剪力图

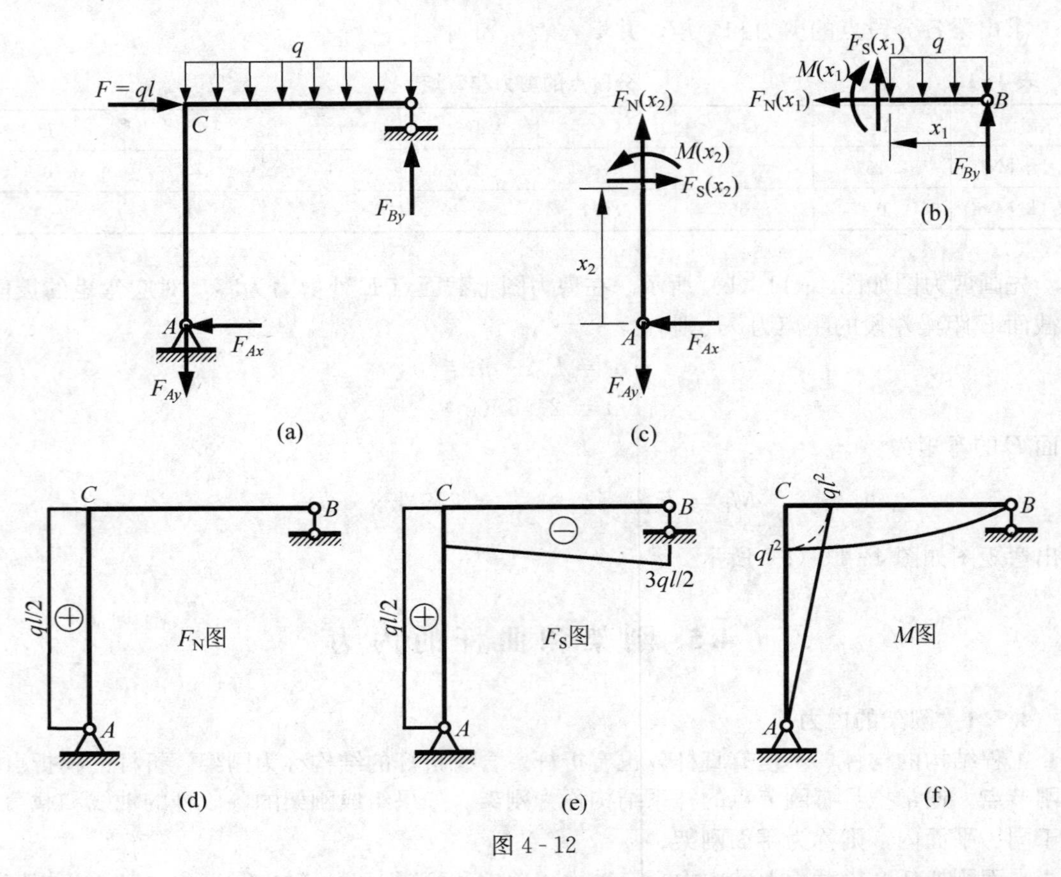

图 4-12

如图 4-12（d）、图 4-12（e）所示。内力为正，表示假设与实际一致，例如，水平段截面 C 的弯矩为正，表示实际是杆的下边缘受拉。由于在水平段无零剪力点，故弯矩图的抛物线无顶点，画出弯矩图如图 4-11（f）所示。在刚架截面 C，由于没有集中力偶，故其两侧弯矩相等。

4.6.2 曲杆的内力

轴线为平面曲线的曲杆称为**平面曲杆**或**平面曲梁**。一般情况下，平面曲杆的内力有轴力、剪力和弯矩。平面曲梁的内力计算，须通过内力方程进行。

例 4-6 画图 4-13（a）所示曲杆的内力图。

在圆心角为 θ 处（截面 D）将杆截开，取右段为研究对象［图 4-13（b）］，平衡方程为

$$\sum F_t = 0,\ F_N - 2F\cos\theta - F\sin\theta = 0$$

$$\sum F_n = 0,\ -F_S - F\cos\theta + 2F\sin\theta = 0$$

$$\sum M_D = 0,\ -M + FR\sin\theta - 2F(R - R\cos\theta) = 0$$

得截面的内力方程分别为

$$F_N = F(\sin\theta + 2\cos\theta)$$

$$F_S = F(2\sin\theta - \cos\theta)$$

$$M = FR(2\cos\theta + \sin\theta - 2)$$

从而分别画出轴力图、剪力图和弯矩图分别如图 4-13（c）～图 4-13（e）所示。

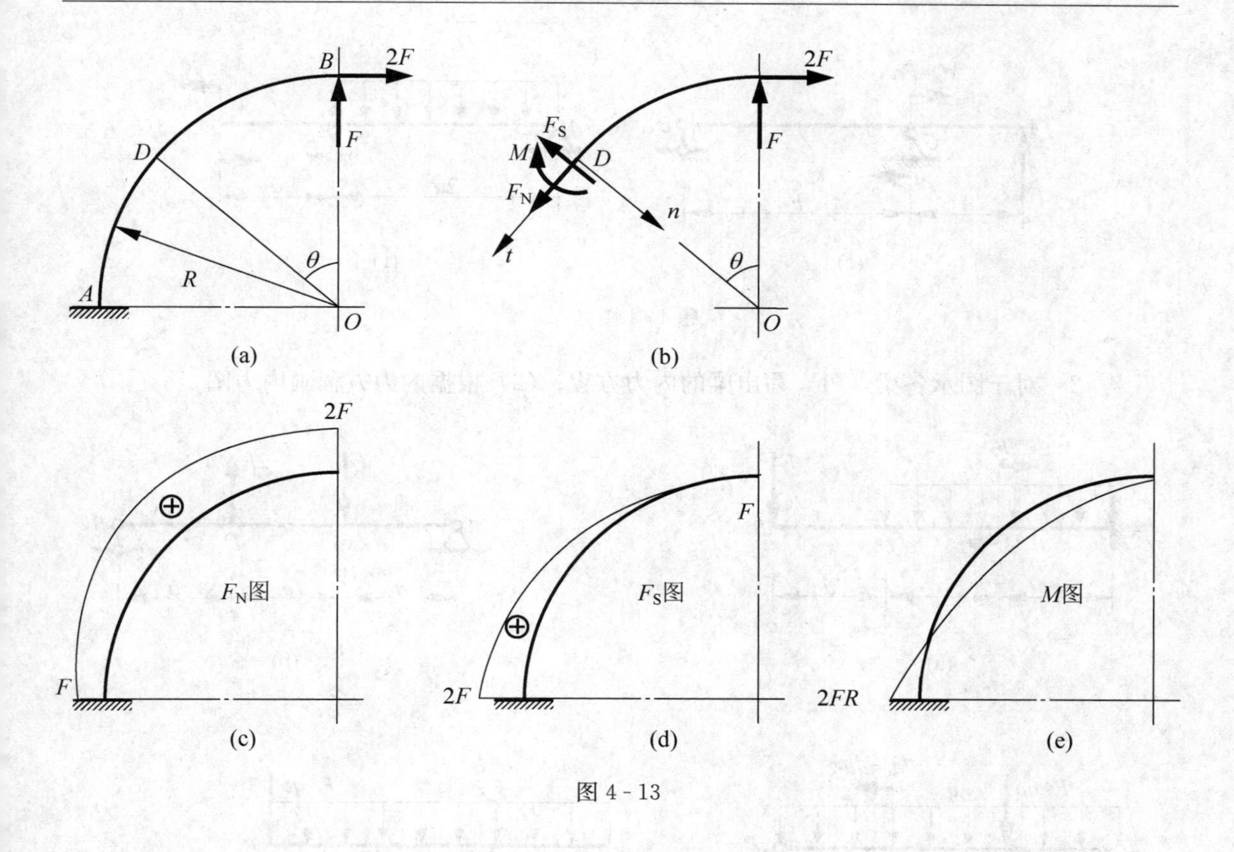

图 4-13

习　题

4-1　求图示梁中指定截面（标有短竖线处）的剪力和弯矩。

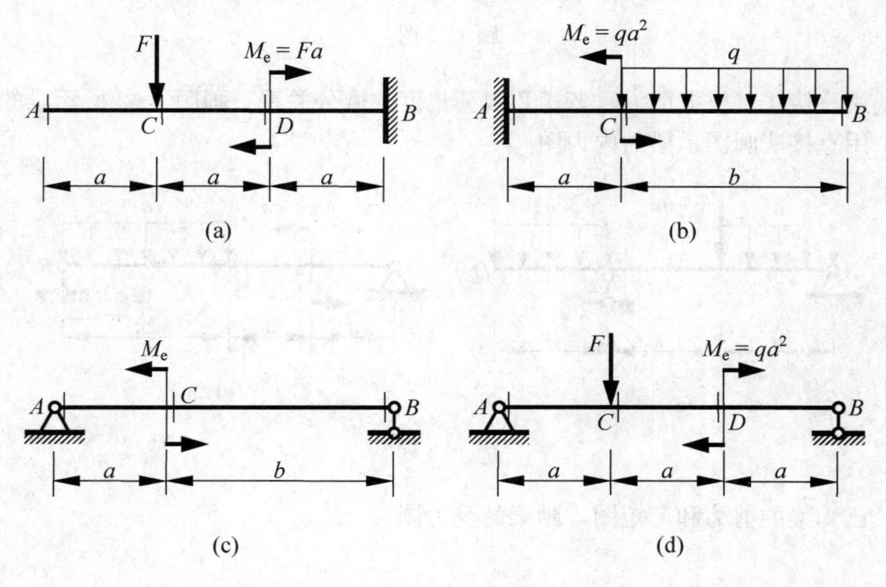

题 4-1 图（一）

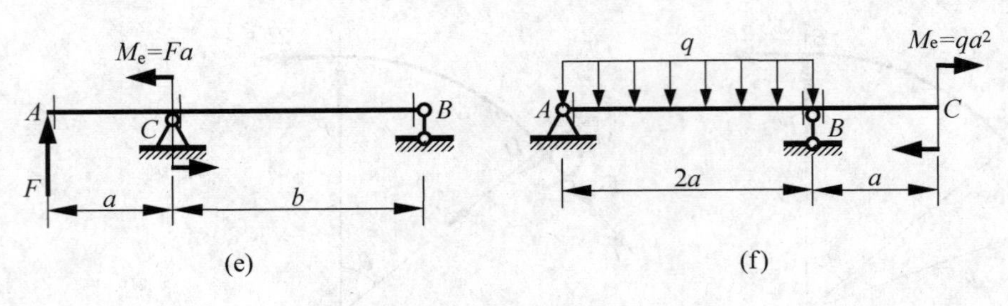

题 4-1 图（二）

4-2　对于图示各梁，(1) 写出梁的内力方程；(2) 根据内力方程画内力图。

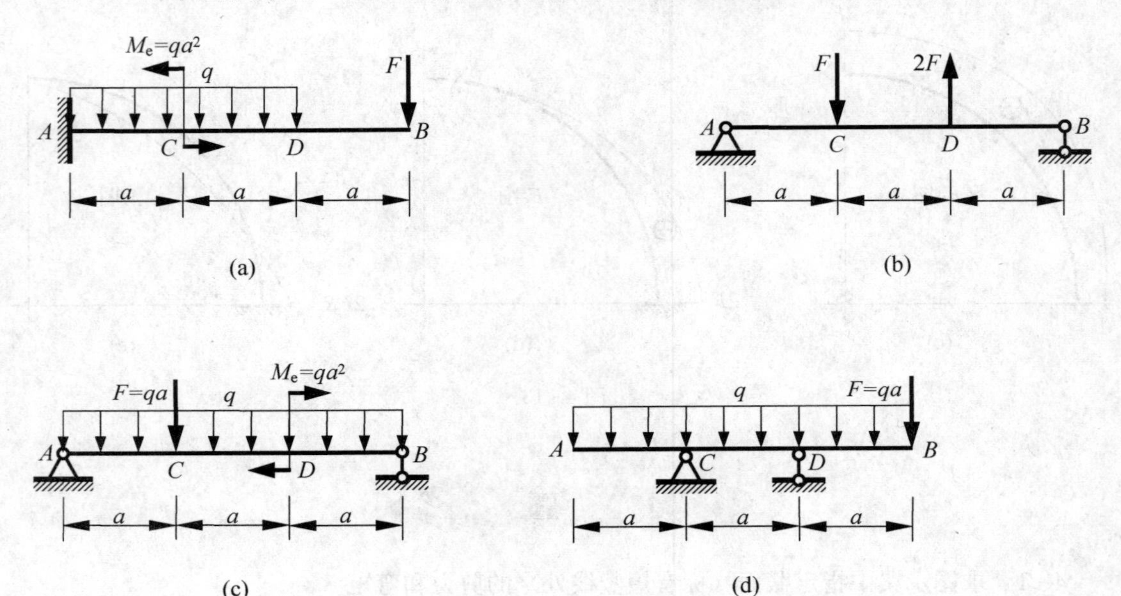

题 4-2 图

4-3　用直接法（根据剪力、弯矩和载荷集度的微分关系）画题 4-2 所示梁的内力图。

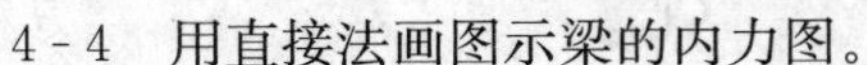
4-4　用直接法画图示梁的内力图。

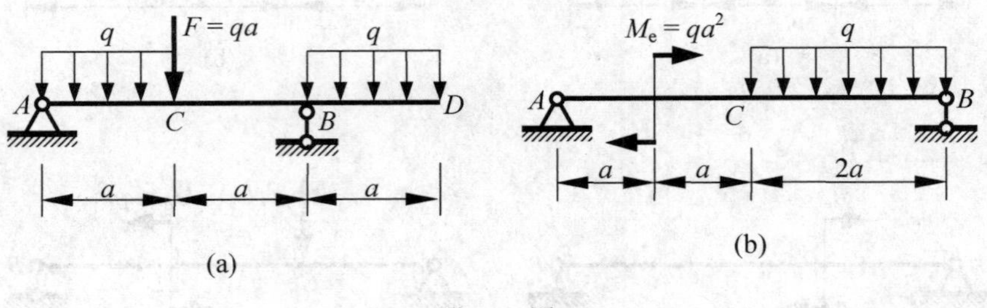

题 4-4 图

4-5　已知梁的剪力和弯矩图，画梁的受力图。

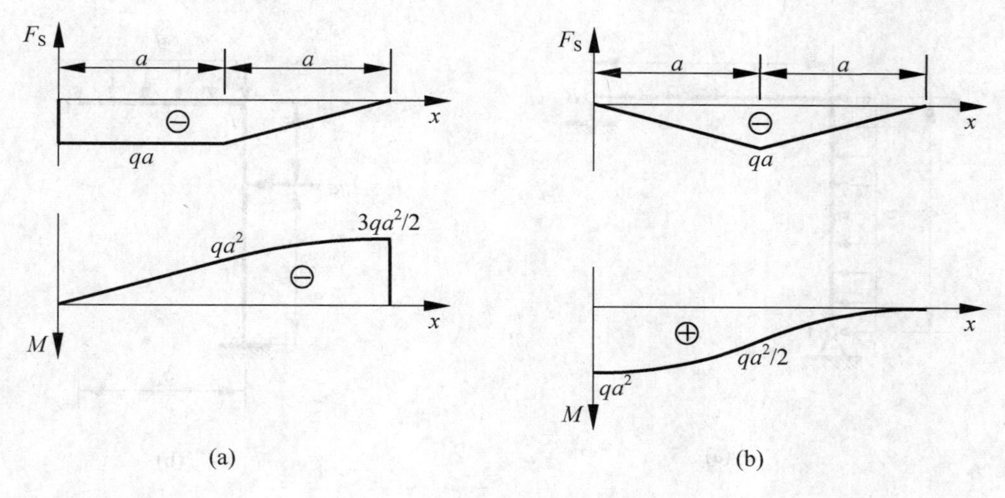

题 4-5 图

4-6　图示结构是为某试验设计的标定装置。悬臂梁 AB 自由端焊接一个倒 T 形的支架。竖向力 F 可沿杆 DCE 移动。已知 $DC=CE=a$，画加载位置在 D、C 和 E 处梁 AB 的弯矩图。

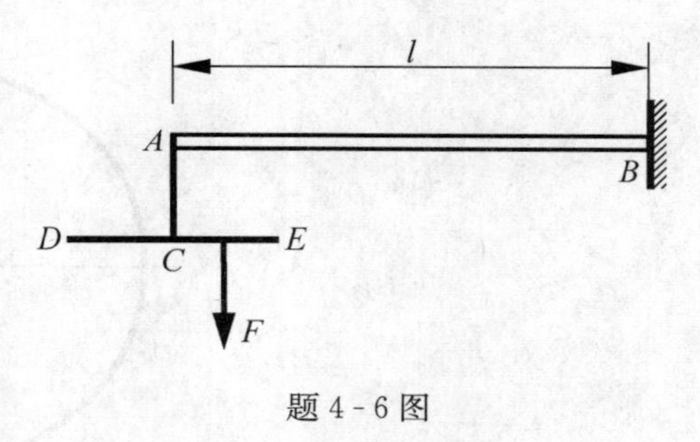

题 4-6 图

4-7　一边长 40cm 方形截面混凝土钢梁要求平放提升。为此目的，两根 3m 长的钢丝绳系于梁的两个对称截面处，中间距离为 a。梁的重量是 4.8kN/m，长 8m。求使梁中的弯矩最小的间距 a。

4-8　画梁的内力图。

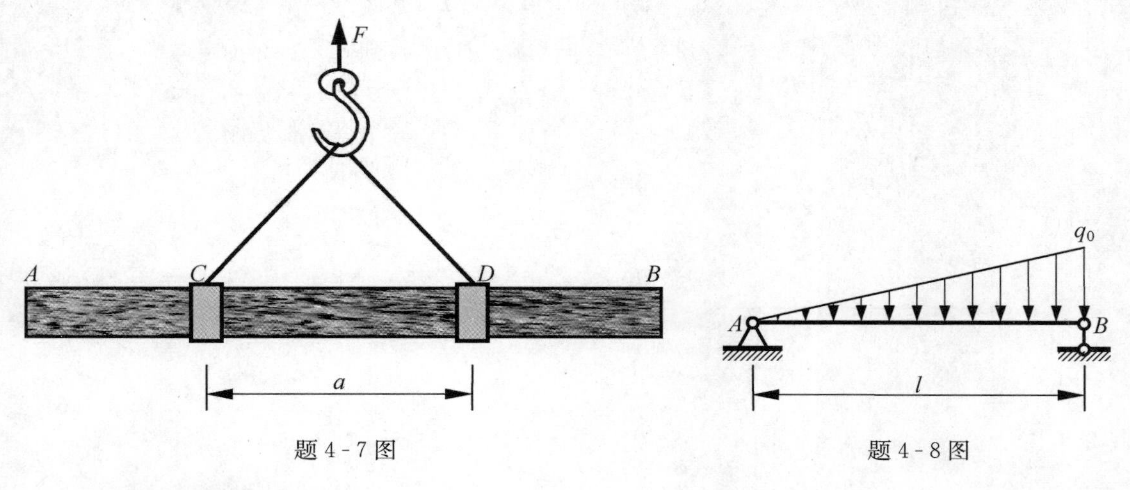

题 4-7 图　　题 4-8 图

4-9　画刚架的内力图。

4-10　画曲杆的内力图。

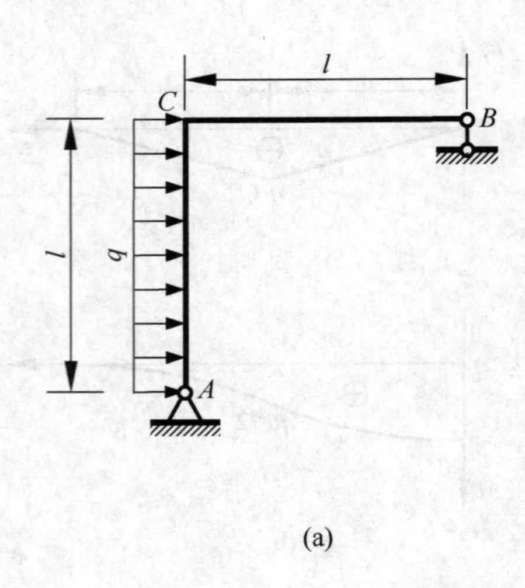

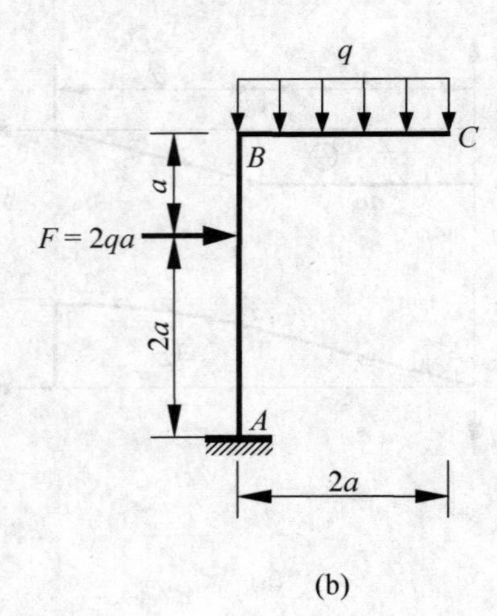

题 4-9 图

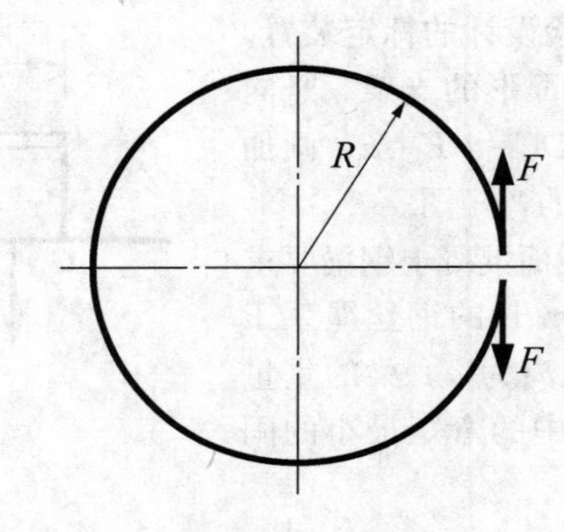

题 4-10 图

第5章 截面几何性质

材料力学的研究对象是主要是杆，而杆的横截面具有典型意义。截面为一平面图形，与截面形状、尺寸有关的几何量，统称为截面几何性质，也称为平面图形的几何性质。比如面积、极惯性矩等。截面的几何性质在强度、刚度和稳定性分析中是必不可少的。求截面的内力只要知道截面的位置即可，而求截面上某点的应力和应变，不仅要知道点在截面上的位置，还要知道截面的几何形状，因为应力和应变与截面的几何性质有关。本章介绍截面的几何性质，内容包括静矩、形心、惯性矩以及平行移轴定理与转轴公式。

5.1 静矩和形心

图5-1所示截面，其面积为A，建立图示坐标系。从截面中在坐标为（y，z）处取微面积$\mathrm{d}A$，则下述面积积分

$$S_z=\int_A y\mathrm{d}A,\ S_y=\int_A z\mathrm{d}A \tag{5-1}$$

分别称为截面对坐标轴z和y的**静矩**或**一次矩**。

由静矩的定义可以看出：静矩可能为正，可能为负，也可能为零；静矩的量纲为长度的三次方。若坐标轴z为对称轴，必有$S_z=0$。

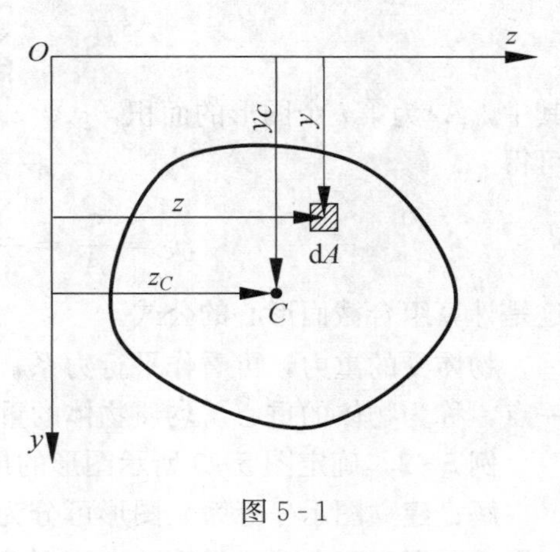

图5-1

由积分中值定理可知，在图5-1所示的截面中，必有一点$C(y_C，z_C)$，使得

$$\int_A y\mathrm{d}A=y_CA,\ \int_A z\mathrm{d}A=z_CA$$

或

$$y_C=\frac{\int_A y\mathrm{d}A}{A},\ z_C=\frac{\int_A z\mathrm{d}A}{A} \tag{5-2}$$

称由式（5-2）定义的点C为截面的**形心**。

将式（5-1）代入式（5-2）中，即可得形心坐标分别为

$$y_C=\frac{S_z}{A},\ z_C=\frac{S_y}{A} \tag{5-3}$$

或

$$S_z=Ay_C,\ S_y=Az_C \tag{5-4}$$

从上式可以看出静矩具有如下性质：

（1）当$S_z=0$时，必有$y_C=0$，即平面对某一轴的静矩为零，则该轴必然过形心；

（2）当$y_C=0$时，必有$S_z=0$，即若某一轴通过形心，则对该轴的静矩为零；

（3）因为平面的形心必在对称轴上，故平面对于对称轴的静矩恒为零；

（4）同一截面对于不同的坐标轴，其静矩不同。

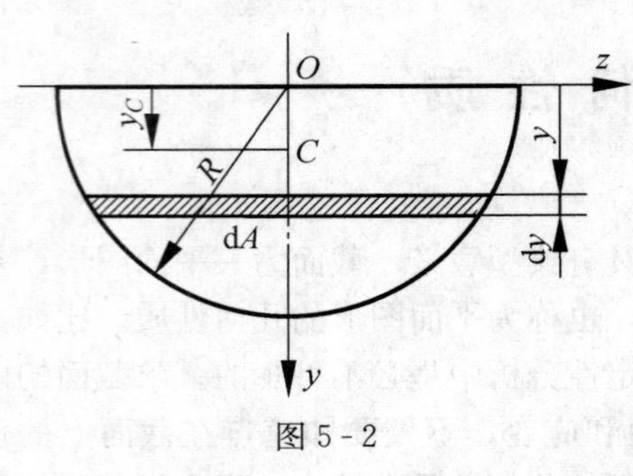

图 5-2

例 5-1 图 5-2 所示半圆形截面，半径为 R，坐标系 Oyz 如图所示，求截面对坐标轴 z 的静矩 S_z 及形心纵坐标 y_C。

解：在纵坐标 y 处任取一个与 z 轴平行狭长条为微面积 dA，其大小为

$$dA = 2\sqrt{R^2 - y^2}\,dy$$

将上式代入式（5-1），得半圆形截面对坐标轴 z 的静矩为

$$S_z = \int_A y\,dA = \int_0^R y(2\sqrt{R^2 - y^2})\,dy = \frac{2}{3}R^3$$

于是，由式（5-3）得形心 C 的纵坐标为

$$y_C = \frac{S_z}{A} = \frac{2R^3/3}{\pi R^2/2} = \frac{4R}{3\pi}$$

一些简单的、规则的图形，其形心位置是已知的。例如：矩形、正方形、圆形、正三角形等的形心位置是显而易见的。有些看似比较复杂的截面常常可看成是由若干简单截面或标准型材截面所组成，即所谓**组合截面**。利用积分的可加性，可以比较容易地计算组合截面的静矩与形心。据静矩的定义，对于组合截面，其静矩等于各组成图形静矩的和，即

$$S_z = \sum_{i=1}^{n} A_i y_i,\ S_y = \sum_{i=1}^{n} A_i z_i \tag{5-5}$$

其中，A_i 为第 i 个图形的面积，y_i、z_i 为图形对应的形心坐标。由式（5-5）和式（5-3）可得

$$y_C = \frac{S_z}{A} = \frac{\sum A_i y_i}{A},\ z_C = \frac{S_y}{A} = \frac{\sum A_i z_i}{A} \tag{5-6}$$

这是计算组合截面形心的公式。

物体受的重力，可看作平行力系，且合力作用线总通过一点，称为物体的重心。均质物体的重心即物体的形心。

例 5-2 确定图 5-3 所示图形的形心。

解：建立图示坐标系。图形可分为三个简单图形，即正方形、圆形和三角形。计算整个图形静矩时，先计算包含圆的，然后再减掉即可。正方形、圆形和三角形的面积和形心坐标分别为

$$A_1 = 2500(\text{mm}^2),\ y_1 = 25(\text{mm}),\ z_1 = 25(\text{mm})$$

$$A_2 = \frac{\pi \times 30^2}{4} = 706.86(\text{mm}^2),\ y_2 = 25(\text{mm}),\ z_2 = 25(\text{mm})$$

$$A_3 = 1250(\text{mm}^2),\ y_3 = 50 + \frac{50}{3} = 66.667(\text{mm}),$$

$$z_3 = \frac{50}{3} = 16.667(\text{mm})$$

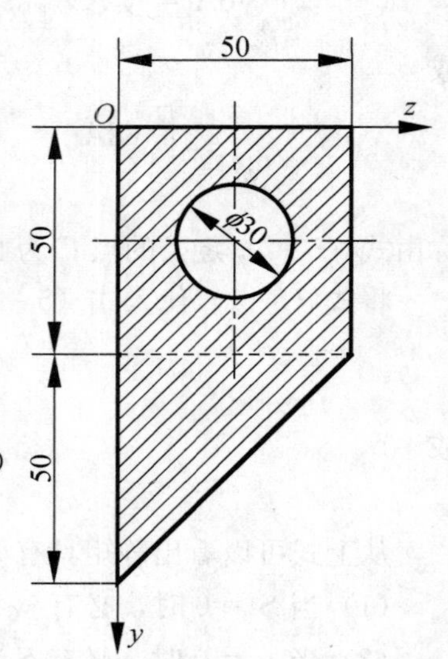

图 5-3

其中下标 1、2 和 3 分别对应正方形、圆形和三角形。由式

(5-6)，得截面形心 C 的坐标为

$$y_C=\frac{\sum A_i y_i}{A}=\frac{2500\times 25+1250\times 66.667-706.86\times 25}{2500+1250-706.86}=46.22(\mathrm{mm})$$

$$z_C=\frac{\sum A_i z_i}{A}=\frac{2500\times 25+1250\times 16.667-706.86\times 25}{2500+1250-706.86}=21.58(\mathrm{mm})$$

5.2　惯性矩、极惯性矩和惯性积

5.2.1　惯性矩、极惯性矩、惯性积

任意截面如图 5-4 所示，其面积为 A，在坐标为（y，z）的任一点处，取微面积 $\mathrm{d}A$，则积分

$$I_z=\int_A y^2\mathrm{d}A,\ I_y=\int_A z^2\mathrm{d}A \qquad (5-7)$$

分别称为截面对 z 轴与 y 轴的**惯性矩**或**二次轴矩**。积分

$$I_\mathrm{p}=\int_A \rho^2\mathrm{d}A=\int_A (y^2+z^2)\mathrm{d}A=I_z+I_y \qquad (5-8)$$

称为截面对原点 O 的**极惯性矩**或**二次极矩**。积分

$$I_{yz}=\int yz\mathrm{d}A \qquad (5-9)$$

称为截面对 y 轴和 z 轴的**惯性积**。

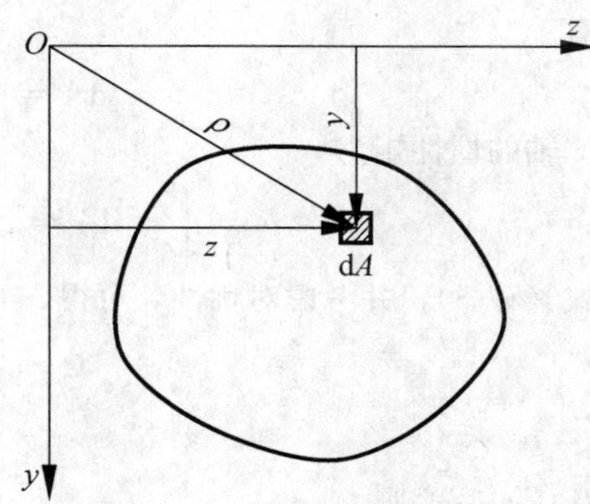

图 5-4

当一个截面由若干个简单截面组成时，根据定义，组合截面对某坐标轴的惯性矩，等于每个组成部分对同一坐标轴的惯性矩之和，组合截面对某一对正交坐标轴的惯性积，等于每个组成部分对同一对正交坐标轴的惯性积之和。即

$$I_y=\sum_{i=1}^{n} I_{yi},\ I_z=\sum_{i=1}^{n} I_{zi},\ I_{yz}=\sum_{i=1}^{n} I_{yzi}$$

式中，I_{yi}，I_{zi}，I_{yzi} 分别为第 i 个图形对 y 轴的惯性矩、z 轴的惯性矩和对 y 轴与 z 轴的惯性积。

从上述定义的三种积分式可以看出：

(1) 惯性矩和极惯性矩均恒为正，并且截面对任一点的极惯性矩，恒等于此截面对于过该点的任一对直角坐标轴的两个惯性矩之和。

(2) 惯性积可能为正，可能为负，也可能为零；当坐标轴 y 或 z 位于对称轴上时，截面对坐标轴 y 和 z 的惯性积必为零。

(3) 惯性矩、极惯性矩和惯性积的量纲均为长度的四次方。

5.2.2　简单截面的惯性矩、惯性积

1. 矩形

设矩形截面宽为 b，高为 h，取截面的对称轴为 y 轴和 z 轴，如图 5-5 所示。

取平行于 z 轴的狭长条为微面积 $\mathrm{d}A$，则有

$$\mathrm{d}A=b\mathrm{d}y$$

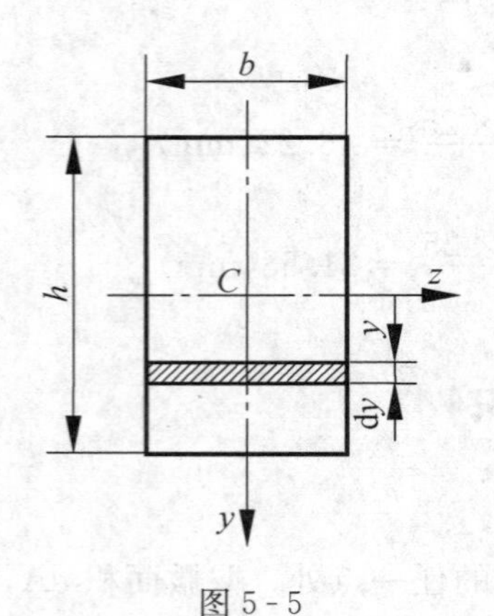

图 5-5

即得

$$I_z = \int_A y^2 \mathrm{d}A = \int_{-\frac{h}{2}}^{\frac{h}{2}} by^2 \mathrm{d}y = \frac{bh^3}{12} \tag{5-10}$$

同理，得矩形截面对 y 轴的惯性矩为

$$I_y = \frac{hb^3}{12} \tag{5-11}$$

因为 y、z 轴均为矩形截面的对称轴，故

$$I_{yz} = 0 \tag{5-12}$$

2. 圆形

（1）实心圆。

设图 5-6 所示圆直径为 d，取图示阴影部分为微面积，则有

$$\mathrm{d}A = 2z\mathrm{d}y = 2\sqrt{r^2 - y^2}\,\mathrm{d}y$$

对 z 轴的惯性矩为

$$I_z = \int_A y^2 \mathrm{d}A = 2\int_{-r}^{r} y^2 \sqrt{r^2 - y^2}\,\mathrm{d}y = \frac{\pi r^4}{4} = \frac{\pi d^4}{64} \tag{5-13}$$

由式（5-8），并考虑对称性，可得

$$I_{\mathrm{p}} = I_z + I_y = 2I_z = \frac{\pi d^4}{32} \tag{5-14}$$

$$I_{yz} = 0 \tag{5-15}$$

（2）空心圆。

对于图 5-7 所示空心圆，根据式（5-7），可先计算直径为 D 的圆的惯性矩，再减去多算的直径为 d 的圆的惯性矩，故惯性矩为

$$I_z = \frac{\pi D^4}{64} - \frac{\pi d^4}{64} = \frac{\pi D^4}{64}(1 - \alpha^4) \tag{5-16}$$

其中 $\alpha = d/D$。极惯性矩为

$$I_{\mathrm{p}} = \frac{\pi D^4}{32}(1 - \alpha^4) \tag{5-17}$$

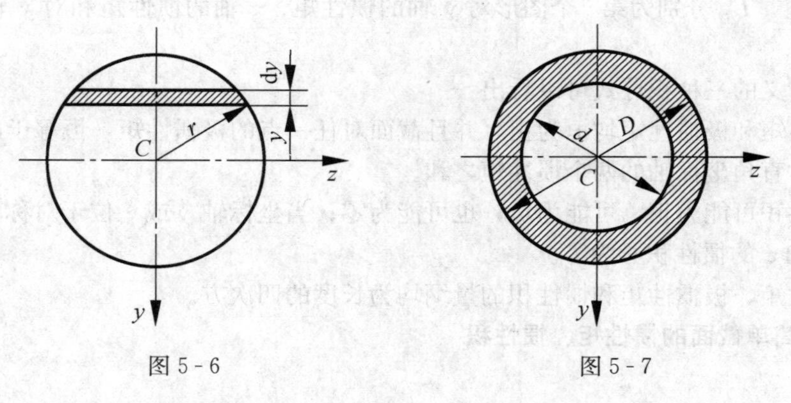

图 5-6　　图 5-7

3. 三角形

如图 5-8 所示的三角形截面，高为 h，底为 b，坐标轴 z 轴为平行于底边的形心轴。在纵坐标 y 处，取宽为 $b(y)$，高为 $\mathrm{d}y$ 且平行于 z 轴的狭长条为微面积 $\mathrm{d}A$，即

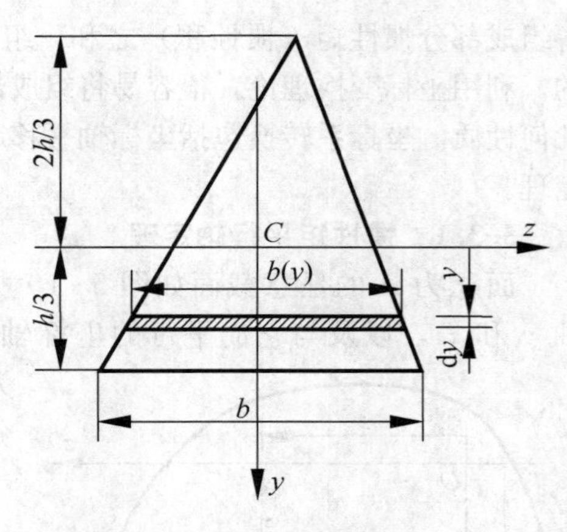

图 5-8

$$dA = b(y)dy$$

由图中可以看出

$$b(y) : b = \left(\frac{2h}{3} + y\right) : h$$

可得

$$b(y) = \frac{b}{h}\left(\frac{2h}{3} + y\right)$$

因此，三角形对坐标轴 z 轴的惯性矩为

$$I_z = \frac{b}{h}\int_{-2h/3}^{h/3} y^2\left(\frac{2h}{3} + y\right)dy = \frac{bh^3}{36} \quad (5-18)$$

5.2.3 惯性半径

有时候把惯性矩表示成截面面积 A 与某一长度 i 平方的乘积，即定义

$$I_y = i_y^2 A, \ I_z = i_z^2 A \quad (5-19)$$

或

$$i_y = \sqrt{\frac{I_y}{A}}, \ i_z = \sqrt{\frac{I_z}{A}} \quad (5-20)$$

式中 i_y，i_z分别称为截面对 y 轴和对 z 轴的**惯性半径**。

例 5-3 计算图 5-9（a）所示截面对形心轴 z 轴的惯性矩。

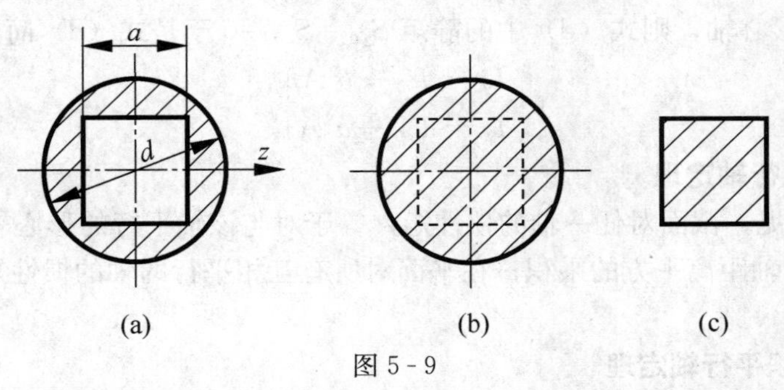

图 5-9

解：图 5-9（a）所示空心截面可视为图 5-9（b）所示的圆截面与图 5-9（c）所示方形截面之差，

$$I_z = I_{圆形,z} - I_{矩形,z}$$

而

$$I_{圆形,z} = \frac{\pi d^4}{64}, \ I_{矩形,z} = \frac{a^4}{12}$$

故有

$$I_z = I_{圆形,z} - I_{矩形,z} = \frac{\pi d^4}{64} - \frac{a^4}{12}$$

5.3 平行轴定理

在实际工程问题中的许多截面都是简单截面的组合，整个截面的惯性矩（惯性积）等于

各组成部分惯性矩（惯性积）之和，组成部分的惯性矩在各自的形心坐标系中是容易计算的。利用坐标变换理论，很容易将组成部分关于自身形心轴的几何性质转换为一般坐标系的几何性质。坐标系转换包括坐标轴平移和坐标轴旋转。本节介绍惯性矩和惯性积的平行移轴定理。

5.3.1 惯性矩平行轴定理

面积为 A 的任意截面如图 5-10 所示。在截面平面内建立通过其形心 C 的一对形心轴 y_0 和 z_0，以及与它们平行的坐标轴 y 和 z，截面的形心 C 在 Oyz 坐标系内的坐标设为（a，b）。根据定义，截面对其形心轴的惯性矩分别为

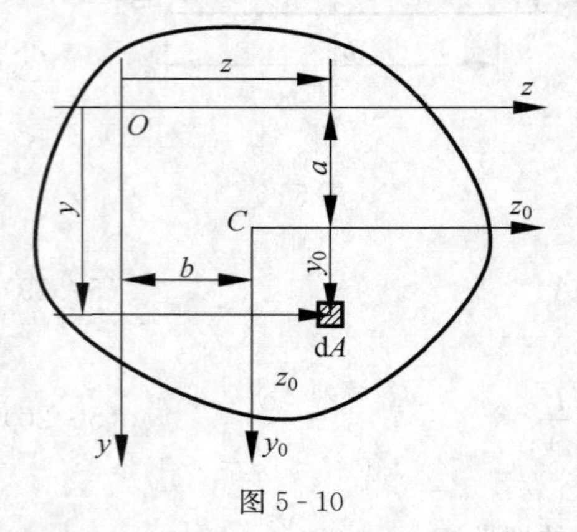

图 5-10

$$I_{y0}=\int_A z_0^2\mathrm{d}A,\ I_{z_0}=\int_A y_0^2\mathrm{d}A \tag{a}$$

对 y，z 轴的惯性矩分别为

$$I_y=\int_A z^2\mathrm{d}A,\ I_z=\int_A y^2\mathrm{d}A \tag{b}$$

由图 5-10 可知

$$y=y_0+a,\ z=z_0+b \tag{c}$$

将式（c）代入式（b），展开后得

$$\left.\begin{aligned}I_y&=I_{y0}+2bS_{y0}+b^2A\\I_z&=I_{z0}+2aS_{z0}+a^2A\end{aligned}\right\} \tag{d}$$

由于 y_0，z_0 轴为形心轴，则式（d）中的静矩 $S_{y0}=S_{z0}=0$ 于是式（d）简化为

$$\left.\begin{aligned}I_y&=I_{y0}+b^2A\\I_z&=I_{z0}+a^2A\end{aligned}\right\} \tag{5-21}$$

这就是惯性矩的**平行轴定理**。

由式 5-21 可见，截面对任一轴的惯性矩，等于对与该轴平行的形心轴的惯性矩再加上面积与两对应平行轴距离平方的乘积；在平面对所有互相平行的轴的惯性矩中，平面对形心轴的惯性矩最小。

5.3.2 惯性积平行轴定理

根据定义，截面（图 5-10）对其形心轴的惯性积为

$$I_{y0z0}=\int_A y_0z_0\mathrm{d}A$$

对 y 与 z 轴的惯性矩、惯性积分别为

$$I_{yz}=\int_A yz\mathrm{d}A \tag{e}$$

由图 5-10 可知

$$y=y_0+a,\ z=z_0+b \tag{f}$$

将式（f）代入式（e），展开后得

$$I_{yz}=I_{y0z0}+bS_{z0}+aS_{y0}+abA \tag{g}$$

由于 y_0，z_0 轴为形心轴，则式（g）中：

$$S_{y0}=0,\ S_{z0}=0$$

于是式（g）变为

$$I_{yz} = I_{y0z0} + abA \tag{5-22}$$

即截面对任意一对直角坐标轴的惯性积，等于该截面对形心平行坐标轴的惯性积，再加上截面面积与形心坐标积的乘积，这就是惯性积的**平行轴定理**。

例 5-4 求图 5-11 所示 T 形截面对形心轴 z 的惯性矩 I_z。

解： 图形可划分为图示两个矩形。图形形心 C 相对于参考坐标轴 z_1 的纵坐标为

$$y_C = \frac{A_1 y_1 + A_2 y_2}{A_1 + A_2} = \frac{120 \times 30 \times 15 + 20 \times 120 \times 90}{120 \times 30 + 20 \times 120} = 45(\text{mm})$$

图形对 z 轴的惯性矩等于两个矩形对 z 轴惯性矩的和。根据平行轴定理，有

$$\begin{aligned} I_z = I_{1z} + I_{2z} &= \frac{120 \times 30^3}{12} + (120 \times 30)(45 - 15)^2 \\ &\quad + \frac{20 \times 120^3}{12} + (20 \times 120)(90 - 45)^2 \\ &= 1.125 \times 10^7 (\text{mm}^4) \end{aligned}$$

例 5-5 求图 5-12 所示半圆形对形心轴 z 的惯性矩 I_z。

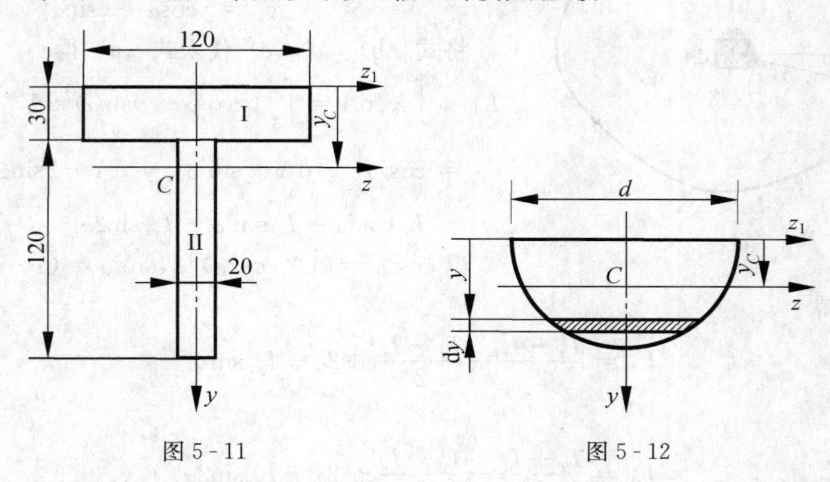

图 5-11 图 5-12

解： 取阴影部分为微面积，其大小为

$$\text{d}A = 2z\text{d}y = 2\sqrt{\frac{d^2}{4} - y^2}\,\text{d}y$$

对 z_1 轴的静矩为

$$S_{z1} = \int_A y\,\text{d}A = 2\int_0^{d/2} y\sqrt{\frac{d^2}{4} - y^2}\,\text{d}y = \frac{d^2}{12}$$

由形心公式，得形心坐标为

$$y_C = \frac{S_z}{A} = \frac{d^2/12}{\pi d^2/8} = \frac{2d}{3\pi}$$

半圆对直径轴 z_1 的惯性矩等于圆对 z_1 轴惯性矩的一半，即

$$I_{z1} = \frac{\pi d^4}{128}$$

根据平行轴定理，有

$$I_z = I_{z1} - y_C^2 A = \frac{\pi d^4}{128} - \left(\frac{2d}{3\pi}\right)^2 \times \frac{\pi d^2}{8} = \left(\frac{\pi}{128} - \frac{1}{18\pi}\right) d^4$$

5.4 转轴公式

5.4.1 惯性矩和惯性积的转轴公式

转轴公式是坐标系绕坐标原点旋转时，截面关于不同转轴的惯性矩和惯性积的变化规律。

如图 5-13 所示，截面对 y 轴与 z 轴的惯性矩及惯性积分别为 I_y，I_z 和 I_{yz}，现将 y，z 轴绕坐标原点 O 旋转 α 角后（规定 α 角自 y 轴逆时针转向为正，反之为负），截面对新坐标轴 y_1 与 z_1 轴的惯性矩及惯性积分别为

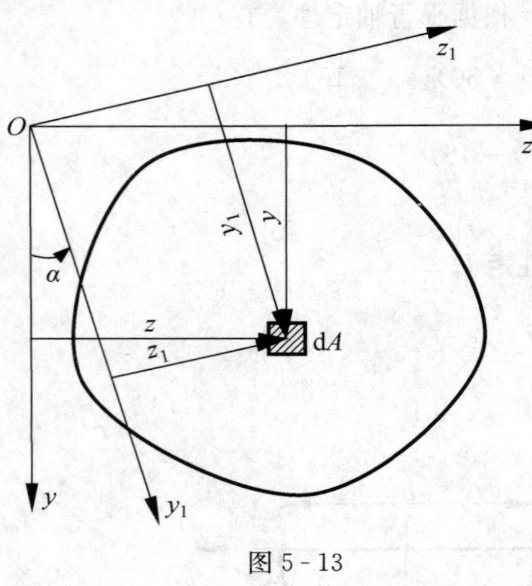

图 5-13

$$I_{y1}=\int_A z_1^2\mathrm{d}A,\ I_{z1}=\int_A y_1^2\mathrm{d}A,\ I_{yz1}=\int_A y_1 z_1\mathrm{d}A \tag{a}$$

坐标系 Oyz 和坐标系 Oy_1z_1 之间的坐标变换式为

$$y_1=y\cos\alpha+z\sin\alpha \tag{b}$$

$$y_1=y\cos\alpha+z\sin\alpha \tag{c}$$

将式（b）、式（c）代入式（a）得

$$\begin{aligned}I_{y1}&=\int_A z_1^2\mathrm{d}A=\int_A(z\cos\alpha-y\sin\alpha)^2\mathrm{d}A\\&=\cos^2\alpha\int_A z^2\mathrm{d}A+\sin^2\alpha\int_A y^2\mathrm{d}A-2\sin\alpha\cos\alpha\int_A yz\mathrm{d}A\\&=I_y\cos^2\alpha+I_z\sin^2\alpha-I_{yz}\sin2\alpha\end{aligned} \tag{d}$$

以 $\cos^2\alpha=(1+\cos2\alpha)/2,\sin^2\alpha=(1-\cos2\alpha)/2$ 代入式（d），得

$$I_{y1}=\frac{I_y+I_z}{2}+\frac{I_y-I_z}{2}\cos2\alpha-I_{yz}\sin2\alpha \tag{5-23}$$

同理可得

$$I_{z1}=\frac{I_y+I_z}{2}-\frac{I_y-I_z}{2}\cos2\alpha+I_{yz}\sin2\alpha \tag{5-24}$$

$$I_{y1z1}=\frac{I_y-I_z}{2}\sin2\alpha+I_{yz}\cos2\alpha \tag{5-25}$$

式（5-23）、式（5-24）和式（5-25）称为惯性矩和惯性积的**转轴公式**。

5.4.2 主惯性轴和主惯性矩

惯性积的转轴公式（5-25）反映了惯性积随坐标轴旋转角度 α 的变化规律。由式（5-25）可以看出，当 $\alpha=0°$时，$I_{y1z1}=I_{yz}$，而当 $\alpha=90°$时，$I_{y1z1}=-I_{yz}$。这说明坐标轴由 $\alpha=0°$旋转至 $\alpha=90°$的过程中，惯性积的正负号发生改变。因此，对于任何形状的截面，总可以找到一对特殊的直角坐标轴 y_0、z_0，使截面对于这一对坐标轴的惯性积等于零，即 $I_{y0z0}=0$。惯性积等于零的一对坐标轴称为该截面的**主惯性轴**，截面关于主惯性轴的惯性矩称为**主惯性矩**。因为惯性积是对一对坐标轴而言的，所以，主惯性轴总是成对出现的。

设主惯性轴的方位角为 α_0，则由式（5-25）并令 $I_{y0z0}=0$，得

$$I_{y0z0}=\left(\frac{I_y-I_z}{2}\sin2\alpha_0+I_{yz}\cos2\alpha_0\right)=0$$

也即

$$\tan 2\alpha_0 = \frac{2I_{yz}}{I_z - I_y} \tag{5-26}$$

式（5-26）是确定两个主惯性轴方位的公式。将由式（5-26）确定的 α_0 和 $\alpha_0+90°$ 代入式（5-23）和式（5-24）得截面主惯性矩为

$$\left.\begin{matrix} I_{y0} \\ I_{z0} \end{matrix}\right\} = \frac{I_y + I_z}{2} \pm \frac{I_y - I_z}{2}\cos 2\alpha_0 \mp I_{yz}\sin 2\alpha_0 \tag{5-27}$$

两个截面主惯性矩其实也是两个极值惯性矩，即一个取最大值，另一个取极小值。这只要令式（5-23）或式（5-24）关于 α 的导数等于零，即可证明。最大和最小主惯性矩分别为

$$\left.\begin{matrix} I_{\max} \\ I_{\min} \end{matrix}\right\} = \frac{I_y + I_z}{2} \pm \frac{1}{2}\sqrt{(I_y - I_z)^2 + 4\,(I_{yz})^2} \tag{5-28}$$

如果一对主惯性轴的交点与截面的形心重合，则称这对主惯性轴为该截面的**形心主惯性轴**，简称**形心主轴**。截面对于形心主惯性轴的惯性矩称为**形心主惯性矩**。

5-1　确定题5-1图中图形的形心。

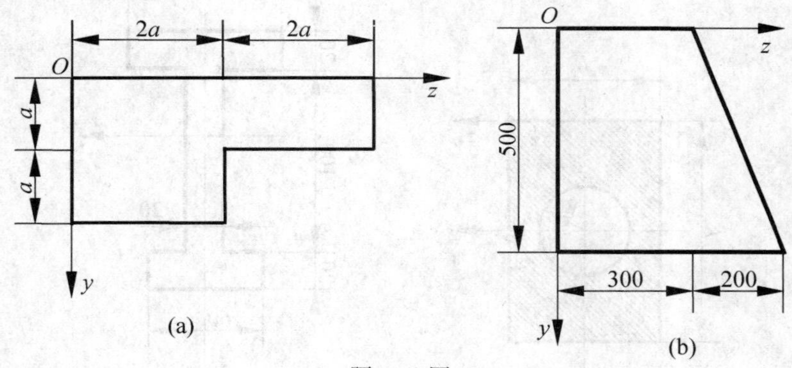

题5-1图

5-2　求题5-2图中所示中的阴影面积对 z 轴的静矩。

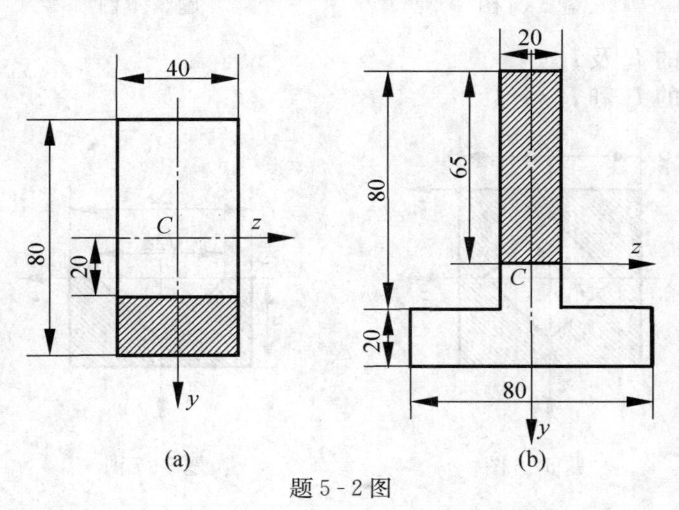

题5-2图

5-3 计算截面对 z 轴的惯性矩。

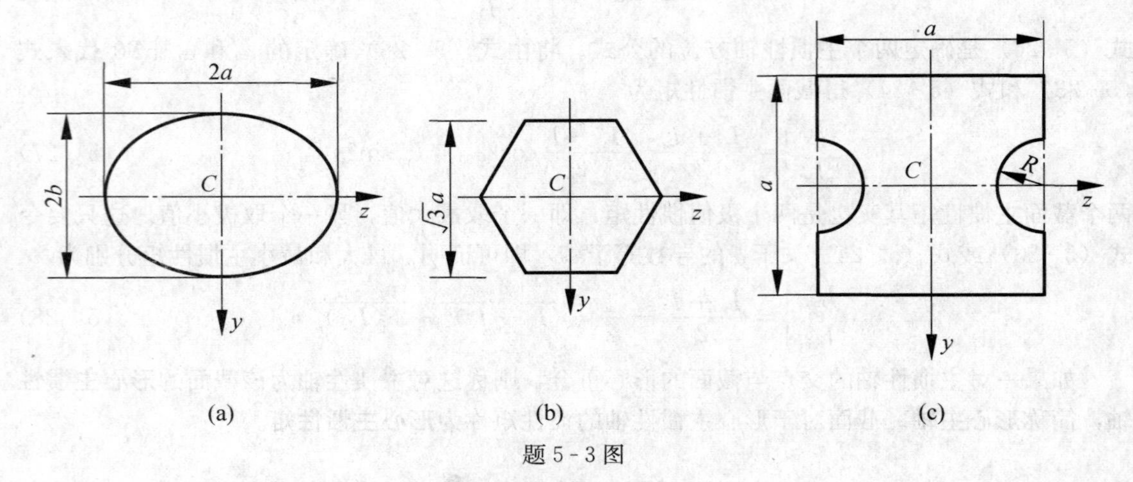

题 5-3 图

5-4 求截面对 y 轴、z 轴及 z_1 轴的惯性矩。

5-5 求截面的 I_z 和 I_{yz}。

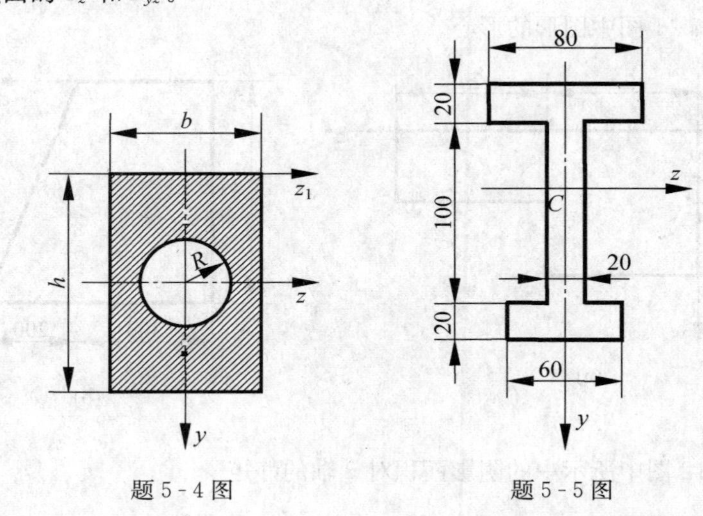

题 5-4 图　　题 5-5 图

5-6 求截面的 I_z 及 I_{z_1}。

5-7 求截面的 I_y 和 I_z。

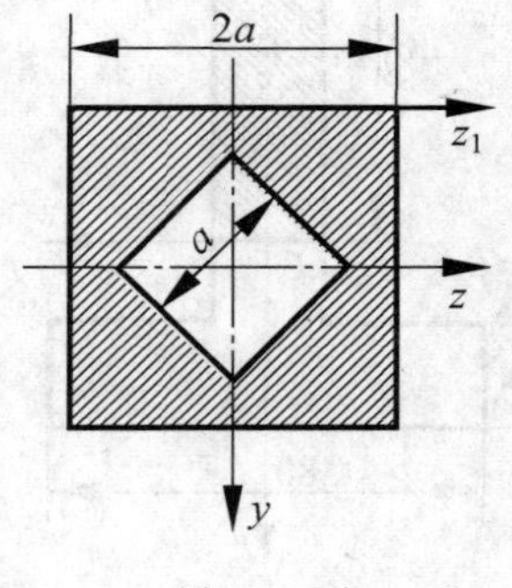

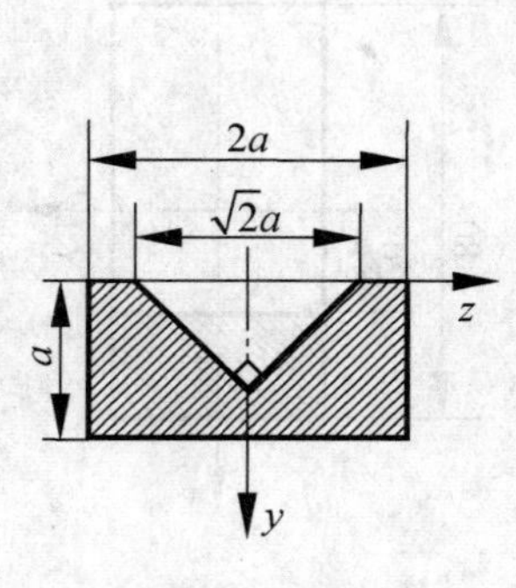

题 5-6 图　　题 5-7 图

5-8　图示组合截面为两根20a热轧槽钢的横截面，若 $I_z=I_y$，求 b 的大小。

5-9　求截面的主形心轴和主形心轴惯性矩。

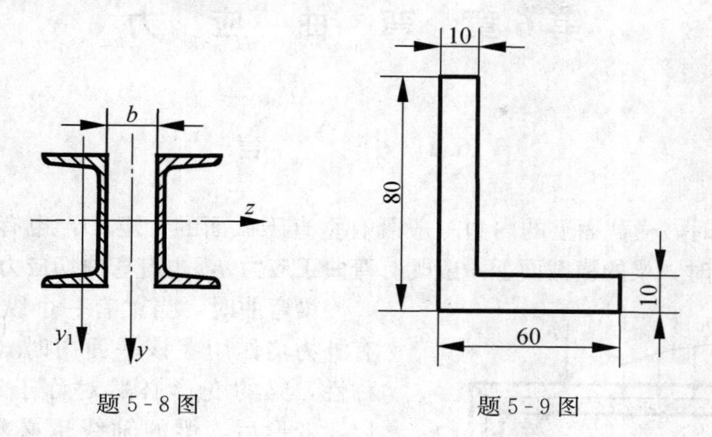

题5-8图　　题5-9图

第6章　弯　曲　应　力

6.1　引　　言

梁发生弯曲时，横截面上的内力一般既有垂直于截面的弯矩 M，也有沿着截面的剪力 F_S，所以梁弯曲时，梁的横截面上一般既有**弯曲正应力** σ，也有**弯曲切应力** τ。

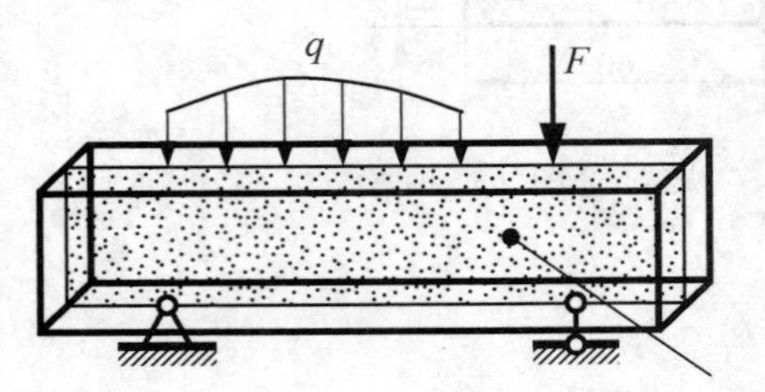

图 6-1

梁弯曲时，当梁有一个纵向对称面，且所有外力均作用在该平面内时（图 6-1），由对称性，梁的变形必然对称于纵向对称面，所以，变形后，梁的轴线也必然仍然在该平面内。这样的弯曲变形称为**对称弯曲**，也称为**平面弯曲**。

对图 6-2（a）所示的梁，画出剪力图和弯矩图分别如图 6-2（b）和图 6-2（c）所示。CD 段梁的剪力为零，弯矩为常量。AC 段和 DB 段既有弯矩，也有剪力。CD 段梁的发生的弯曲称为**纯弯曲**，而 AC 段和 DB 段梁发生的弯曲称为**横力弯曲**。实际上，横力弯曲是弯曲和剪切的组合。

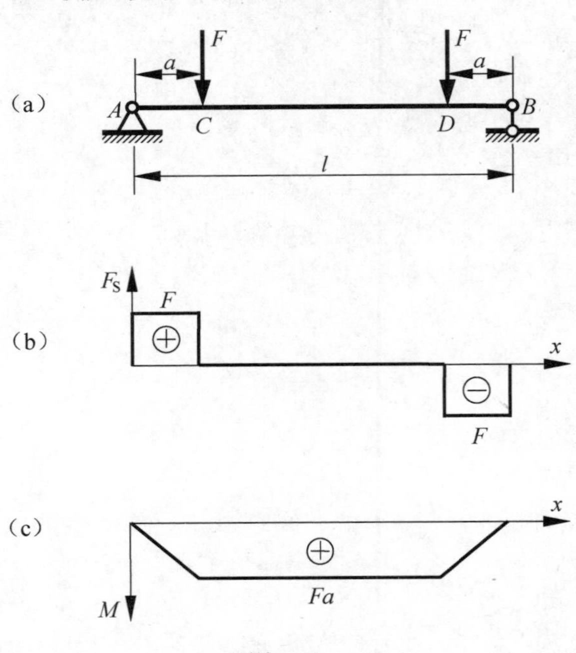

图 6-2

6.2 弯曲正应力

梁弯曲时，变形并不是均匀的，因此，横截面内各点的正应力也必然不同。与圆轴扭转切应力公式类似，对称纯弯曲的弯曲正应力公式的可以从变形几何关系、物理关系和静力关系几个方面得出。

6.2.1 纯弯曲时梁的变形

通过实验，研究对称纯弯曲时梁的变形（图 6 - 3），实验前，在梁的表面画上一系列与轴线平行的纵向线和与轴线垂直的横向线［图 6 - 3（a）］，然后在两端施加等值反向的力偶 M_e，梁发生纯弯曲［图 6 - 3（b）］。可以看出：

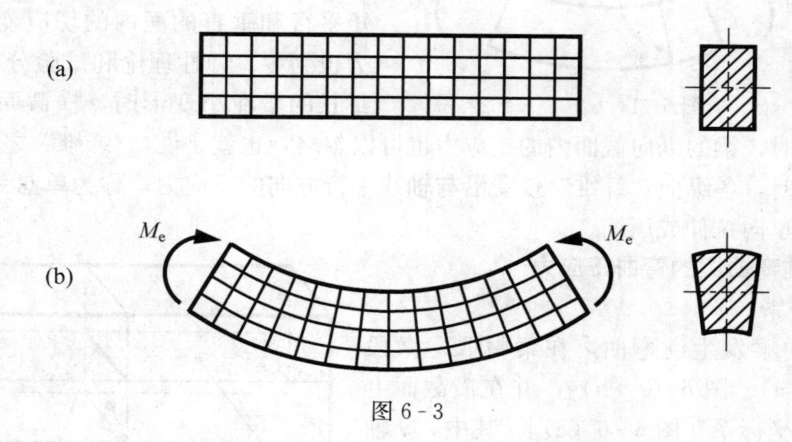

图 6 - 3

（1）纵向线变为同心的弧线，凹入侧纵向线缩短，凸出侧纵向线伸长；

（2）横向线仍为直线，并与纵向线正交，横向线之间发生相对转动；

（3）梁的凹入侧宽度增加，凸出侧宽度减小，如果是矩形截面梁，横截面不再是矩形。

根据实验现象，可以推测，变形前的横截面变形后仍保持为平面，且仍与纵向线正交。这个假设称为**平面假设**。实际上，梁发生对称纯弯曲时，任一横截面保持平面的结论可以由对称性得到，证明如下：

首先，梁发生纯弯曲时，与轴线平行的纵向线将弯成弧线。由于各横截面上的弯矩相等，所以梁段中各微段的变形相同。对于与轴线平行的任意纵向线（包括内部的纵向线）来说，其上各点的曲率也必然相同，即各纵向线将弯成弧线。

其次，发生纯弯曲时，梁上任意横截面变形后将保持为平面，且通过圆心 C［图 6 - 4（a）］。如果不是这样，弯曲前，在任意横截面 D 上对称地取点 k 和 k'，变形后，点 k 将不在垂直于梁的纵向对称面和包含线段 CD 的面内。由于梁的对称性，点 k'的运动将与点 k 相同。假设变形后点 k 和 k'均位于 CD 的右侧［图 6 - 4（b）］，由于各截面弯矩 M 相同，故其他任一截面上与点 k 和 k'对应的点也将有同样的位移，即向右侧移动。这样，在 A 处的观察者，将观察到点 k 和 k'及那些对应点离他而去。不过，在 B 处的观察者看到的载荷是相同的，所以观察点 k 和 k'及那些对应点（只是看到点 k 和 k'等左右相反）也将离他而去，即变形后点 k 和 k'均位于 CD 的左侧。所以 k 和 k'及那些对应点只能还位于 CD 和对应的通过圆心 C 的横截面上。

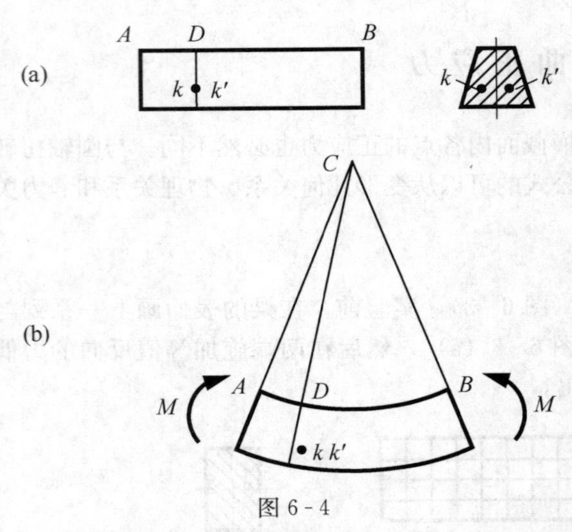

图 6-4

设想图 6-3 所示梁由无数条与轴线平行的纵向纤维组成，弯曲变形后，梁的上方纤维伸长，下方纤维缩短。梁的变形是连续的，中间必有一层纤维既不伸长也不缩短，这层纤维称为**中性层**。中性层与横截面的交线称为**中性轴**（图 6-5）。梁发生对称弯曲时，梁的变形对称于纵向对称面，所以中性轴与截面的纵向对称轴垂直。

梁纯弯曲时，横截面变形后仍保持为平面，且仍与纵向线正交，所以梁在与弯矩平行和垂直的面内的切应变为零，切应力也为零。弹性理论和试验分析也均表明，细长的梁在小变形时，横截面上没有切应力。在小变形时，梁的纵向截面内的正应力也可以忽略，也就是说，"纤维"之间没有挤压。这样，纯弯曲时，各纵向"纤维"仅受沿与轴线平行方向的正应力，称为**单向受力假设**，每根纤维都处于单向拉伸或压缩。

6.2.2 纯弯曲梁的弯曲正应力

1. 几何关系

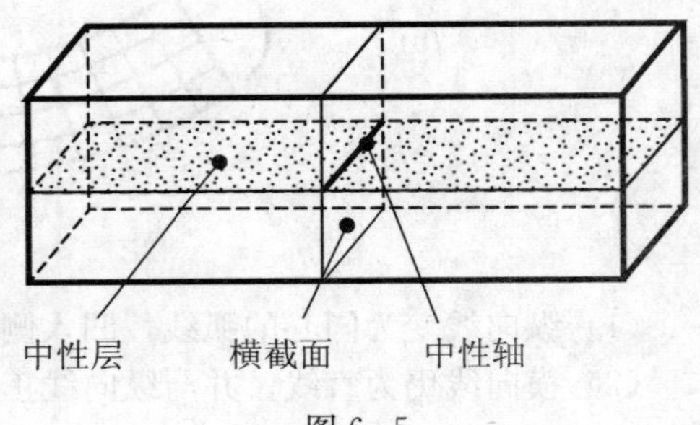

图 6-5

图 6-6 中梁发生纯弯曲，在梁中取一微段 dx［图 6-6（a）、图 6-6（b）］，并在横截面上建立空间直角坐标系［图 6-6（c）］。其中，y 轴与横截面的对称轴重合，z 轴与横截面的中性轴重合。梁弯曲后，微段上坐标为 y 的一条纵向线段 ab 变为弧线$\widehat{a'b'}$（图 6-6b）。设微段两侧面的相对转角为 $d\theta$，中性层的曲率半径为 ρ，则弧$\widehat{a'b'}$的曲率半径为 $\rho+y$。线段 ab 的伸长量为

$$d(\Delta l)=\widehat{a'b'}-ab=(\rho+y)\mathrm{d}\theta-\rho\mathrm{d}\theta=y\mathrm{d}\theta$$

所以线段 ab 的正应变为

$$\varepsilon=\frac{\mathrm{d}(\Delta l)}{\mathrm{d}x}=\frac{y\mathrm{d}\theta}{\rho\mathrm{d}\theta}=\frac{y}{\rho} \tag{a}$$

可见，梁横截面各点的纵向正应变与该点到中性轴的坐标成正比，与中性层的曲率半径成反比。

2. 物理关系

根据单向受力假设，梁中每根纤维在纯弯曲时均处于单向受力状态，即受单向拉伸或压缩。当材料中的正应力不超过比例极限 σ_p，且材料的拉伸和压缩的弹性模量相等时，根据胡克定律并将式（a）代入，得横截面上坐标为 y 处的正应力为

$$\sigma=E\varepsilon=E\,\frac{y}{\rho} \tag{b}$$

当梁发生图 6-6 所示变形时，在 y 坐标为正的点，正应力为拉应力，为正；在坐标为负的点，正应力为负，所以公式中的 y 可取代数值。可见，梁横截面各点的正应力与该点到中性

轴的坐标成正比，中性轴上，正应力为零。式（a）表明了横截面上正应力变化的规律，但要计算任意点的正应力，还须知道中性轴的位置和曲率半径 ρ 的大小。为此，须考虑静力关系。

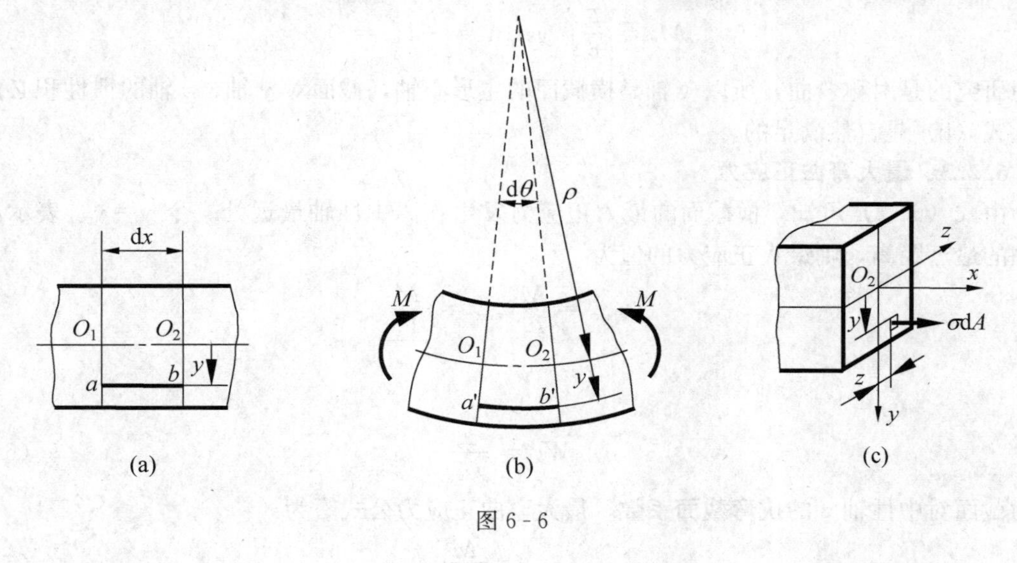

图 6-6

3. 静力关系

在横截面上取一微面积 $\mathrm{d}A$ ［图 6-6（c）］，其位置坐标为（y，z），微面积上的法向微内力大小为 $\sigma\mathrm{d}A$。所有法向微内力组成了一个空间平行力系。将该力系向坐标原点 O_2 简化，只能有三个分量。实际上，横截面上没有轴力，仅有位于 $x-y$ 平面内的弯矩 $M_z=M$，因此

$$F_{\mathrm{N}}=\int_A \sigma\mathrm{d}A=0 \tag{c}$$

$$M_z=\int_A y\sigma\mathrm{d}A=M \tag{d}$$

$$M_y=\int_A z\sigma\mathrm{d}A=0 \tag{e}$$

将式（b）代入式（c），并根据静矩的定义

$$\frac{E}{\rho}\int_A y\mathrm{d}A=\frac{E}{\rho}S_z=0 \tag{f}$$

由于 $E/\rho\neq 0$，只能 $S_z=0$。所以 z 是形心轴，即中性轴通过形心。

将式（b）代入式（d），并根据惯性矩的定义，有

$$M_z=\frac{E}{\rho}\int_A y^2\mathrm{d}A=\frac{E}{\rho}I_z=M \tag{g}$$

从而得

$$\frac{1}{\rho}=\frac{M}{EI_z} \tag{6-1}$$

这是关于弯曲变形的基本公式之一。该式表明，纯弯曲时梁中性层的曲率 $1/\rho$ 与弯矩成正比，与乘积 EI_z 成反比。乘积 EI_z 称为梁横截面的**弯曲刚度**。

将式（6-1）代入式（b），得

$$\sigma=\frac{M}{I_z}y \tag{6-2}$$

这就是梁在纯弯曲时横截面上的正应力计算公式。

将式（b）代入式（e），并根据惯性积的定义，有

$$M_y = \frac{E}{\rho}\int_A yz\,\mathrm{d}A = \frac{E}{\rho}I_{yz} = 0 \tag{h}$$

因为研究的是对称弯曲，所以 y 轴是横截面的主形心轴，截面对 y 轴、z 轴的惯性积必然为零，式（h）是自然满足的。

6.2.3 最大弯曲正应力

由式（6-2）可知，横截面的最大正应力发生在离中性轴最远处。令 $y=y_{\max}$ 表示离中性轴的最远距离，则最大正应力的值为

$$\sigma_{\max} = \frac{M}{I_z}y_{\max} = \frac{M}{\dfrac{I_z}{y_{\max}}}$$

令

$$W_z = \frac{I_z}{y_{\max}} \tag{6-3}$$

称为截面对中性轴 z 的**抗弯截面系数**，最大弯曲正应力公式写为

$$\sigma_{\max} = \frac{M}{W_z} \tag{6-4}$$

对于图 6-7（a）所示矩形截面，抗弯截面系数为

$$W_z = \frac{I_z}{h/2} = \frac{bh^2}{6} \tag{6-5}$$

对于图 6-7（b）所示圆形截面，抗弯截面系数为

$$W_z = \frac{I_z}{d/2} = \frac{\pi d^3}{32} \tag{6-6}$$

对于图 6-7（c）所示空心圆截面，抗弯截面系数为

$$W_z = \frac{I_z}{D/2} = \frac{\dfrac{\pi D^4}{64} - \dfrac{\pi d^4}{64}}{D/2} = \frac{\pi D^3}{32}\left(1 - \frac{d^4}{D^4}\right)$$

设空心圆截面的内外径之比为 $\alpha = d/D$，则有

$$W_z = \frac{\pi D^3}{32}(1 - \alpha^4) \tag{6-7}$$

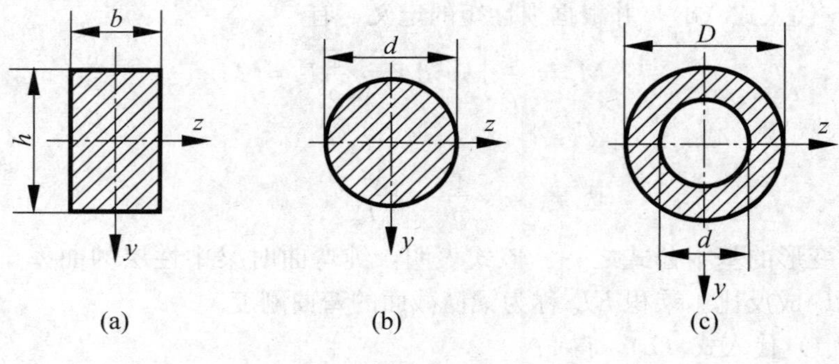

图 6-7

对于各种标准型钢截面的抗弯截面系数，可以从附录Ⅰ的型钢表中查得。

梁最常发生的弯曲是横力弯曲。这时，梁的横截面不能保持为平面，即发生翘曲。由于有横向力存在，梁的各纵向纤维之间还有挤压作用。弹性力学的分析结果表明，对于工程中常见的梁，采用纯弯曲的正应力公式计算应力，所得结果略微偏低，梁的跨度与其高度比越大，误差越小。前述公式能满足工程上所要求的精度。

例 6-1 直径 $d=0.5\text{mm}$ 的钢丝，两端受力偶作用，弯成直径 $D=400\text{mm}$ 的圆弧。已知钢丝的弹性模量 $E=200\text{GPa}$，求钢丝横截面上的最大正应力。

解： 钢丝中性层的曲率半径为

$$\rho=\frac{D+d}{2}\approx\frac{D}{2}=200(\text{mm})$$

由式（6-1）可知梁横截面的弯矩为

$$M=\frac{EI_z}{\rho}\sigma_{\max}=\frac{M}{I_z}y_{\max}=\frac{Ey_{\max}}{\rho}=\frac{(200\times10^9)(0.5/2)}{200}=250\times10^6(\text{Pa}),\text{即 }250(\text{MPa})$$

例 6-2 图 6-8（a）所示悬臂梁，横截面为 T 形。已知 $F=2\text{kN}$，求梁固定端截面上点 1，2 和 3 的正应力。

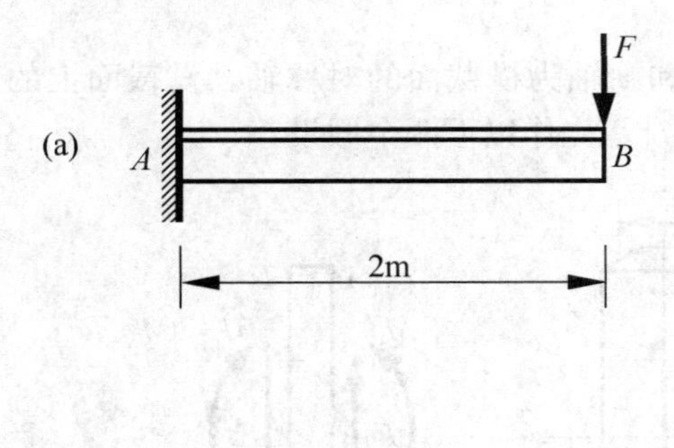

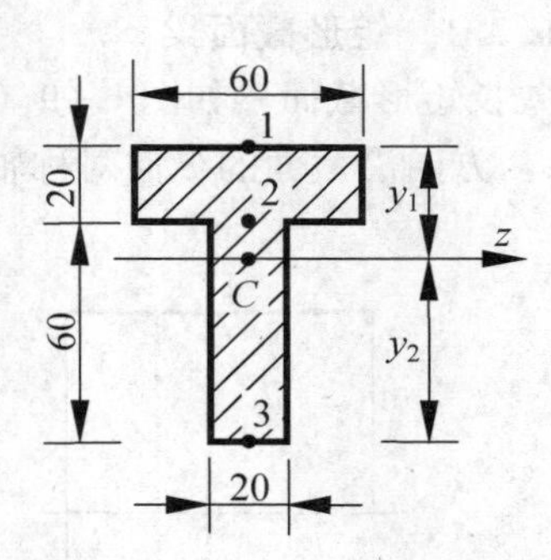

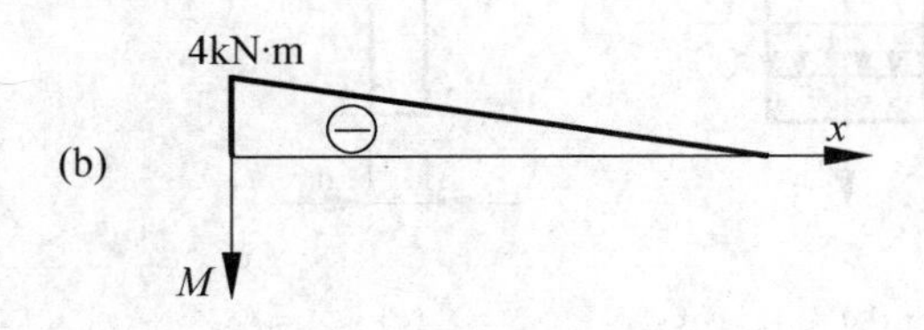

图 6-8

解：（1）计算惯性矩。

横截面的形心坐标为

$$y_1=\frac{0.06\times0.02\times0.01+0.06\times0.02\times0.05}{2\times0.06\times0.02}=0.03(\text{m})$$

$$y_2=0.05(\text{m})$$

对中性轴的惯性矩为

$$I_z=\frac{0.06\times0.02^3}{12}+0.06\times0.02(0.03-0.01)^2+\frac{0.02\times0.06^3}{12}+0.02\times0.06\times(0.05-0.02)^2$$
$$=1.36\times10^{-6}(\text{m}^4)$$

（2）计算正应力。

梁的弯矩图如图 6-8（b）所示。

对于点 1：

$$\sigma_1=\frac{M_{\max}}{I_z}y_1=\frac{4\times10^3}{1.36\times10^{-6}}\times0.03=88.2\times10^6(\text{Pa})\text{，即 }88.2(\text{MPa})(\text{拉})$$

对于点 2：

$$\sigma_2=\frac{M_{\max}}{I_z}y=\frac{4\times10^3}{1.36\times10^{-6}}\times(0.03-0.02)=29.4\times10^6(\text{Pa})\text{，即 }29.4(\text{MPa})(\text{拉})$$

对于点 3：

$$\sigma_3=\frac{M}{I_z}y_2=\frac{4\times10^3}{1.36\times10^{-6}}\times0.05=147\times10^6(\text{Pa})\text{，即 }147(\text{MPa})(\text{压})$$

6.3 弯曲切应力

横力弯曲时，梁横截面上不但有弯矩，还有剪力。相应地，梁的横截面上除了有正应力之外，还有切应力。切应力也与截面的形状有关。

6.3.1 矩形截面梁

狭长矩形截面梁如图 6-9（a）所示，y 轴和 z 轴为横截面的对称轴。设截面上的剪力为 F_S，方向沿截面的纵向对称轴 y［图 6-9（b）］。先作以下两个假设：

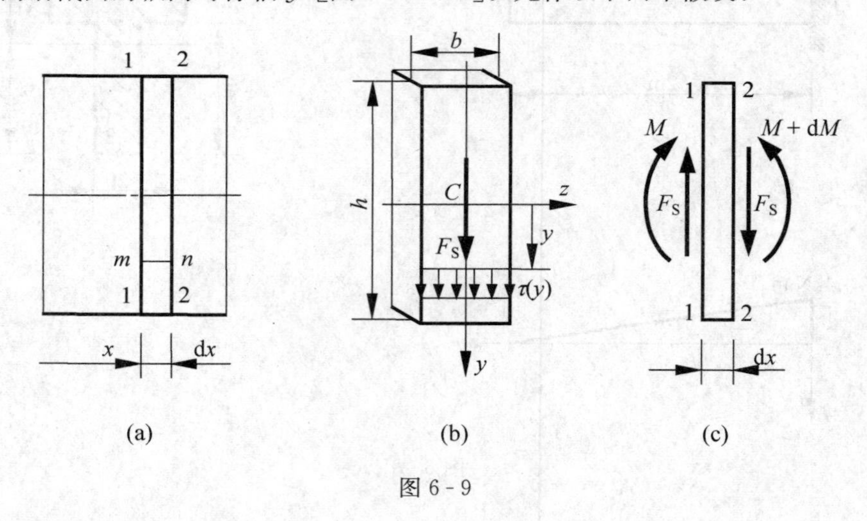

图 6-9

（1）截面上的切应力的指向与剪力的方向一致；

（2）切应力沿横截面的宽度均匀分布。

首先，截面上的切应力的指向与剪力的方向一致。这是因为：在横截面两侧边缘的各点处，如果切应力不与边缘平行，则可将其分解为垂直于截面边缘和平行于截面边缘的分量。由切应力互等定理，梁的侧表面上必然有与垂直于边缘切应力垂直的切应力，但对于自由表面，这是不可能的。由对称性，y 轴各点处的切应力必然与剪力方向一致。

其次，对于较狭长的矩形截面，沿宽度方向，切应力的大小和方向将不会有较大的变化，也就是可假设弯曲切应力沿截面的宽度均匀分布。

所以，y 坐标相同的各点，弯曲切应力大小和方向相同。下面根据以上假设，推导弯曲切应力公式。

在梁中取一微段 dx ［图 6-10（a）］，微段横截面的内力如图 6-9（c）所示，对应的正应力及切应力如图 6-10（a）所示。设横截面上距中性轴为 y 处的切应力为 $\tau(y)$，在该处用与中性层平行的纵向截面 mn 将微段截为两部分［图 6-9（a）、6-10（a）］，可以取微段下部分微元作为研究对象［图 6-10（b）、图 6-10（c）］。设所取微元两侧面的面积为 ω，由微内力 σdA 组成的内力系的合力分别为 F_{N1} 和 F_{N2}［图 6-10（b）］。因为两侧面的弯矩不等，F_{N1} 和 F_{N2} 也不相等。在所取微元的顶面上，存在与 $\tau(y)$ 相等的切应力 τ'，设与切应力 τ' 对应的微内力系的合力为 dF'_S。由微元平衡方程 $\Sigma F_x = 0$ 可得

$$F_{N2} - F_{N1} - dF'_S = 0 \tag{a}$$

式中

$$dF'_S = \tau' b\,dx \tag{b}$$

$$F_{N1} = \int_\omega \sigma dA = \int_\omega \frac{M}{I_z} y^* \, dA \tag{c}$$

$$F_{N2} = \int_\omega \sigma dA = \int_\omega \frac{M + dM}{I_z} y^* \, dA \tag{d}$$

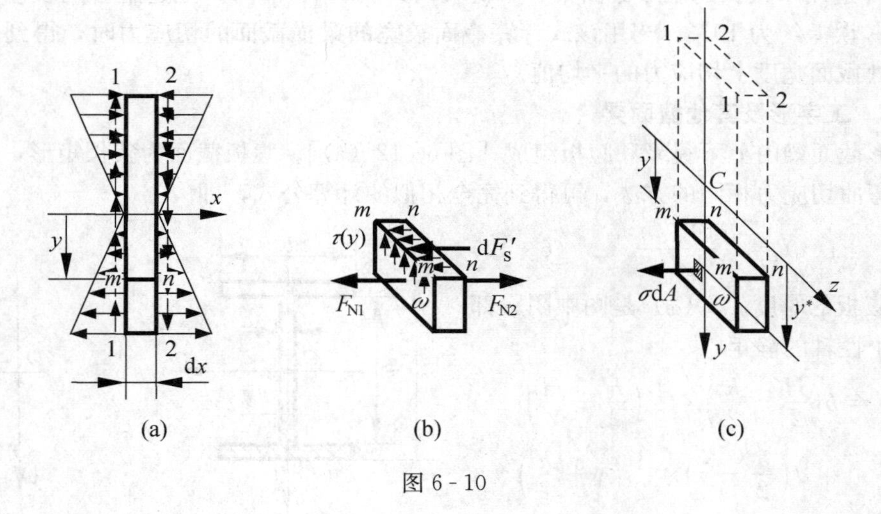

图 6-10

将式（b）减去式（d）后代入式（a）可得

$$\tau' = \frac{dM}{dx} \times \frac{S_z(\omega)}{I_z b} \tag{e}$$

其中

$$S_z(\omega) = \int_\omega y^* \, dA \tag{f}$$

是所取微元侧面对横截面中性轴的静矩。由式（4-2），$dM/dx = F_S$，且有 $\tau' = \tau(y)$，代入式（e）得

$$\tau(y) = \frac{F_S S_z(\omega)}{I_z b} \tag{6-8}$$

矩形截面对中性轴 z 的惯性矩 I_z 为

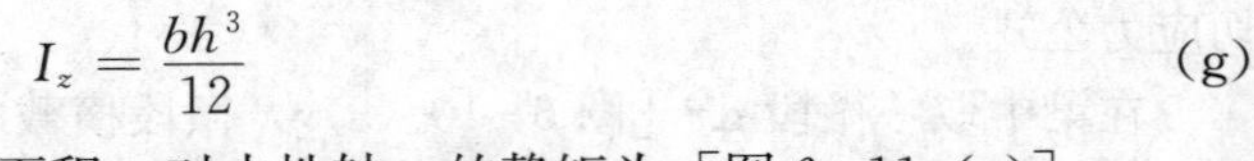

$$I_z = \frac{bh^3}{12} \tag{g}$$

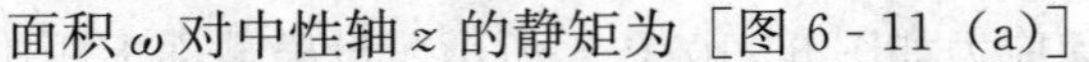

面积 ω 对中性轴 z 的静矩为［图 6-11（a)］

$$S_z(\omega) = \frac{b}{2}\left(\frac{h^2}{4} - y^2\right) \tag{h}$$

将式（g）和式（h）代入式（6-8），得

$$\tau(y) = \frac{3F_S}{2bh}\left(1 - \frac{4y^2}{h^2}\right) \tag{i}$$

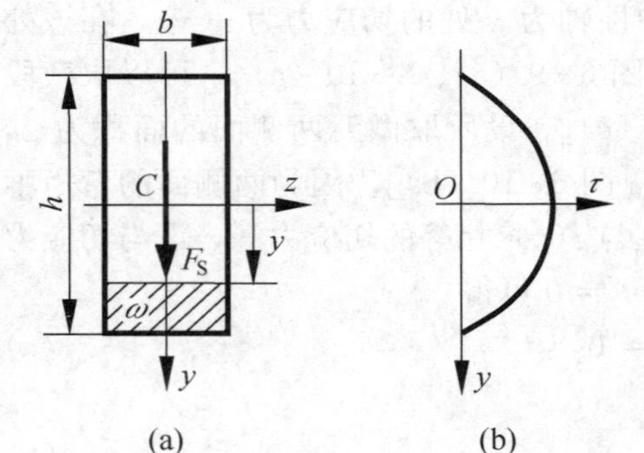

图 6-11

可见，弯曲切应力沿横截面高度方向呈抛物线分布［图 6-11（b)］。在横截面距中性轴最远处，切应力为零；在中性轴处，$y=0$，切应力达到最大值，其值为

$$\tau_{\max} = \frac{3}{2} \times \frac{F_S}{bh} = \frac{3}{2} \times \frac{F_S}{A} \tag{6-9}$$

其中，A 为横截面的面积。式（6-9）表明，横截面上的最大切应力是该截面上平均切应力的 1.5 倍。

式（i）适用于狭长的矩形截面梁。分析表明，当 $h/b>2$ 时，上述解答的误差极小，当 $h/b=1$ 时，误差约为 10%。当用该式计算截面较宽的梁横截面的切应力时，得到的是距中性轴为 y 处截面宽度上切应力的平均值。

6.3.2 工字形及其他截面梁

工字形截面梁由上下翼缘和腹板组成［图 6-12（a)］。腹板截面为狭长矩形，用推导矩形截面梁弯曲切应力相同的方法，可得到完全相似的计算公式，即

$$\tau(y) = \frac{F_S S_z(\omega)}{I_z d} \tag{6-10}$$

式中 d 为腹板的厚度。$S_z(\omega)$ 是图中阴影部分面积对中性轴的静矩：

$$\begin{aligned} S_z(\omega) &= b\left(\frac{H}{2} - \frac{h}{2}\right) \times \frac{1}{2}\left(\frac{h}{2} + \frac{H}{2}\right) \\ &\quad + d\left(\frac{h}{2} - y\right) \times \frac{1}{2}\left(y + \frac{h}{2}\right) \\ &= \frac{b}{8}(H^2 - h^2) + \frac{d}{2}\left(\frac{h^2}{4} - y^2\right) \end{aligned}$$

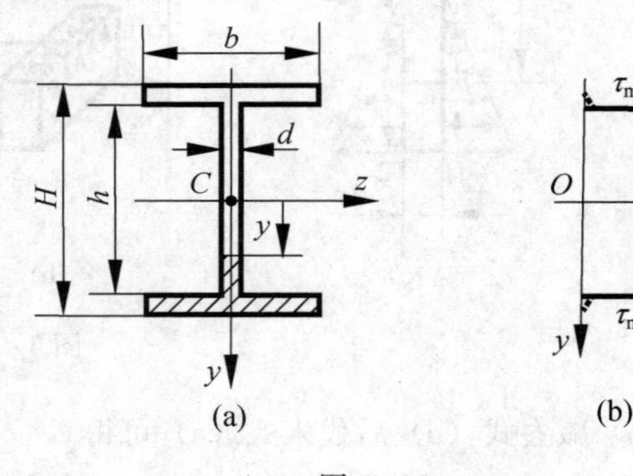

图 6-12

于是

$$\tau = \frac{F_S}{I_z d}\left[\frac{b}{8}(H^2 - h^2) + \frac{d}{2}\left(\frac{h^2}{4} - y^2\right)\right] \tag{j}$$

可见，沿腹板高度，切应力也是按抛物线分布的［图 6-12（b)］。最大和最小切应力分别发生在中性轴上和腹板与翼缘交界处。当 $y=0$ 和 $y=\pm h/2$ 时，腹板中最大和最小切应力分别为

$$\tau_{\max} = \frac{F_S}{I_z d}\left[\frac{bH^2}{8} - (b-d)\frac{h^2}{8}\right]$$

$$\tau_{\min} = \frac{F_S}{I_z d}\left[\frac{bH^2}{8} - \frac{bh^2}{8}\right]$$

由于腹板的宽度 d 远小于翼缘的宽度 b，所以横截面上的切应力数值变化不大。

在翼缘上，也有平行于剪力 F_S 的切应力存在，分布比较复杂，不过数量较小，上下边缘必为零，其平均值如图 6-12（b）所示，一般不进行计算。另外，翼缘上还有平行于其宽度的切应力分量，一般也是次要的。

工字形截面梁腹板承受了主要的切应力，而翼缘由于离中性轴较远，负担了截面上的大部分弯矩。

T 形截面梁也由翼缘和腹板组成，横截面上的弯曲切应力也由式（6-10）计算。最大切应力发生在中性轴 z 上［图 6-13（a）］。

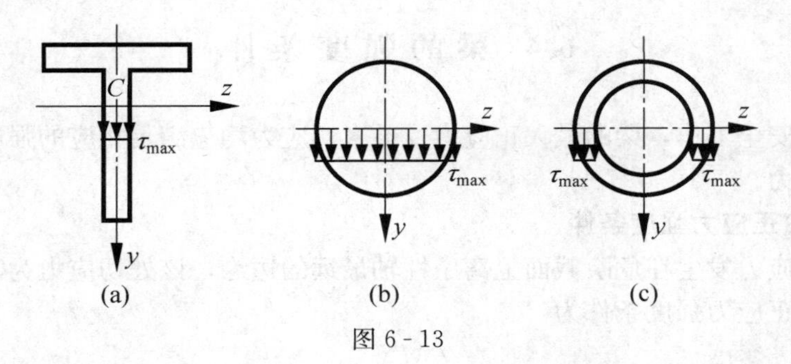

图 6-13

圆形截面梁和圆环形截面梁的最大弯曲切应力公式的推导方法与矩形截面梁类似，最大切应力也发生在截面的中性轴上，并沿中性轴均匀分布［图 6-13（b）］，大小为

$$\tau_{max}=\frac{4}{3}\times\frac{F_S}{A} \tag{6-11}$$

对于薄壁圆环形截面梁，横截面切应力分布如图 6-13（c）所示，最大切应力发生在中性轴上，大小为

$$\tau_{max}=2\frac{F_S}{A} \tag{6-12}$$

以上两式中的 A 均为横截面积。

一般情况下，梁横截面的最大弯曲切应力发生在截面的中性轴上。

例 6-3 求图 6-14 所示梁的最大切应力及最大切应力所在截面点 k 处的切应力。

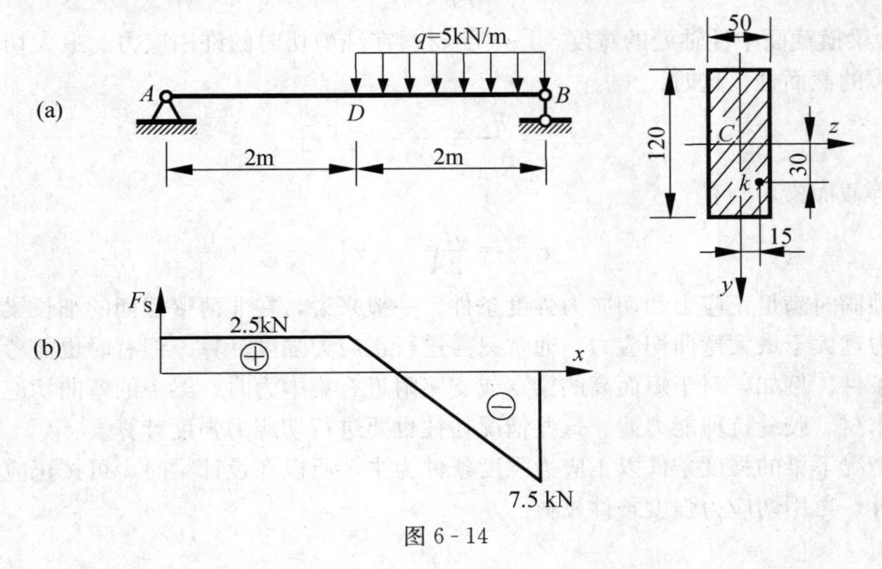

图 6-14

解： 梁的剪力图如图 6-14（b）所示。可见危险截面在 B_-，最大剪力为 7.5kN。

最大弯曲切应力发生在截面 B_- 的中性轴上，其值为

$$\tau_{\max}=\frac{3}{2}\times\frac{F_S}{bh}=\frac{3}{2}\frac{7.5\times10^3}{0.06\times0.12}=1.56\times10^6(\text{Pa}),\text{即}\ 1.56(\text{MPa})$$

k 点处的切应力为

$$\tau_k=\frac{F_S S_z(\omega)}{I_z b}=\frac{7.5\times10^3\times0.06\times0.03\times0.045\times12}{(0.06\times0.12)^3\times0.06}=1.17\times10^6(\text{Pa}),\text{即}\ 1.17(\text{MPa})$$

6.4 梁的强度条件

为使梁能够安全工作，梁的最大正应力及最大切应力均应满足相应的强度条件，应不超过材料的许用应力。

6.4.1 弯曲正应力强度条件

梁的最大正应力发生在危险截面上离中性轴最远的边缘，该处切应力为零，可看作单向受力状态。梁的正应力强度条件为

$$\sigma_{\max}=\left(\frac{M}{W_z}\right)_{\max}\leqslant[\sigma] \tag{6-13}$$

其中 $[\sigma]$ 为材料在单向受力时的许用应力。对于等截面梁，最大正应力发生在弯矩最大的截面处，这时：

$$\sigma_{\max}=\frac{M_{\max}}{W_z}\leqslant[\sigma] \tag{6-14}$$

当材料的许用拉应力 $[\sigma_t]$ 和许用压应力 $[\sigma_c]$ 不相等时，则应分别进行拉应力和压应力的强度计算。

6.4.2 弯曲切应力强度条件

最大弯曲切应力一般发生在横截面的中性轴处，而这里的正应力为零，属于纯剪切状态。梁的切应力强度条件为

$$\tau_{\max}=\left(\frac{F_S S_{z,\max}}{I_z b}\right)_{\max}\leqslant[\tau] \tag{6-15}$$

其中，b 为梁横截面中性轴处的宽度，$[\tau]$ 为材料在纯剪切时的许用应力。最大切应力发生在剪力最大的截面处，这时：

$$\tau_{\max}=\frac{F_{S,\max}S_{z,\max}}{I_z b}\leqslant[\tau] \tag{6-16}$$

对于矩形等截面梁，则有

$$\tau_{\max}=\frac{3F_S}{2A}\leqslant[\tau] \tag{6-17}$$

梁必须同时满足正应力和切应力强度条件。一般来说，在非薄壁截面的细长梁中，最大弯曲正应力远大于最大弯曲切应力，通常只需进行正应力强度计算。但有时也需考虑弯曲切应力强度条件。例如，对于短而高的梁，或支座附近有集中力时，梁中的弯曲切应力相对较大；又如木材、胶缝抗剪能力差。这些情况往往也要进行切应力强度计算。

一般情况下梁的强度条件以正应力强度条件为主，所以在设计梁时，可按正应力强度条件进行设计，再用切应力强度条件校核。

6.4.3　梁强度的合理设计

梁的正应力是影响梁的强度的主要因素，其强度条件为

$$\sigma_{\max}=\left(\frac{M}{W_z}\right)_{\max}\leqslant[\sigma]$$

可见，梁的弯曲正应力强度与弯矩、截面形状与尺寸等有关。为对梁进行合理的设计，可以从以下三方面考虑。

1. 选择合理的截面形状

截面的抗弯截面系数与截面形状有关。例如，面积相同的圆形和正方形的截面，正方形截面的抗弯截面系数大于圆形截面。同样面积的矩形截面，高宽比 h/b 越大，抗弯截面系数越大。实际上，对于矩形截面，梁的中性轴附近应力较小，材料没有被充分利用。如果把这部分材料移到离中性轴较远的截面边缘，就会减小边缘处的应力，从而提高强度。箱形、工字形截面梁中性轴附近的材料较少，上下边缘材料较多，与同样面积的矩形等截面相比，具有较大的抗弯截面系数。

对于工程上常用的抗拉强度小于抗压强度的脆性材料，可采用中性轴偏向受拉一侧的截面形状，如T形、槽型截面，使材料的抗拉和抗压强度得到均衡的发挥。

2. 采用变截面梁

梁的不同截面的弯矩一般是变化的。如果截面不变化，截面尺寸只能按危险截面的最大应力设计，这样非危险截面的尺寸就相对偏大。所以，在进行梁的设计时，使抗弯截面系数随弯矩的大小而变，从而节约材料。横截面沿梁的轴线变化的梁，称为**变截面梁**。若梁的各横截面的最大正应力均相等，这样的梁称为**等强度梁**。设计等强度梁时，可使梁各截面的最大弯曲正应力等于许用应力，即要求

$$\sigma_{\max}=\frac{M(x)}{W_z(x)}=[\sigma]$$

于是得

$$W_z(x)=\frac{M(x)}{[\sigma]}$$

例如，对于图6-15（a）所示的悬臂梁，在自由端作用集中力 F 时，任意截面的弯矩大小为

$$M(x)=Fx$$

如果采用矩形截面的等强度梁，当截面宽度不变时，任意截面的高度为

$$h(x)=\sqrt{\frac{6Fx}{b[\sigma]}}$$

即截面的高度按 $\sqrt{x}$ 规律变化［图6-15（b）］。在集中力作用点附近，弯矩很小，截面尺寸由弯曲切应力强度条件进行决定，即设计成图6-15（b）所示虚线形状。

机械中的阶梯轴、汽车悬架中的钢板弹簧和建筑结构中的鱼腹梁，都是等强度梁设计方法的应用。

3. 改善梁的受力

图6-16所示各梁，它们的跨度和载荷总量相同。在图6-16（b）简支梁上增设辅助梁，集中力 $F=ql$ 分成了两个相等的集中力 $F_1=ql/2$，最大弯矩由图6-16（a）的 $ql^2/4$ 降低为图6-16（b）的 $ql^2/6$。如果 ql 是均匀分布的，最大弯矩为 $ql^2/8$［图6-16（c）］。

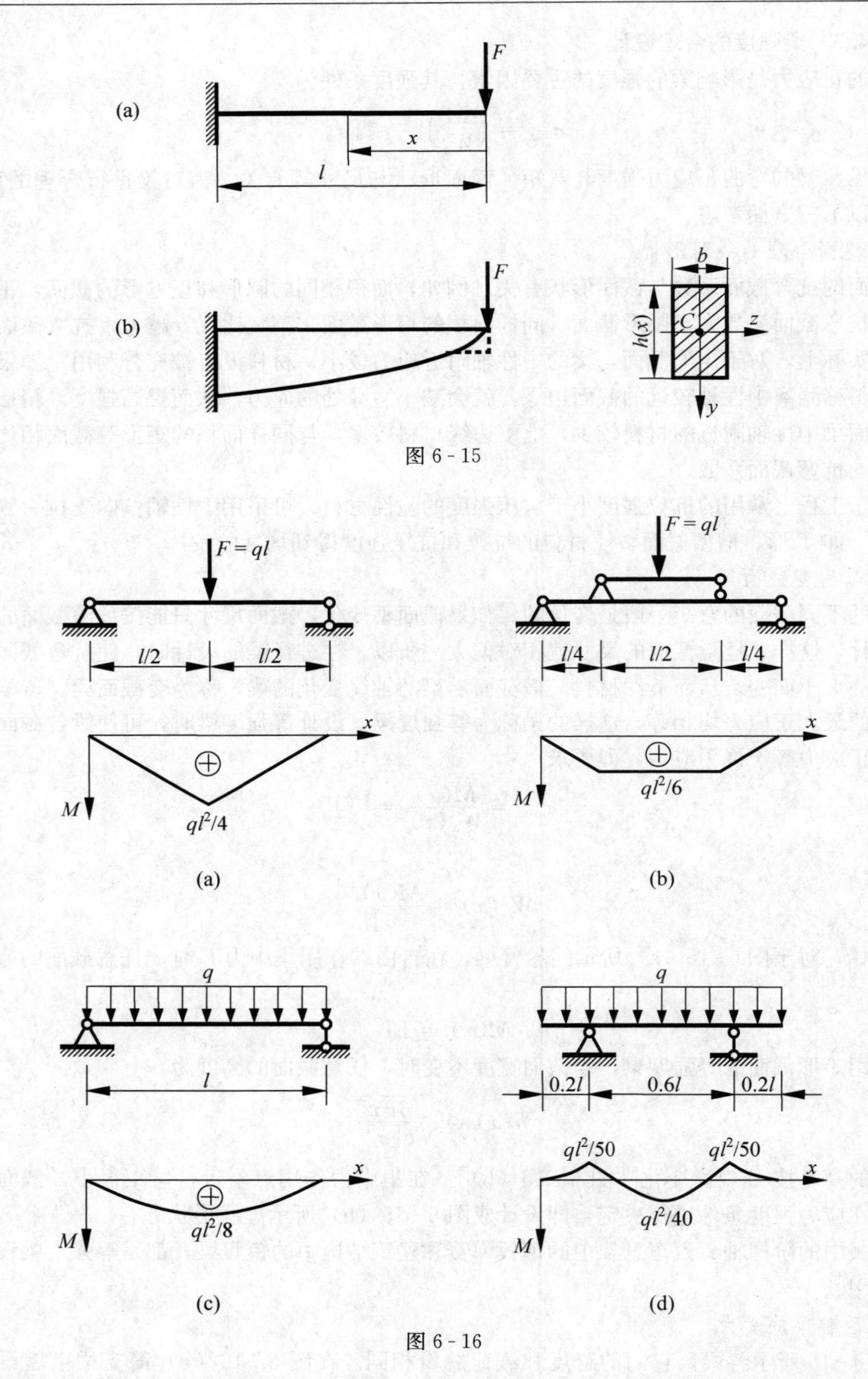

图 6-15

图 6-16

在载荷不变的情况下，改变梁的支持情况，也可减小最大弯矩。把图 6-16（c）所示的梁的支座变为如图 6-16（d）所示的外伸梁，则最大弯矩减小到 $ql^2/40$。

例 6-4 T形截面铸铁梁尺寸如图6-17（a）所示。在截面C和D分别受集中力$F_1=9\text{kN}$和$F_2=4\text{kN}$作用，材料的许用拉应力为$[\sigma_t]=100\text{MPa}$，许用压应力为$[\sigma_c]=200\text{MPa}$。试校核梁的强度。若将该梁上下倒置，梁是否满足强度条件？

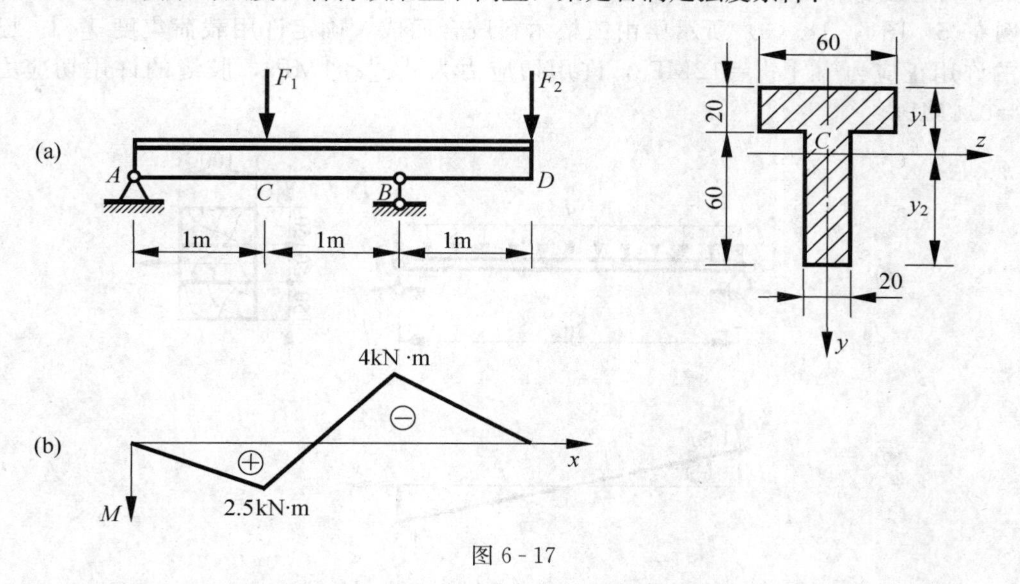

图6-17

解：（1）强度校核。横截面的形心坐标和对中性轴的惯性矩分别为

$$y_1=\frac{60\times 20\times 10+60\times 20\times 50}{2\times 60\times 20}=30(\text{mm})$$

$$y_2=50(\text{mm})$$

$$\begin{aligned}I_z&=\frac{0.06\times 0.02^3}{12}+0.06\times 0.02\,(0.03-0.01)^2\\&\quad+\frac{0.02\times 0.06^3}{12}+0.02\times 0.06\,(0.05-0.03)^2\\&=1.36\times 10^{-6}(\text{m}^4)\end{aligned}$$

由弯矩图［图6-17（b）］和截面情况可知，最大压应力发生在截面B的下边缘；最大拉应力既可能发生在截面C的上边缘，也可能发生在截面C的下边缘。

最大压应力为

$$\sigma_{c,\max}=\frac{M_{\max}}{I_z}y_2=\frac{4\times 10^3\times 0.05}{1.36\times 10^{-6}}=1.47\times 10^8(\text{Pa}),\text{即 }147(\text{MPa})<[\sigma_c]$$

截面B的拉应力为

$$\sigma_{t,\max}=\frac{M_{\max}}{I_z}y_1=\frac{4\times 10^3\times 0.03}{1.36\times 10^{-6}}=8.82\times 10^7(\text{Pa}),\text{即 }88.2(\text{MPa})<[\sigma_t]$$

截面C的拉应力为

$$\sigma_{t,\max}=\frac{M}{I_z}y_2=\frac{2.5\times 10^3\times 0.05}{1.36\times 10^{-6}}=9.19\times 10^7(\text{Pa}),\text{即 }91.9(\text{MPa})<[\sigma_t]$$

梁满足强度条件。

（2）当梁上下倒置时，由以上计算可知，最大压应力发生截面C的下边缘：

$$\sigma_{c,\max}=91.9(\text{MPa})<[\sigma_c]$$

最大拉应力发生在截面 B 的下边缘：

$$\sigma_{t,max} = 147.1(\mathrm{MPa}) > [\sigma_t]$$

所以梁不满足强度条件。

例 6-5 图 6-18（a）所示梁由三根木料胶合而成，确定许用载荷集度 $[q]$。已知木材的许用正应力为 $[\sigma]=12\mathrm{MPa}$，许用切应力为 $[\tau]=1\mathrm{MPa}$，胶缝的许用切应力为 $[\tau_1]=0.5\mathrm{MPa}$。

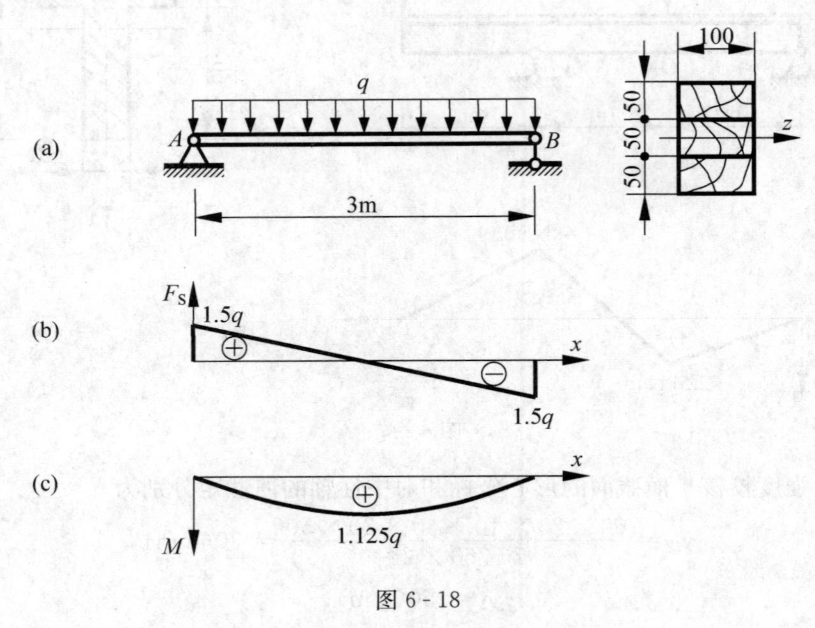

图 6-18

解： 画梁的内力图如图 6-18（b）、图 6-18（c）所示。

（1）按梁的正应力强度条件。由

$$\sigma_{max} = \frac{M_{max}}{W_z} \leqslant [\sigma]$$

$$\frac{1.125q \times 6}{0.1 \times 0.15^2} \leqslant 12 \times 10^6$$

得

$$q \leqslant 4.00 \times 10^3 (\mathrm{N/m})$$

（2）按梁的切应力强度条件。由

$$\tau_{max} = \frac{3}{2}\frac{F_S}{A} \leqslant [\tau]$$

$$\frac{3}{2} \times \frac{1.5q}{0.1 \times 0.15} \leqslant 1 \times 10^6$$

得

$$q \leqslant 6.67 \times 10^3 (\mathrm{N/m})$$

（3）按胶缝的切应力强度条件。由

$$\tau_{胶缝} = \frac{F_S S_z(\omega)}{I_z b} \leqslant [\tau_1]$$

$$\frac{1.5q\times0.1\times0.05\times0.05}{\frac{0.1\times0.15^3}{12}\times0.1}\leqslant0.5\times10^6$$

得

$$q\leqslant3.75\times10^3(\mathrm{N/m})$$

可见，许用载荷集度为

$$[q]=3.75(\mathrm{kN/m})$$

6.5 斜 弯 曲

矩形等截面梁，有两个纵向对称面。当外力的作用面过梁的轴线，但不与纵向对称面重合时，这时梁发生的弯曲是**非对称弯曲**，也称为**斜弯曲**。

图 6-19 所示的矩形截面梁，外力 F 与铅垂方向 y 的夹角为 φ，下面分析该梁的正应力和变形。

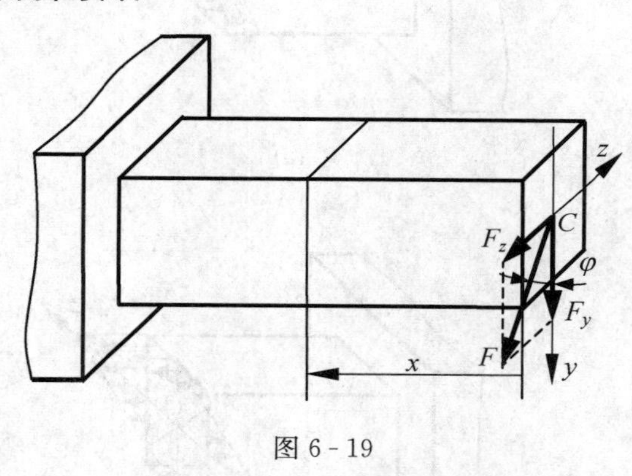

图 6-19

将力 F 分别向对称轴 y 和 z 分解，两个分力分别为

$$F_y=F\cos\varphi,\ F_z=F\sin\varphi$$

这样，力 F 的作用可用两个分力的作用代替，而每个分力单独作用时，梁都将发生对称弯曲，即梁作用 F 时发生的弯曲变形，可以看做是图 6-20（a）、图 6-20（b）中两个对称弯曲的叠加。

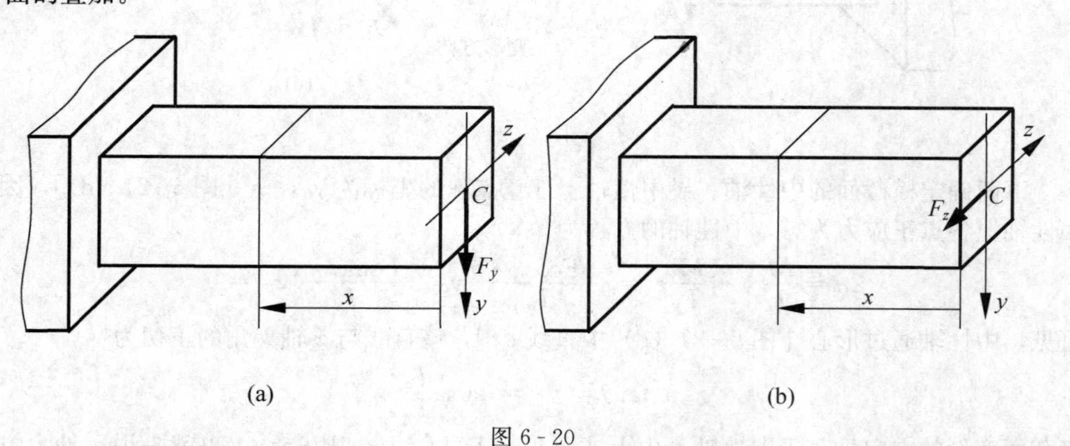

图 6-20

为了直接用坐标计算应力的代数值，这里弯矩的正负规定如下：在坐标为正的点引起拉应力的弯矩为正，反之为负（图 6-21）。图 6-20 的两个梁分别在 F_y 和 F_z 作用下，截面 x 的弯矩分别为

$$M_z=-F_yx$$

$$M_y=F_zx$$

由每一个弯矩产生的横截面上任意点可用式（6-2）计算，横截面应力分布如图6-21（a）、图6-21（b）所示。由于两个弯矩所对应的正应力方向均垂直于横截面，所以在两个弯矩共同作用下的任意点的正应力为

$$\sigma=\frac{M_z}{I_z}y+\frac{M_y}{I_y}z \tag{6-18}$$

其中 y，z 为任意点的坐标，取代数值。横截面上的应力分布如图6-21（c）所示。

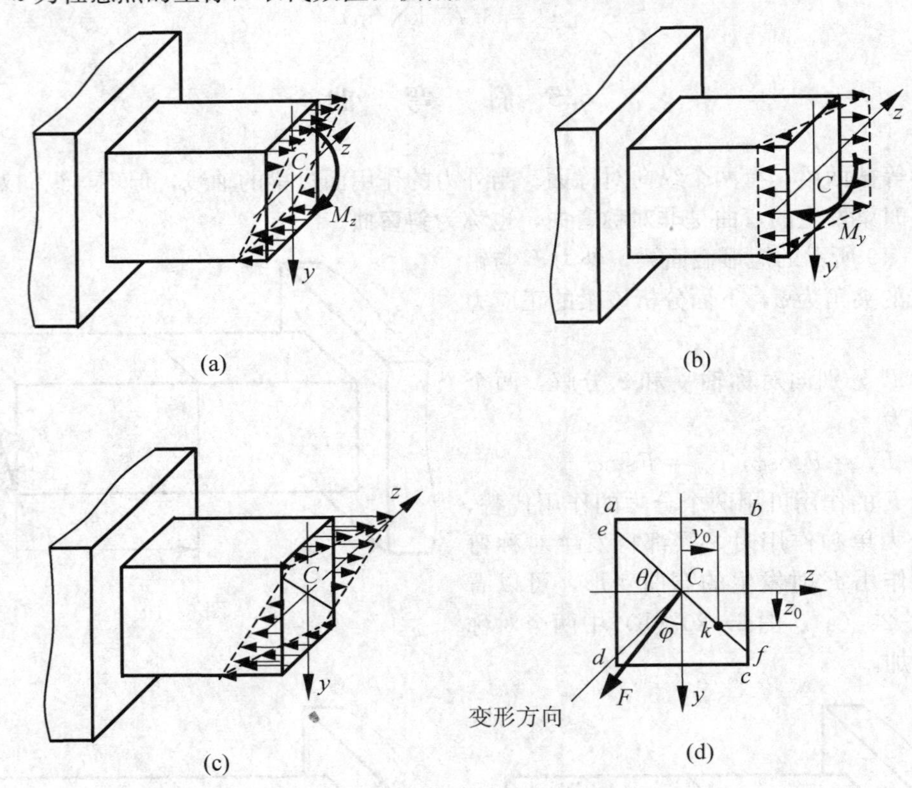

图6-21

下面确定横截面的中性轴。设中性轴上任意点 k 的坐标为 y_0，z_0［图6-21（d）］，因为中性轴上各点正应力为零，中性轴的方程为

$$\sigma=\frac{M_z}{I_z}y+\frac{M_y}{I_y}z=\frac{-F\cos\varphi\cdot x}{I_z}y_0+\frac{F\sin\varphi\cdot x}{I_y}z_0=0$$

可见，中性轴通过形心［图6-21（d）中直线 ef］，该直线与 z 轴夹角的正切为

$$\tan\theta=\frac{y_0}{z_0}=\tan\varphi\frac{I_z}{I_y}$$

横截面变形的方向垂直于中性轴。由上式可见，若 $I_z\neq I_y$，则 $\theta\neq\varphi$。也就是说，外力方向与变形方向不是一个方向，其方向夹角大小为 $\theta-\varphi$。可以证明，对于图6-19所示的悬臂梁，梁变形后，轴线仍为平面曲线，由于与外力不在同一平面内，称为斜弯曲。

斜弯曲时，最大正应力发生在离中性轴最远的横截面边缘处。对于图示矩形截面，最大拉应力和最大压应力分别发生在点 b 和点 d 处［图6-21（d）］，其值均等于

$$\sigma_{\max}=\frac{|M_z|}{W_z}+\frac{|M_y|}{W_y}$$

例 6-6 桥式起重机大梁采用25a工字钢（图6-22)，材料为Q235钢，许用应力 $[\sigma]=160\text{MPa}$。起重机小车行进时，载荷偏离铅垂方向一个角度 φ。若 $\varphi=15°$，$F=18\text{kN}$，不计工字钢自重，校核梁的强度。

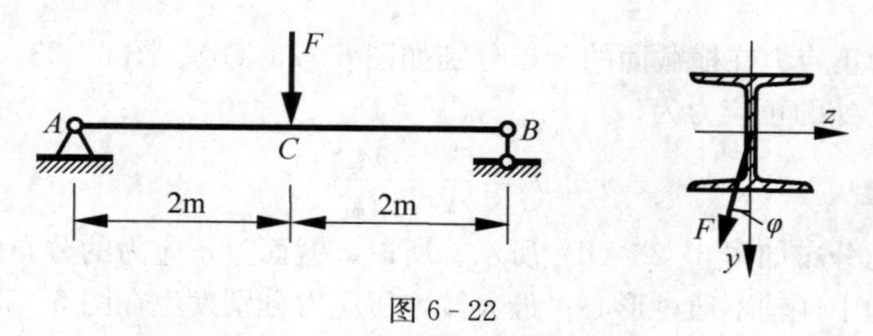

图 6-22

解：当小车位于梁的中点 C 时，梁的最大弯矩最大，其值为

$$M_{\max}=Fl/4=18(\text{kN}\cdot\text{m})$$

力 F 沿 y 轴和 z 轴的分力大小为

$$F_y=F\cos\varphi,\ F_z=F\sin\varphi$$

由力 F_y 引起的中截面的弯矩为

$$M_z=F\cos\varphi\cdot l/4=M_{\max}\cos\varphi=18\cos15°=17.39(\text{kN}\cdot\text{m})$$

由力 F_z 引起的中截面的弯矩为

$$M_y=F\sin\varphi\cdot l/4=M_{\max}\sin\varphi=18\sin15°=4.659(\text{kN}\cdot\text{m})$$

查型钢表（附录Ⅰ）可知，25a工字钢的两个抗弯截面系数分别为（对应图6-22坐标系）

$$W_z=402(\text{cm}^3),\ W_y=48.3(\text{cm}^3)$$

最大拉应力和最大压应力分别发生在截面的左下角和右上角，其数值为

$$\sigma_{\max}=\frac{M_z}{W_z}+\frac{M_y}{W_y}=\frac{17.39\times10^3}{402\times10^{-6}}+\frac{4.659\times10^3}{48.3\times10^{-6}}$$

$$=(43.25+96.45)\times10^6(\text{Pa})，即\ 139.7(\text{MPa})<[\sigma]$$

若载荷 F 不偏离梁的纵向垂直对称面，梁的最大应力为

$$\sigma_{\max}=\frac{M_z}{W_z}=\frac{18\times10^3}{402\times10^{-6}}=44.78\times10^6(\text{Pa})，即\ 44.78(\text{MPa})$$

可见，载荷虽然只偏离了一个较小的角度，而应力却增大到原来的3倍多。这是由于梁截面的抗弯截面系数 W_z 和 W_y 相差较大引起的。

6.6 弯拉压组合

杆件上同时作用有横向力和轴向力时，杆件同时出现弯曲变形与拉伸或压缩变形，称为弯曲与拉伸或压缩的组合变形，即**弯拉压组合变形**。这时，杆件横截面的内力，除了弯矩之外，还有轴力。

6.6.1 弯拉（压）组合变形

图6-23（a）所示矩形截面杆，受横向载荷和 F_1 轴向载荷 F_2 作用，设其均作用在杆的对称面内。在小变形的情况下，可用叠加原理计算梁的内力和应力。任一横截面1—1的轴力、剪力和弯矩分别为：弯矩 $F_{\text{N}}=F_2$，$F_{\text{S}}=F_1$ 和 $M_z=-F_1x$。忽略剪力的影响，由轴力和弯矩产生的截面的坐标为 y 处的正应力分别为

$$\sigma_{\mathrm{N}}=\frac{F_{\mathrm{N}}}{A}$$

$$\sigma_{\mathrm{M}}=\frac{M_z}{I_z}y$$

轴力和弯矩产生的正应力在横截面的分布分别如图 6 - 23（b）、图 6 - 23（c）所示。根据叠加原理，坐标为 y 处的正应力为

$$\sigma=\frac{F_{\mathrm{N}}}{A}+\frac{M_z}{I_z}y \tag{6-19}$$

正应力在横截面的分布如图 6 - 23（d）所示。所以，截面上正应力的分布仍然是线性的。由上式可见，截面的中性轴不通过形心；最大拉、压应力分别发生在图 6 - 23（a）所示截面的上下边缘处。

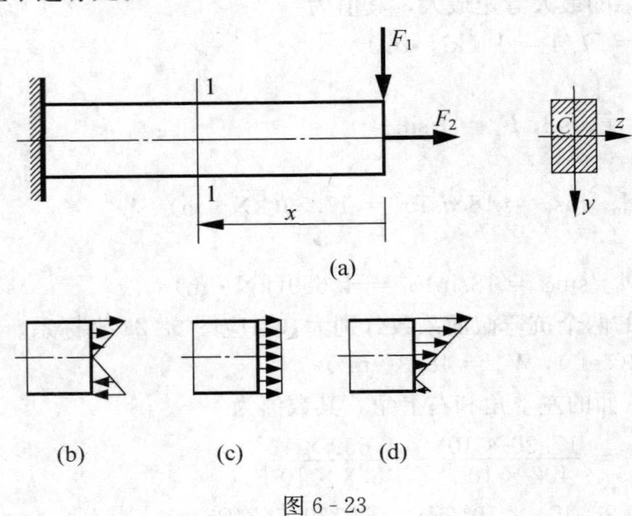

图 6 - 23

当发生弯拉压组合变形的杆件有两个纵向对称面时，且横截面存在平行于该两个对称面的弯矩 M_z 和 M_y 时，截面上任一点的应力为

$$\sigma=\frac{F_{\mathrm{N}}}{A}+\frac{M_z}{I_z}y+\frac{M_y}{I_y}z \tag{6-20}$$

所以，截面的中性轴不通过形心，且不与横截面的对称轴 y，z 平行。最大拉、压应力发生在与中性轴平行且与截面边缘相切的直线的切点处。显然，对于矩形、工字形等截面，危险点发生在角点处。

6.6.2　偏心拉压

当外力平行于杆件轴线、且与杆件轴线不重合时，杆件也发生弯拉压组合变形，这种组合称为**偏心拉压**或分别单独称为**偏心拉伸**或**偏心压缩**。

图 6 - 24（a）所示立柱，受偏心压力 F 作用，偏心距为 e。将力 F 向端面的形心 C 简化，得到轴向压力 F 和外力偶 $M_{ez}=Fe$，任一横截面 1—1 的内力为

$$F_{\mathrm{N}}=-F$$

$$M_z=M_{ez}=Fy$$

可见，内力不随截面位置而变化。由轴力 F_{N} 和弯矩 M 引起的正应力分布如图 6 - 24（b）、图 6 - 24（c）所示。截面上任意点处的应力为

$$\sigma=\frac{F_{\mathrm{N}}}{A}+\frac{M_z}{I_z}y$$

这与式（6 - 19）相同。

当与轴线平行的外力对于形心有两个偏心距时发生的双向偏心拉压，截面正应力的表达式与式（6 - 20）相同。偏心拉压时，中性轴不通过截面形心，且不与横截面的对称轴 y，z 平行。

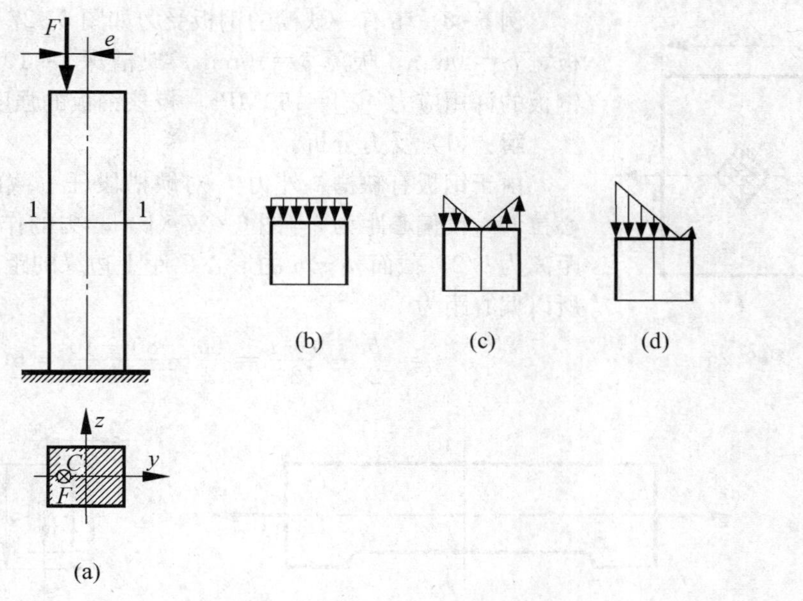

图 6-24

例 6-7 图 6-25 所示立柱受偏心距为 e 的压力 F 作用。若使横截面不出现拉应力，求偏心距 e。

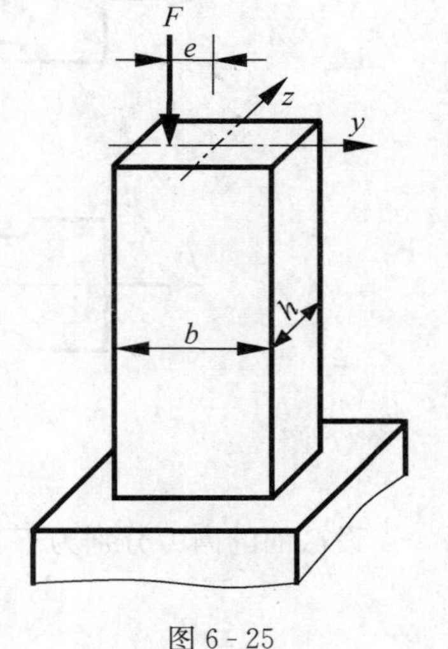

图 6-25

解： 将力 F 向端面形心简化，得到轴向压力 F 和外力偶 $M_{ez}=Fe$。任意截面的内力为

$$F_N = -F$$
$$M_z = Fe$$

弯矩 M_z 在任一截面的右边缘产生拉应力，为使截面不出现拉应力，则右边缘的应力为

$$\sigma = \frac{F_N}{A} + \frac{M_z}{W_z} = \frac{-F}{bh} + \frac{Fe \times 6}{bh^2} \leqslant 0$$

所以

$$e \leqslant \frac{b}{6}$$

即当力 F 的偏心距满足上式时，截面不会出现拉应力。

由对称性，当偏心压力 F 作用在 z 轴时，为使截面不出现拉应力，偏心距应满足

$$e' \leqslant \frac{h}{6}$$

这样，得到了截面上 y，z 轴上的四个点，当偏心压力作用在 y，z 轴上，且位于这四个点之内时，截面不会出现拉应力。用直线将这四个点连接起来，形成一个菱形（图 6-26），只要偏心压力作用在该菱形区域内，任意横截面上就不会出现拉应力，这个区域称为**截面核心**。

砖石、混凝土等脆性材料，耐压不耐拉，应尽量避免截面上出现拉应力，即偏心压力应作用在截面核心之内。

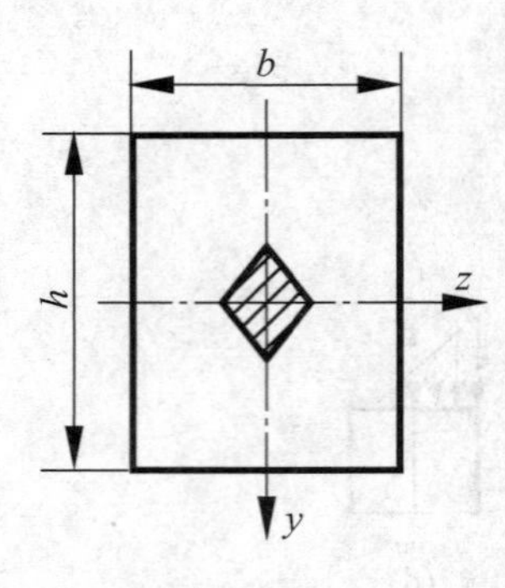

图 6-26

例 6-8 带有一缺槽的钢板受力如图 6-27（a）所示。已知板宽 $b=80\text{mm}$，板厚 $\delta=10\text{mm}$，缺槽深 $t=10\text{mm}$，$F=80\text{kN}$，钢板的许用应力 $[\sigma]=150\text{MPa}$，校核钢板的强度。

解：（1）受力分析。

由于钢板有缺槽，外力 F 对缺槽段任一截面 $m-m$ 形成偏心拉伸，设偏心距为 e［图 6-27（b）］。力的作用线距上边缘的距离为 $b/2$，截面 $m-m$ 的形心 C 距上边缘的距离为（$b-t$）/2，所以偏心距为

$$e=\frac{b}{2}-\frac{b-t}{2}=\frac{80}{2}-\frac{80-10}{2}=5(\text{mm})$$

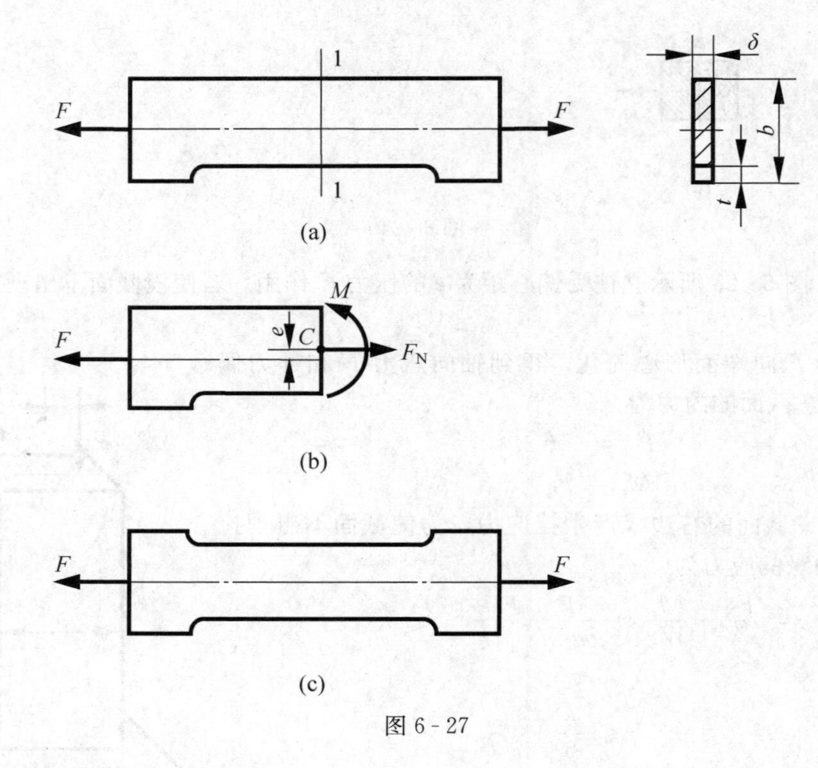

图 6-27

设截面的内力分别为 F_N 和 M。

$$\Sigma F_x=0,\ F_N=F$$
$$\Sigma M_C=0,\ M=Fe$$

（2）应力和强度计算。

在轴力和弯矩的共同作用下，截面 $m-m$ 的下边缘发生最大压应力，其值为

$$\sigma_{\max}=\frac{F_N}{A}+\frac{M}{W_z}=\frac{F}{\delta(b-t)}+\frac{Fe\times 6}{\delta\,(b-t)^2}$$
$$=\frac{80\times 10^3}{0.01\times(0.08-0.01)}+\frac{80\times 10^3\times 0.005}{0.01\times(0.08-0.01)^2/6}$$
$$=114.3\times 10^6+49.0\times 10^6$$
$$=163\times 10^6(\text{Pa})\ 即\ 163(\text{MPa})>[\sigma]=150(\text{MPa})$$

不满足强度条件。

由偏心引起的弯曲应力约占总应力的 30%。如果在杆的另一侧切一个同样尺寸的槽［图 6-27（c）］，杆内的最大应力为

$$\sigma=\frac{F_{\rm N}}{A}=\frac{80\times10^{3}}{0.01(0.08-0.02)}=133\times10^{6}(\rm Pa)<[\sigma]$$

上面的计算表明，偏心载荷将引起较大的弯曲正应力，应尽量避免。

6-1 矩形截面梁如图所示，已知 $l=4$m，$b=8$cm，$h=12$cm，$q=2$kN/m。求危险截面上 a、c 和 d 三点的正应力。

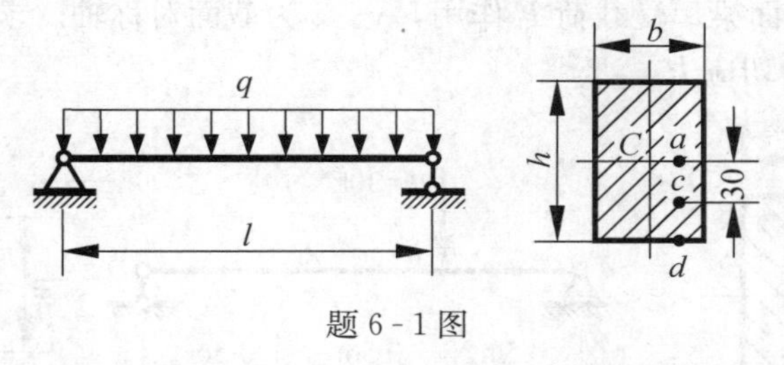

题 6-1 图

6-2 矩形截面梁在外伸端受载荷 $F=1$kN 作用，求梁内的最大正应力。

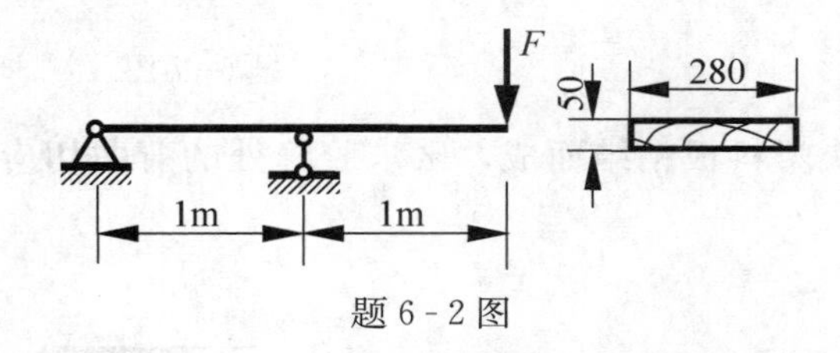

题 6-2 图

6-3 梁由 No20 槽钢制成，受载荷 $F=4$kN 作用，求梁内的最大拉、压应力。

6-4 等边三角形截面梁，边长为 4cm，截面上沿纵向对称面的弯矩为 $M=200$N·m，求横截面上的最大拉、压应力。

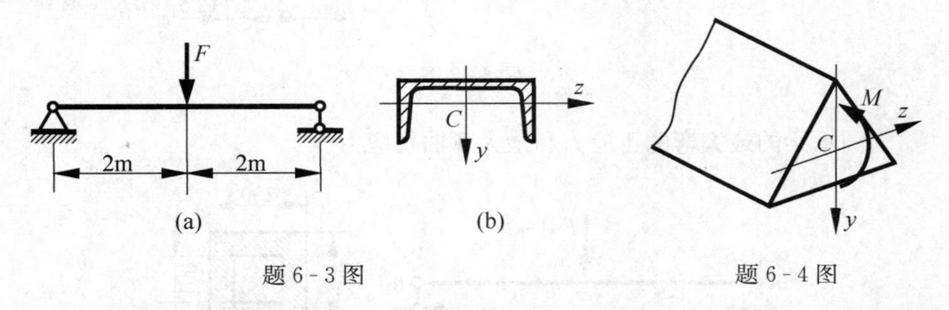

题 6-3 图　　题 6-4 图

6-5 两个简支梁的跨度相同，受均布载荷 q 作用［题图 6-5（a）］，一个是整体截面梁［题图 6-5（b）］，另一个由两根方形截面杆叠置而成，假设重合面之间没有间隙，可以相互无摩擦滑动［题图 6-5（c）］。分别计算二梁中的最大弯曲正应力，并分别画出沿截面高度的正应力分布图。

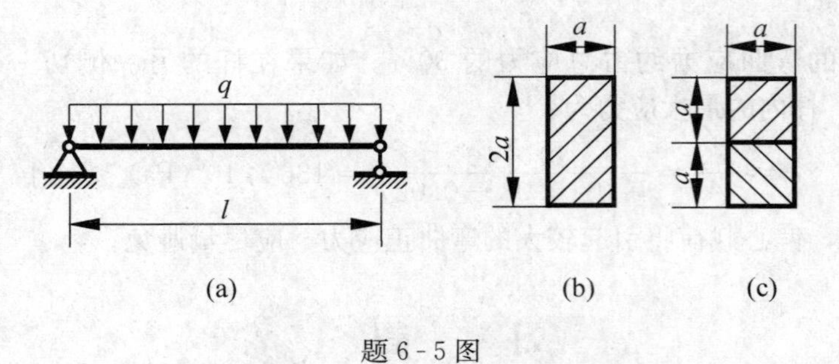

题 6-5 图

6-6　矩形截面梁的截面如图所示。已知截面上的剪力为 $F_S=40$kN，求截面上 a，b 和 c 三点的弯曲切应力。

6-7　图示矩形截面梁，受载荷 F 作用，y、z 为截面对称轴。求截面 C 上 a、b 和 c 三点的弯曲正应力和弯曲切应力。

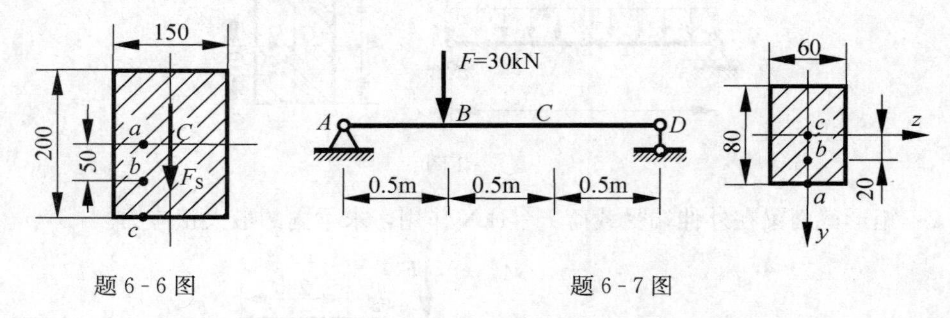

题 6-6 图　　题 6-7 图

6-8　外伸梁由三块塑料板粘结而成，试求胶缝处的弯曲切应力。已知均布载荷 $q=3.5$kN/m。

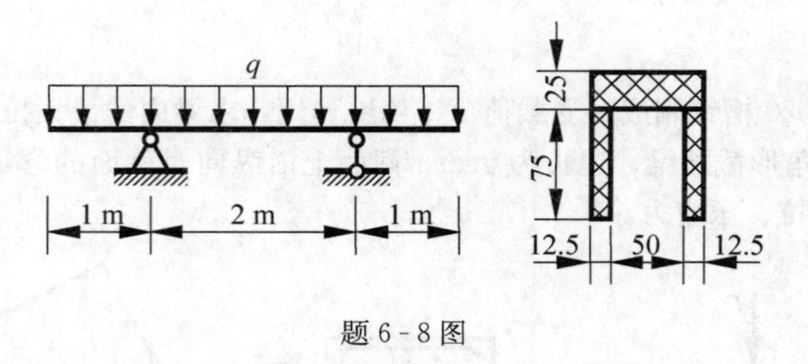

题 6-8 图

6-9　求图示梁的最大弯曲正应力和最大弯曲切应力。

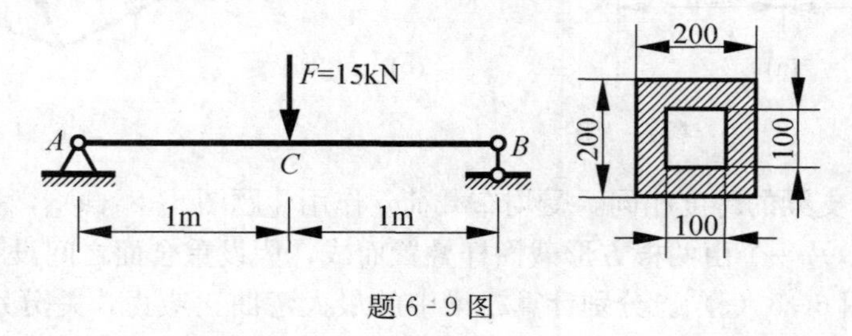

题 6-9 图

6-10 已知图示梁的许用拉应力为 $[\sigma_t]=40\text{MPa}$，许用压应力为 $[\sigma_C]=100\text{MPa}$，截面对形心轴 z_C 的惯性矩为 $I_{zC}=5965\text{cm}$，校核梁的强度。

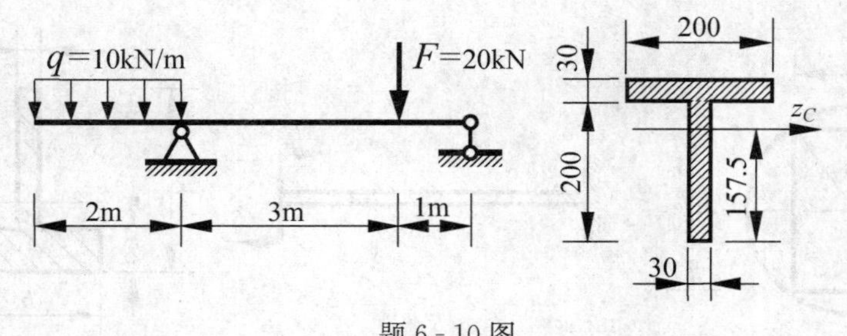

题6-10图

6-11 简支梁由三块尺寸相同的木板胶接而成。已知木材的许用正应力为 $[\sigma]=10\text{MPa}$，许用切应力为 $[\tau]=1.0\text{MPa}$，胶缝的许用切应力为 $[\tau_1]=0.5\text{MPa}$，求许用载荷 $[F]$。

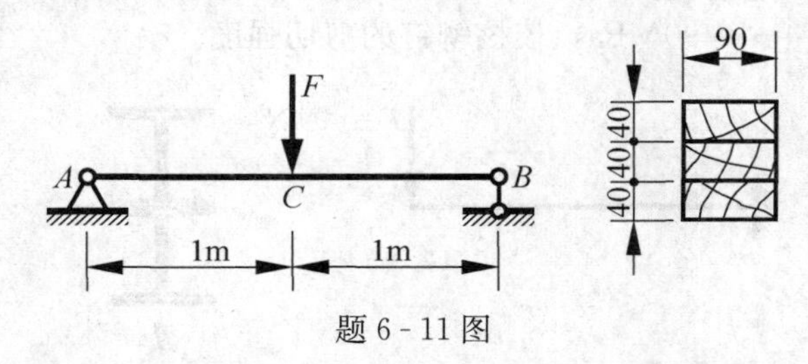

题6-11图

6-12 梁由聚苯乙烯板粘接而成。胶缝处的许用切应力为 $[\tau]=80\text{kPa}$，按胶缝的强度条件求许用载荷 $[F]$。

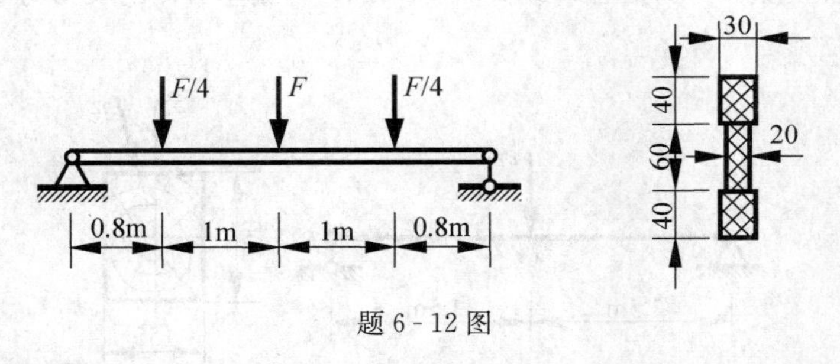

题6-12图

6-13 当外伸长度 a 为何值时，图示梁内的弯曲正应力最大？并求最大正应力的值。

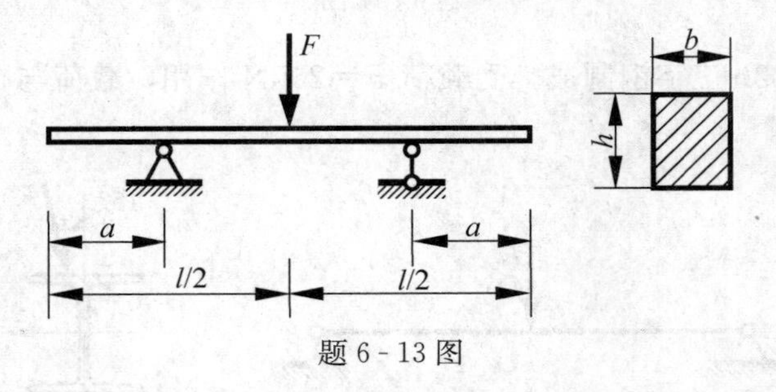

题6-13图

6-14 在直径为 d 的圆木中锯出一矩形截面梁，欲使该梁的弯曲强度最高，求矩形的宽 b 和高 h。

6-15 图示铸铁T形截面梁，材料的许用拉应力与许用压应力之比为$[\sigma_t]/[\sigma_c]=1/3$，求翼缘的合理宽度$b$。

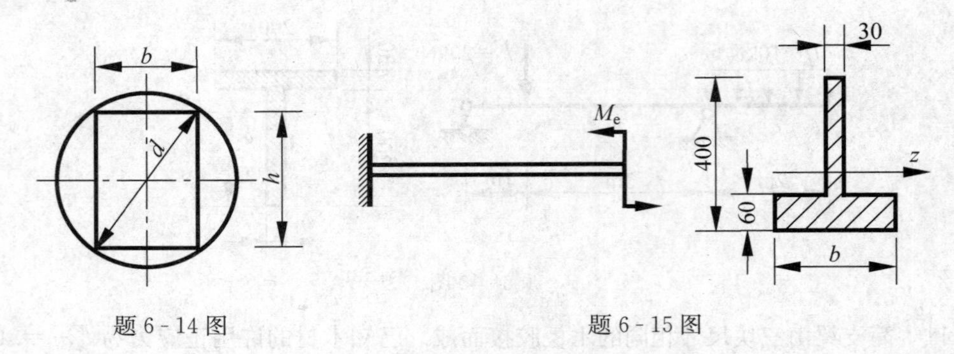

题6-14图　　题6-15图

6-16 梁由两根No32工字钢铆接而成，铆钉的纵向间距为$s=150$mm，直径$d=20$mm，许用切应力为$[\tau]=90$MPa，校核铆钉的剪切强度。

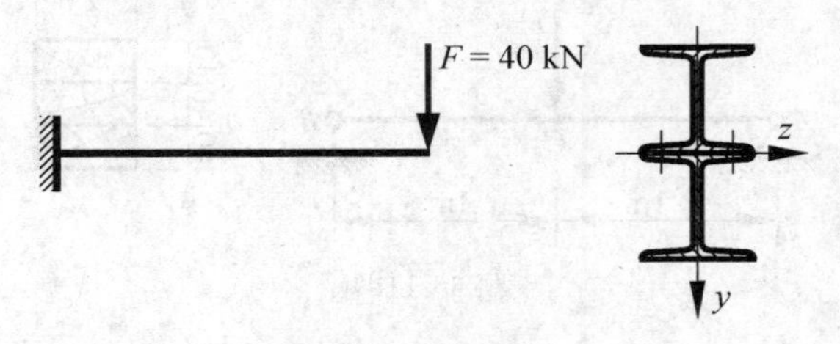

题6-16图

6-17 图示简支梁，C为形心，载荷$F=10$kN，与铅垂方向的夹角为15°。求梁内的最大正应力。

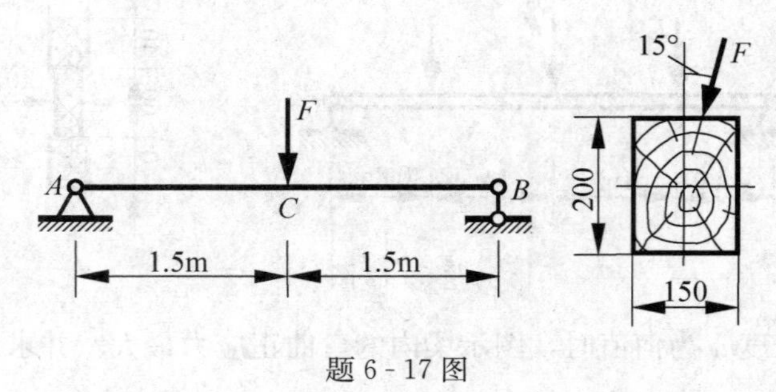

题6-17图

6-18 梁由No22b工字钢制成，受载荷$F=20$kN作用，载荷与铅垂方向夹角为15°，求梁内的最大正应力。

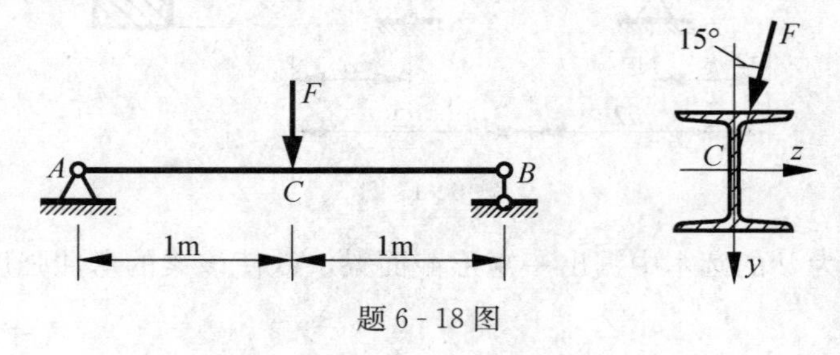

题6-18图

6-19 梁受铅垂载荷 F_1 和水平载荷 F_2 作用。已知 $F_1=0.8\text{kN}$，$F_2=1.6\text{kN}$，求梁的最大正应力。

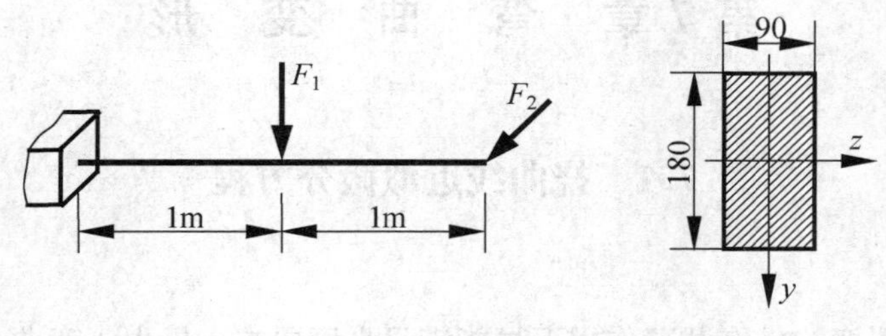

题 6-19 图

6-20 梁受铅垂载荷 F_1 和水平载荷 F_2 作用。已知 $F_1=2\text{kN}$，$F_2=1\text{kN}$，许用应力为 $[\sigma]=160\text{MPa}$，确定截面的直径 d。

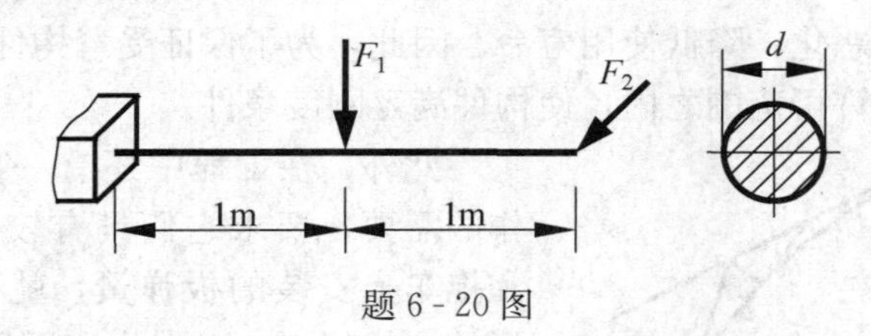

题 6-20 图

6-21 杆受水平拉力 $F=144\text{kN}$ 作用，许用应力为 $[\sigma]=160\text{MPa}$，校核杆的强度。

6-22 折线梁受载荷 $F=8\text{kN}$ 作用，横截面为边长 250mm 的正方形，求梁内的最大正应力。

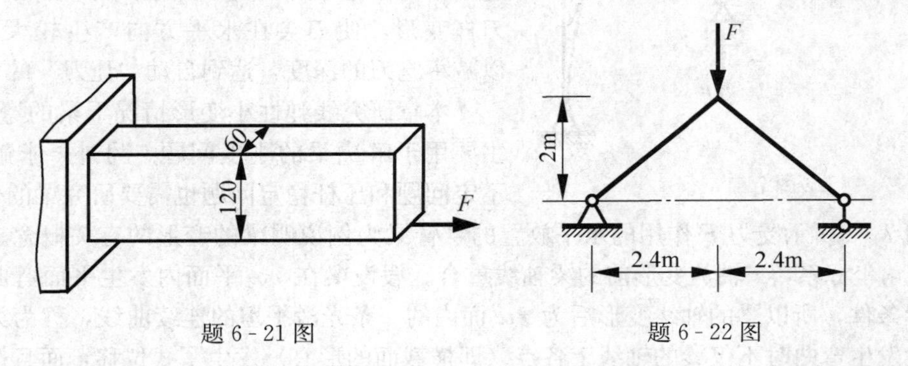

题 6-21 图　　题 6-22 图

6-23 带切槽的矩形截面杆受水平力 F 作用。已知 $F=1\text{kN}$，求杆内的最大正应力。

6-24 矩形截面杆受偏心距为 e 的拉力 F 作用，y、z 为对称轴。测得上下表面的正应变分别为 $\varepsilon_1=1\times10^{-3}$ 和 $\varepsilon_2=4\times10^{-4}$，材料的弹性模量 $E=210\text{GPa}$，求拉力 F 和偏心距 e。

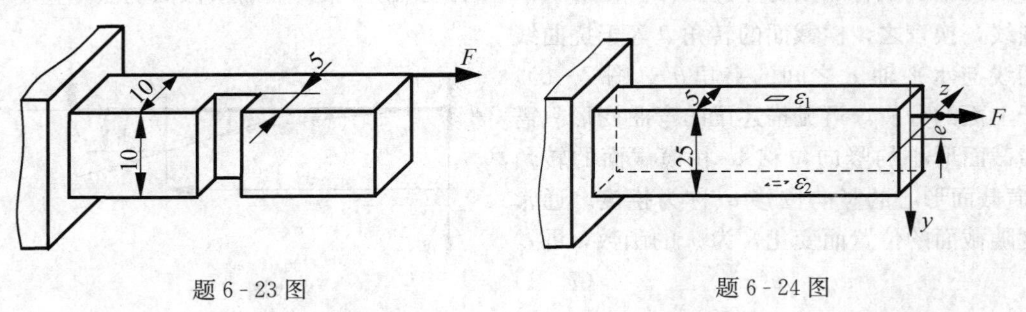

题 6-23 图　　题 6-24 图

第7章 弯 曲 变 形

7.1 挠曲线近似微分方程

7.1.1 引言

在工程中某些受弯构件在载荷作用下虽能满足强度要求，但由于弯曲变形过大，刚度不足，仍不能保证构件正常工作，例如：工厂中常用的吊车（图7-1），当吊车主梁弯曲变形过大时，就会影响小车的正常运行，出现“爬坡”现象；再比如齿轮轴，如果其弯曲变形过大，就会使齿轮啮合力沿齿宽分布不均匀，加速齿轮的磨损，增加运转时的噪声和振动，同时还使轴承的工作条件恶化，降低使用寿命。因此，为了保证受弯构件的正常工作，必须把弯曲变形限制在一定的许可范围之内，使构件满足刚度条件。

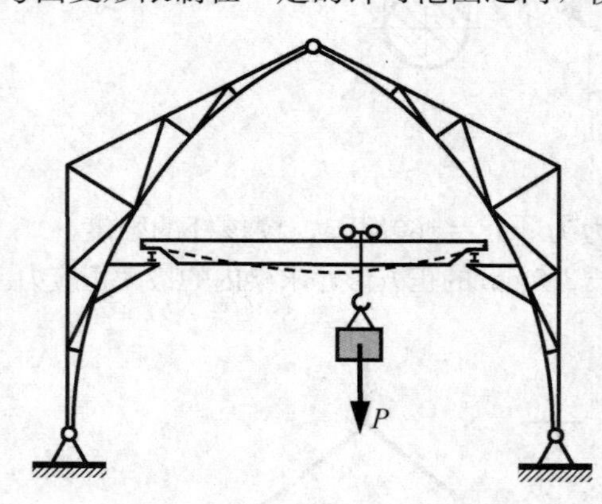

图7-1

此外，在工程中还有一些受弯构件，由于工作的需要，要求它们具有较大的变形，例如汽车和拖车上安装的板弹簧，就是利用其弹性弯曲变形较大的特点，以减小车厢所受到的振动和冲击；又如车床用的切割刀，其头部往往做成弯曲形状，这样在切割过程中当遇到金属中的硬点时，由于刀杆变形，使刀尖在水平方向产生较大的位移，以减小吃刀的深度，达到自动“让刀”的目的。

本章研究线弹性小变形情况下梁的弯曲变形，主要用于解决梁的刚度问题。另外，求解梁的静不定问题和压杆稳定问题也需要研究梁的变形。

以图7-2所示受力F作用的水平放置的悬臂梁为例说明梁的变形的有关概念。首先建立xw直角坐标系，x轴与变形前的梁轴线重合。假设梁在xw平面内发生平面弯曲并且满足小变形条件，所以梁的轴线变形后为xw面内的一条光滑平坦的连续曲线，称为梁的**挠曲线**。当梁发生弯曲时不仅梁的轴线上各点（即横截面的形心）发生了线位移，而且横截面也绕相应的中性轴产生了微小的角位移，简称为**转角**，用θ表示。由于梁在弯曲时长度不变，轴线上各点在x方向也存在线位移。但在小变形条件下，这种水平位移极小，可以忽略不计。因此轴线上各点只有竖向位移。在第6章中曾经指出，梁弯曲后横截面仍然垂直于梁的挠曲线，换言之，横截面的转角θ等于挠曲线的切线与水平轴x之间的夹角θ'（图7-2）。基于上面的分析，可见描述梁的弯曲变形只需要横截面形心的竖向位移w和横截面的转角θ。横截面形心的竖向位移w称为**挠度**。通常挠度随截面的位置而变化，为x的函数，即

$$w = w(x) \tag{7-1}$$

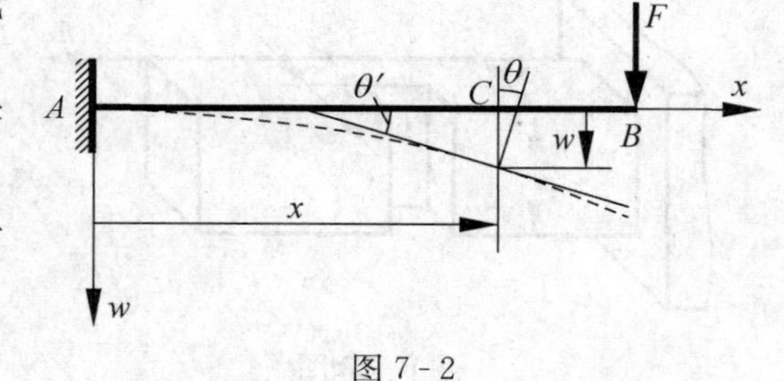

图7-2

称为**挠曲线方程**。

显然，转角也是随截面位置不同而变化的，它也是截面位置 x 的函数，即

$$\theta=\theta(x) \tag{7-2}$$

称为**转角方程**。小变形时转角 θ 是一个很小的量，可近似等于它的正切值，即

$$\theta\approx\tan\theta=\frac{\mathrm{d}w}{\mathrm{d}x}=w'(x) \tag{7-3}$$

式（7-3）表明，在小变形的条件下，转角为挠度的一阶导数。

对于图 7-2 所示坐标系，位于 x 轴下方的挠度为正，从 x 轴顺时针转到挠曲线的切线形成的转角为正，反之为负。图 7-2 所示挠度和转角皆为正值。

7.1.2 梁的挠曲线近似微分方程

梁的变形实际上是微段变形的累加结果。在第 6 章纯弯曲应力公式的推导过程中，得出了梁的任意微段的弯曲变形基本公式：

$$\frac{1}{\rho}=\frac{M}{EI}$$

在忽略剪切变形的情况下，上式也适用于横力弯曲，只是梁横截面的弯矩 M 和相应截面处梁的挠曲线的曲率半径 ρ 均为截面位置 x 的函数，因此，梁的挠曲线的曲率可表为

$$\frac{1}{\rho(x)}=\frac{M(x)}{EI} \tag{a}$$

即梁的任一截面处挠曲线的曲率与该截面上的弯矩成正比，与截面的弯曲刚度 EI 成反比。

另外，由高等数学知，挠曲线 $w=w(x)$ 上任一点的曲率为

$$\frac{1}{\rho(x)}=\pm\frac{w''}{[1+(w')^2]^{\frac{3}{2}}} \tag{b}$$

将式（b）代入式（a），可得

$$\frac{M(x)}{EI}=\pm\frac{w''}{[1+(w')^2]^{\frac{3}{2}}} \tag{c}$$

式（c）称为**挠曲线微分方程**。这是一个二阶非线性微分方程，精确求解是很困难的。在工程中，梁的挠度 w 和转角 θ 往往都很小，θ 值远远小于 1，$(w')^2$ 会更小，可以略去不计，于是，式（c）简化为

$$\frac{M(x)}{EI}=\pm w'' \tag{d}$$

根据弯矩 M 的正负符号规定，当梁的弯矩 $M>0$ 时，梁的挠曲线为凹曲线（向下凸），在图 7-3 所示坐标系中，挠曲线的二阶导函数值 $w''<0$；反之，当梁的弯矩 $M<0$ 时，挠曲线为凸曲线（向上凸），$w''>0$。可见，梁上的弯矩 M 与挠曲线的二阶导数 w'' 符号相反。所以，式（d）的右端应取负号，即

$$w''=-\frac{M(x)}{EI} \tag{7-4}$$

式（7-4）称为**梁挠曲线近似微分方程**。虽然其结果是近似的，但实践表明，对于大多数工程实际问题来说是能够满足精度要求的。式（7-4）适用于小变形线弹性材料，因为式（a）的得出，使用了胡克（Hooke）定律。

在机械行业，通常规定挠度 w 向上为正，这时，转角逆时针转为正。在此情况下，挠

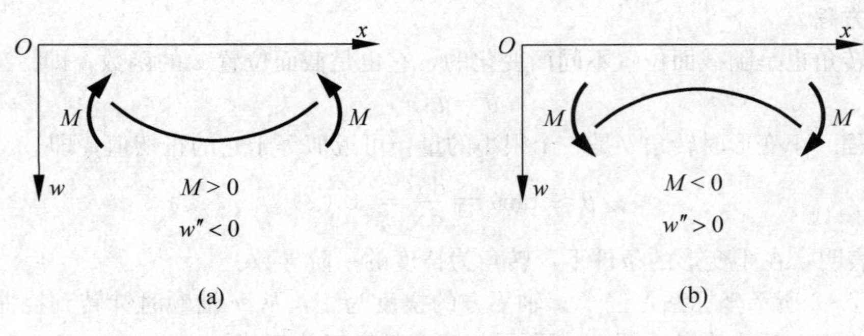

图 7-3

曲线近似微分方程为

$$w'' = \frac{M(x)}{EI} \tag{7-5}$$

7.2 积　分　法

梁的挠曲线近似微分方程可用直接积分的方法求解。将挠曲线近似微分方程（7-4）积分，可得梁的转角方程为

$$\theta(x) = w' = \int \frac{M(x)}{EI}\mathrm{d}x + C \tag{7-6}$$

再积分一次，即可得梁的挠曲线方程

$$w(x) = \int\left[\int \frac{M(x)}{EI}\mathrm{d}x\right]\mathrm{d}x + Cx + D \tag{7-7}$$

式（7-7）中，当 EI 等于常量时，可以把 EI 移到积分号外边；C 和 D 为积分常数，它们可由梁位移**边界条件**和变形**连续条件**来确定。边界条件是梁在某截面处的已知位移，例如，梁在固定端处的转角和挠度都等于零；在铰支座处的挠度等于零。连续条件是指在两段梁的交界面两侧，位移相等的条件，例如，在集中载荷作用处、连续梁的铰支座处，截面两侧转角和挠度相等；在连续梁的中间铰处，截面两侧的挠度相等。

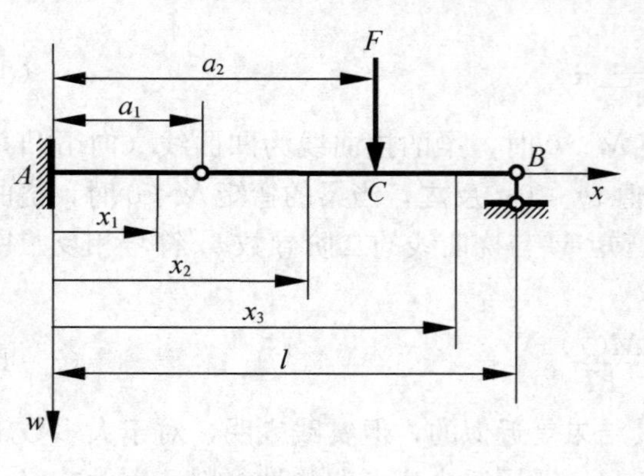

图 7-4

对图 7-4 所示的带有附属梁的悬臂梁，其边界条件和连续条件分别为

（1）边界条件（支承条件）。

固定端：

$$w_1(x_1 = 0) = 0,\ \theta_1(x_1 = 0) = 0$$

铰支座（固定铰支座和滑动铰支座）：

$$w_3(x_3 = l) = 0$$

（2）连续条件。

在铰接 B 处，有

$$w_1(x_1 = a_1) = w_2(x_2 = a_1)$$

在集中力处，有

$$w_2(x_2 = a_2) = w_3(x_3 = a_2),\ \theta_2(x_2 = a_2) = \theta(x_3 = a_2)$$

上述连续条件也可表示为

$$w_{C_-}=w_{C_+} \text{ 和 } \theta_{C_-}=\theta_{C_+}$$

例 7-1 求图 7-5 所示梁的转角和挠度方程，并计算最大转角和挠度。

解：弯矩方程为

$$M(x)=-F(l-x)=F(x-l)$$

建立挠曲线近似微分方程分并积分：

$$EIw''=-M(x)=-F(x-l)$$

$$EIw'=EI\theta=-\frac{1}{2}F(x-l)^2+C \qquad \text{(a)}$$

$$EIw=-\frac{1}{6}F(x-l)^3+Cx+D \qquad \text{(b)}$$

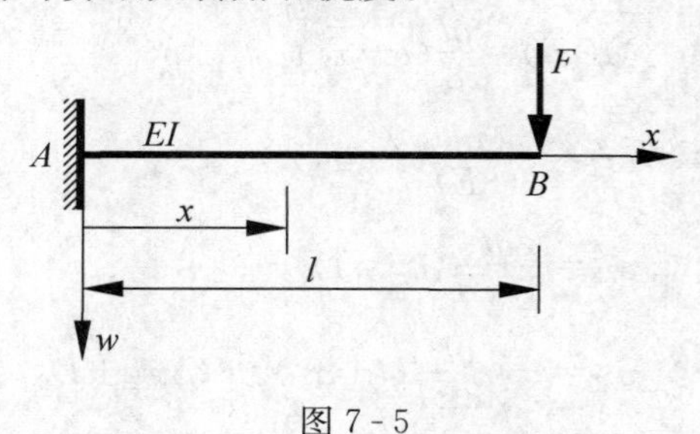

图 7-5

将边界条件

$$x=0 \text{ 时}，\theta=0，w=0$$

代入式（a）和式（b）得

$$C=\frac{1}{2}Fl^2，D=-\frac{1}{6}Fl^3$$

把常数 C 和 D 代入式（a）和式（b），整理得转角和挠度方程为

$$\theta=-\frac{F}{2EI}(x^2-2lx) \qquad \text{(c)}$$

$$w=-\frac{F}{6EI}(x^3-3lx^2) \qquad \text{(d)}$$

根据梁的变形曲线的形状知梁的最大转角和挠度在 $x=l$ 处。将 $x=l$ 代入式（c）和式（d），即得梁的最大转角和挠度分别为

$$\theta_{\max}=\frac{Fl^2}{2EI}，w_{\max}=\frac{Fl^3}{3EI}$$

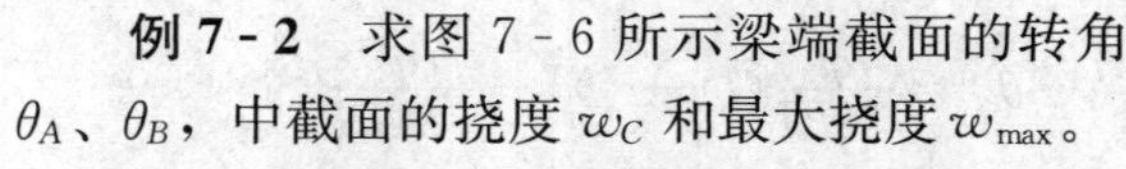

例 7-2 求图 7-6 所示梁端截面的转角 θ_A、θ_B，中截面的挠度 w_C 和最大挠度 $w_{\max}$。

解：由平衡条件求得梁 AB 两端的约束力为

$$F_A=\frac{3ql}{8}，F_B=\frac{ql}{8}$$

由于 AC 和 CB 段的弯矩方程不同，因此应分段建立挠曲线近似微分方程，并分别进行积分，结果如下：

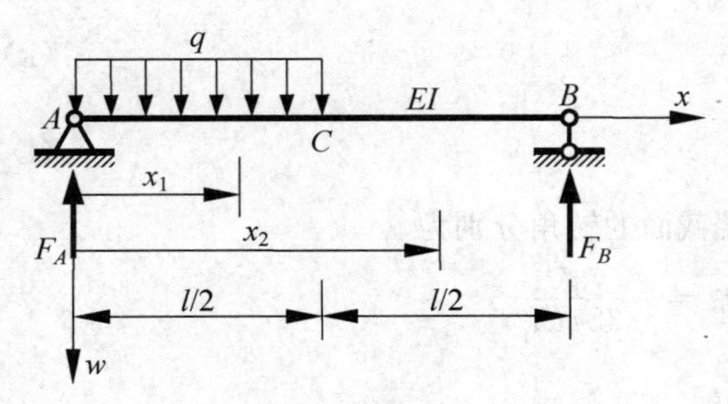

图 7-6

（1）AC 段（$0\leqslant x_1\leqslant a$）

$$M(x_1)=\frac{3qlx_1}{8}-\frac{qx_1^2}{2}$$

$$w_1''=\frac{1}{EI}\left(\frac{qx_1^2}{2}-\frac{3qlx_1}{8}\right)$$

$$w_1'=\frac{1}{EI}\left(\frac{qx_1^3}{6}-\frac{3qlx_1^2}{16}\right)+C_1 \qquad \text{(e)}$$

$$w_1=\frac{1}{EI}\left(\frac{qx_1^4}{24}-\frac{qlx_1^3}{16}\right)+C_1x_1+D_1 \tag{f}$$

（2）CB 段（$a\leqslant x_2\leqslant l$）

$$M(x_2)=\frac{ql}{8}(l-x_2)$$

$$w_2''=-\frac{ql}{8EI}(l-x_2)$$

$$w_2'=\frac{ql}{16EI}(l-x_2^2)^2+C_2 \tag{g}$$

$$w_2=-\frac{ql}{48EI}(l-x_2)^3+C_2x_2+D_2 \tag{h}$$

挠曲线在截面 C 的连续条件为

$$\theta_1\left(\frac{l}{2}\right)=\theta_2\left(\frac{l}{2}\right),\ w_1\left(\frac{l}{2}\right)=w_2\left(\frac{l}{2}\right)$$

梁在 A、B 两端的边界条件为

$$w_1(0)=0,\ w_2(l)=0$$

将边界和连续条件代入式（e）、式（f）解得积分常数为

$$C_1=\frac{3ql^3}{128EI},\ C_2=-\frac{7ql^3}{384EI},\ D_1=0,\ D_2=\frac{7ql^4}{384EI}$$

将积分常数代入式（e）、式（f）并整理，得转角和挠度方程如下：

（1）AC 段（$0\leqslant x_1\leqslant a$）

$$\theta_1=\frac{1}{EI}\left(\frac{qx_1^3}{6}-\frac{3qlx_1^2}{16}+\frac{3ql^3}{128}\right) \tag{i}$$

$$w_1=\frac{1}{EI}\left(\frac{qx_1^4}{24}-\frac{qlx_1^3}{16}+\frac{3ql^3x_1}{128}\right) \tag{j}$$

（2）CB 段（$a\leqslant x_2\leqslant l$）

$$\theta_2=\frac{ql}{16EI}(l-x_2^2)^2-\frac{7ql^3}{384EI} \tag{k}$$

$$w_2=-\frac{ql}{48EI}(l-x_2)^3-\frac{7ql^3x_2}{384EI}+\frac{7ql^4}{384EI} \tag{l}$$

将 $x=0$，$x=l$ 分别代入式（i）和式（k），得端截面的转角分别为

$$\theta_A=\frac{3ql^3}{128EI},\ \theta_B=-\frac{7ql^3}{384EI}$$

将 $x_1=\frac{l}{2}$ 代入式（j），得到中截面的挠度为

$$w_C=\frac{5ql^4}{768EI}=0.006\ 51\frac{ql^4}{EI}$$

最大挠度发生在 AC 段。当 $w_1'=0$ 时，挠度最大，这时

$$\frac{1}{EI}\left(\frac{qx_1^3}{6}-\frac{3qlx_1^2}{16}+\frac{3ql^3}{128}\right)=0$$

$$x_1=\left(1-\sqrt{\frac{7}{24}}\right)l=0.460l$$

代入式（j）得

$$w_{\max}=0.00656\frac{ql^4}{EI}$$

可见，中截面的挠度与最大挠度相差很小。

7.3 叠 加 法

7.3.1 载荷叠加法

积分法是求解梁变形的基本方法，此方法的优点是可以求任意截面的转角和挠度。但当梁分段较多时，计算量非常大；抑或当梁上同时作用若干个载荷，而且只需要求出某些特定截面（如挠度为最大，或转角为最大的截面）的转角和挠度时，积分法就显得繁琐。如果梁发生的是小变形，且材料为线弹性时，梁的转角和挠度与载荷之间呈线性关系，这时，用**叠加法**求解梁的位移就简便得多。

比如图 7 - 7 所示梁的弯矩方程可写为

$$M=Fx+\frac{1}{2}qx^2=M_F+M_q$$

则方程（7 - 4）可写为

$$w''=-\frac{1}{EI}(M_F+M_q)$$

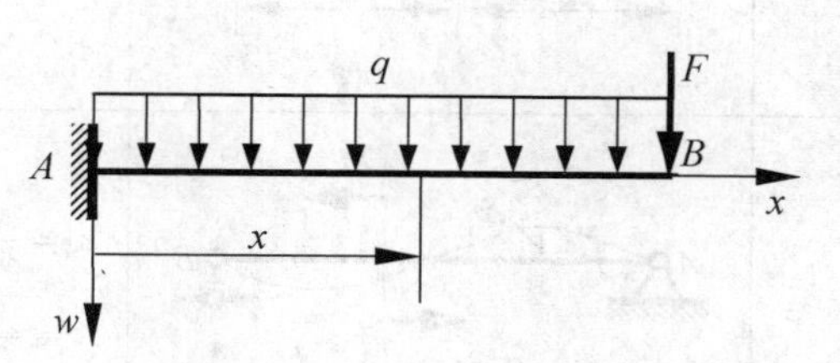

图 7 - 7

该式为 F 和 q 的线性微分方程。因此，其解为 F 和 q 单独作用时挠曲线微分方程解的线性组合，与 F 和 q 呈线性关系，可写为

$$w=w_F+w_q$$

这一结论显然对多个载荷作用的情况也成立。因此，当梁上有几个载荷共同作用时，可以分别计算梁在每个载荷单独作用时的变形，然后进行叠加，即可求得梁在几个载荷共同作用时的总变形。

通常把简支梁和悬臂梁在简单载荷作用下的转角和挠度方程以及典型截面的转角和挠度制成表，用叠加法求弯曲变形时，可直接使用表中的结果，得到复杂载荷作用下梁的转角和挠度。表 7 - 1 列出了几种简单梁的转角和挠度。

表 7 - 1 简单梁的转角和挠度

序号	梁的简图	挠曲线方程	转角和挠度
1	A B M_e l	$w=\frac{M_e x^2}{2EI}$	$\theta_B=\frac{M_e l}{EI}$ $w_B=\frac{M_e l^2}{2EI}$
2	A B F l	$w=\frac{Fx^2}{6EI}(3l-x)$	$\theta_B=\frac{Fl^2}{2EI}$ $w_B=\frac{Fl^3}{3EI}$

续表

序号	梁的简图	挠曲线方程	转角和挠度
3	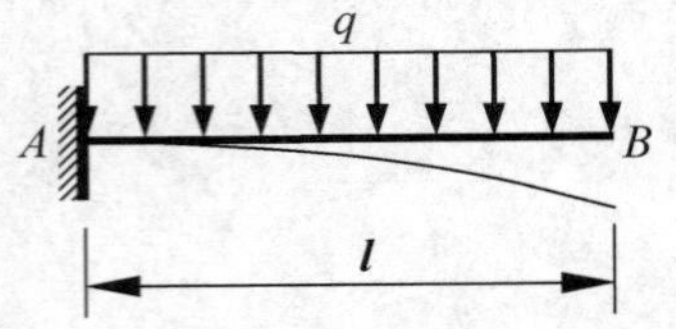	$w=\frac{qx^2}{24EI}(x^2-4lx+6l^2)$	$\theta_B=\frac{ql^3}{6EI}$ $w_B=\frac{ql^4}{8EI}$
4	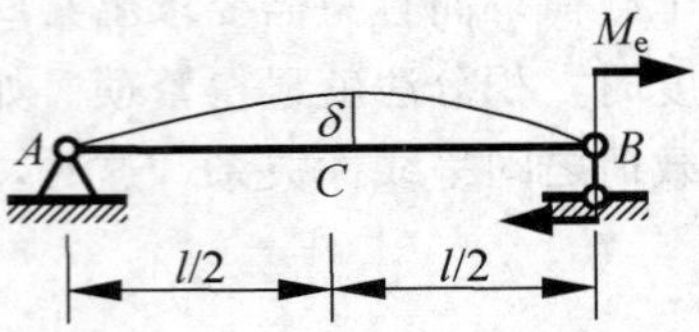	$w=-\frac{M_e x}{6EIl}(l^2-x^2)$	$\theta_A=-\frac{M_e l}{6EI}$, $\theta_B=\frac{M_e l}{3EI}$ $\delta=\frac{M_e l^2}{9\sqrt{3}EI}$ （位于 $x=l/\sqrt{3}$ 处） $w_C=-\frac{M_e l^2}{16EI}$
5	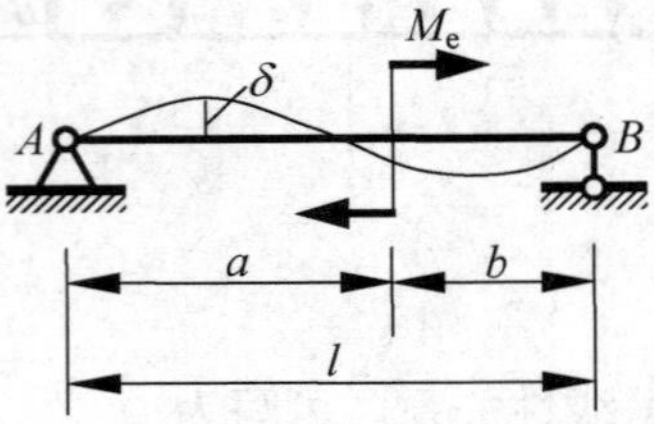	$w=\frac{M_e x}{6lEI}(l^2-3b^2-x^2)\ (0\leqslant x\leqslant a)$ $w=-\frac{M_e(l-x)}{6lEI}(3a^2-2lx+x^2)$ $(a\leqslant x\leqslant l)$	$\theta_A=-\frac{M_e(l^2-3b^2)}{6lEI}$ $\theta_B=\frac{M_e(l^2-3a^2)}{6lEI}$ $\delta=\frac{M_e(l^2-3b^2)^{3/2}}{9\sqrt{3}EIl}$ （位于 $x=\sqrt{l^2-3b^2}/\sqrt{3}$ 处）
6	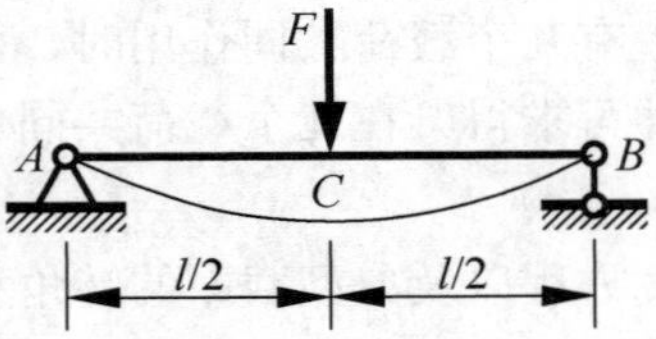	$w=\frac{Fx}{48EI}(3l^2-4x^2)\ (0\leqslant x\leqslant \frac{l}{2})$	$\theta_A=-\theta_B=\frac{Fl^2}{16EI}$ $w_C=\frac{Fl^3}{48EI}$
7	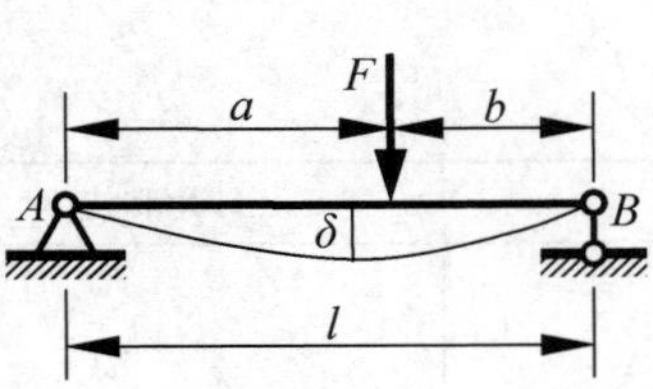	$w=\frac{Fbx}{6EIl}(l^2-x^2-b^2)\ (0\leqslant x\leqslant a)$ $w=\frac{Fb}{6EIl}\left[\frac{l}{b}(x-a)^3+(l^2-b^2)x-x^3\right]$ $(a\leqslant x\leqslant l)$	$\theta_A=\frac{Fab(l+b)}{6EIl}$ $\theta_B=-\frac{Fab(l+a)}{6EIl}$ $\delta=\frac{Fb(l^2-a^2)^{3/2}}{9\sqrt{3}EIl}$ （在 $x=\sqrt{\frac{l^2-b^2}{3}}$ 处）
8	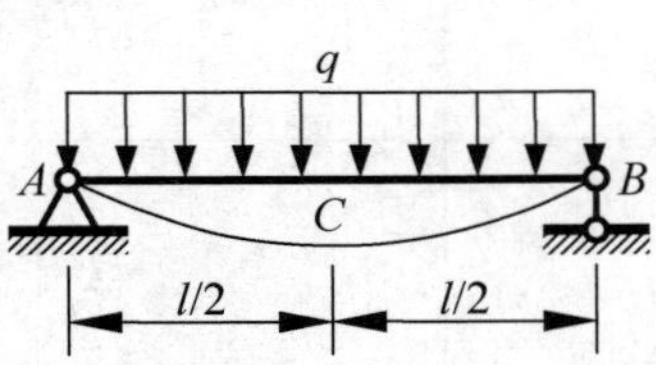	$w=\frac{qx}{24EI}(l^3-2lx^2+x^3)$	$\theta_A=-\theta_B=\frac{ql^3}{24EI}$ $w_C=\frac{5ql^4}{384EI}$

例7-3　求图7-8（a）所示梁截面B的转角和挠度，其中$F=ql$。设弯曲刚度EI为常数。

解： 均布载荷q单独作用时［图7-8（b）］，由表7-1知B点的转角和挠度分别为

$$\theta_{B1}=\frac{ql^3}{6EI},\ w_{B1}=\frac{ql^4}{8EI}$$

力F单独作用时［图7-8（c）］，由表7-1知B点的转角和挠度分别为

$$\theta_{B2}=\frac{ql^3}{2EI},\ w_{B2}=\frac{ql^4}{3EI}$$

根据叠加原理，得到点B的转角和挠度分别为

$$\theta_B=\theta_{B1}+\theta_{B2}=\frac{2ql^3}{3EI},$$

$$w_B=w_{B1}+w_{B2}=\frac{11ql^4}{24EI}$$

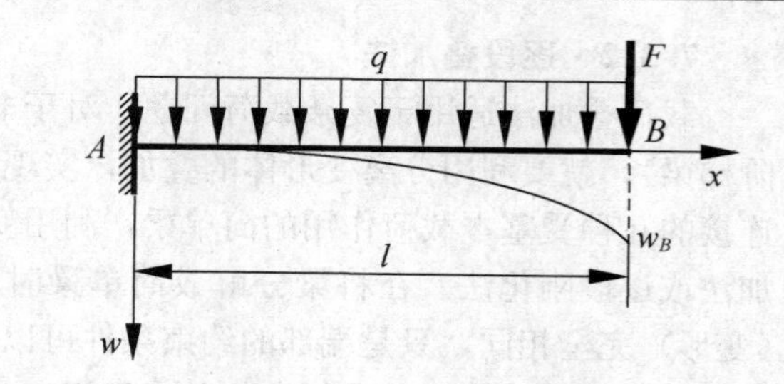

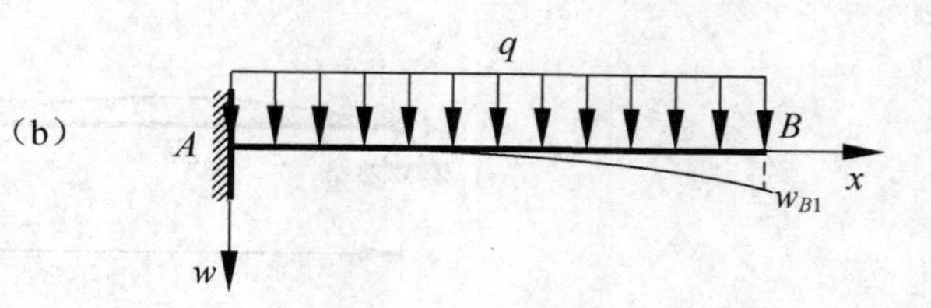

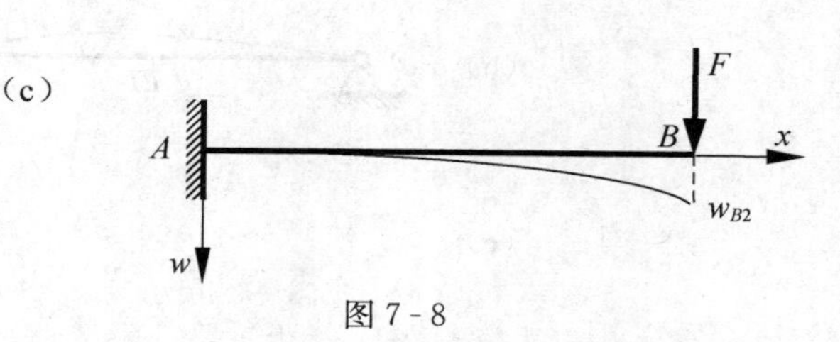

图7-8

例7-4　求图7-9（a）所示简支梁中点C点的挠度w_C以及梁端截面的转角θ_A和θ_B，设弯曲刚度EI为常数。

解： 均布载荷q单独作用时［图7-9（b）］，由表7-1知C点的挠度和截面A、B的转角分别为

$$w_{C1}=\frac{5ql^4}{384EI},\ \theta_{A1}=\frac{ql^3}{24EI}=-\theta_{B1}$$

集中力F单独作用时［图7-10（c）］，由表7-1知C点的挠度和截面A、B的转角分别为

$$w_{C2}=\frac{Fl^3}{48EI},\ \theta_{A2}=\frac{Fl^2}{16EI}=-\theta_{B2}$$

根据叠加原理，点C的挠度和截面A、B的分别为

$$w_C=w_{C1}+w_{C2}=\frac{5ql^4}{384EI}+\frac{Fl^3}{48EI}$$

$$\theta_A=\theta_{A1}+\theta_{A2}=\frac{ql^3}{24EI}+\frac{Fl^2}{16EI}=-\theta_B$$

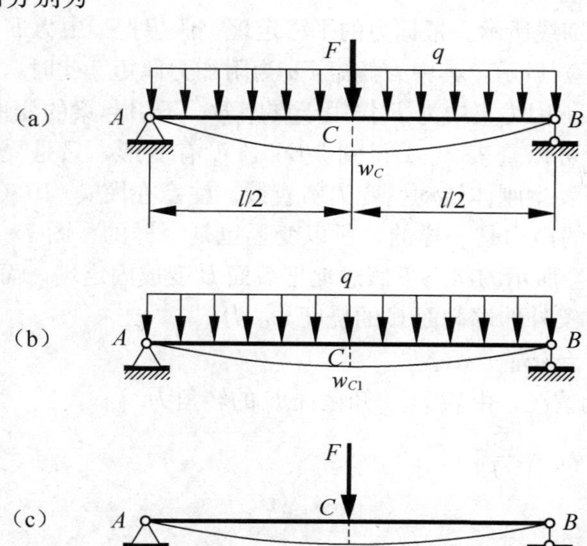

图7-9

上述例题解决的是简单梁同时受多个载荷作用问题，方法是利用载荷的分解实现变形的分解，利用载荷的叠加实现变形的叠加，这种方法常称为**载荷叠加法**。

7.3.2　逐段叠加法

载荷叠加法适用于复杂载荷问题，对于非简支、非悬臂的复杂梁（如复合梁，连续梁，阶梯梁），就要利用分离变形体的叠加，实现变形的叠加，即将梁分解成若干个以一定方式连接的几种受基本载荷作用的简单梁，利用变形积累的原理进行叠加，这种方法称为逐段叠加法或逐段刚化法。在将梁分解成简单梁时，要求各简单梁的内力（变形）与原梁的内力（变形）完全相同，只是端部的约束条件可以不同。下面以图 7-10（a）所示受集中力作用的外伸梁为例说明逐段叠加法的基本思想。

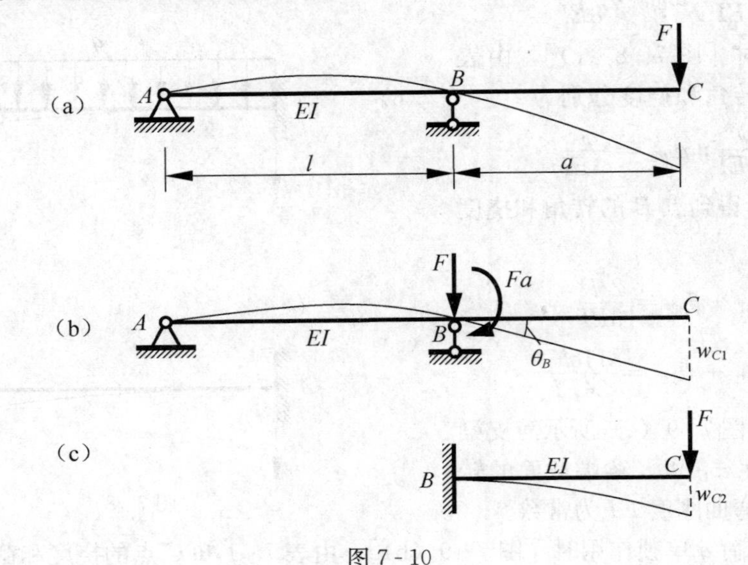

图 7-10

外伸梁的挠曲线如图 7-10（a）中的细线所示。根据力的平移定理，假想把集中力 F 平移至 B 处，梁的受力和变形如图 7-10（b）所示，其中力偶矩 Fa 为附加力偶矩。此时，外伸梁的挠曲线如图 7-10（b）中细线所示。因为集中力 F 作用于支座 B，不引起梁的变形，AB 段的变形纯粹由附加力偶矩所引起，可以查表 7-1 得到。BC 段没有变形，只是受到 AB 段变形的牵连（即转角 θ_B 的牵连）而发生刚体转动，变为斜直线。注意在图 7-10（a）和图 7-10（b）两种受力情况下，AB 段的内力是一样的，所以变形也是一样的。图 7-10（a）中 BC 段的变形可认为在图 7-10（b）所示的状态下假想地把截面 B 变成固定端，而后在 C 加竖向力 F，如图 7-10（c）所示。梁外伸端截面 C 的挠度 w_C 为

$$w_C = w_{C1} + w_{C2}$$

对图 7-10（b）所示外伸梁受集中力偶的情况，由表 7-1 知截面 B 的转角为

$$\theta_B = \frac{Fal}{3EI}$$

并由此得截面 C 的相应挠度为

$$w_{C1} = \theta_B a = \frac{Fa^2 l}{3EI}$$

对图 7-10（c）所示悬臂梁受集中力的情况，由表 7-1 知截面 C 挠度为

$$w_{C2} = \frac{Fa^3}{3EI}$$

图 7 - 10（a）所示梁截面 C 的挠度为

$$w_C = w_{C1} + w_{C2} = \frac{Fa^2}{3EI}(l+a)$$

逐段叠加法和载荷叠加法有其共同点，即均要应用简单梁受简单载荷时的计算结果。不同的是，前者利用载荷叠加，后者利用各部分变形和整体位移之间的几何关系进行叠加。在复杂梁受复杂载荷的情况下，就要把二者联合使用。逐段叠加法和载荷叠加法联合使用求变形的方法统称为**叠加法**。

例 7 - 5 图 7 - 11（a）所示梁的弯曲刚度为 EI，求端截面 B 的转角 θ_B 和挠度 w_B。

解：载荷可看作为集中力 F 和均布载荷 q 单独作用的叠加，如图 7 - 11（b）和图 7 - 11（c）所示。仅作用力 F 时，截面 B 的转角和挠度分别为

$$\theta_{B1} = \frac{Fl^2}{2EI}$$

$$w_{B1} = \frac{Fl^3}{3EI}$$

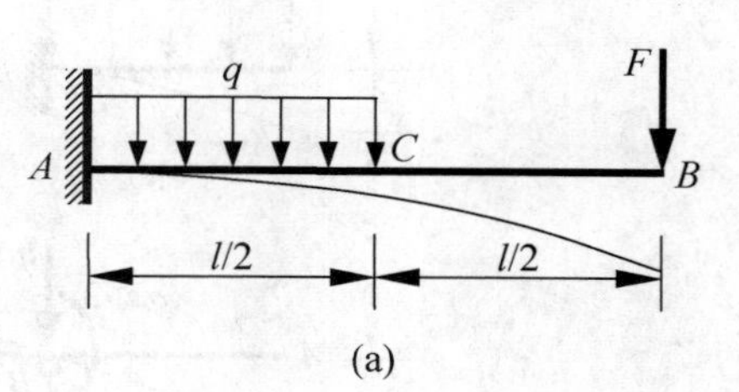

(a)

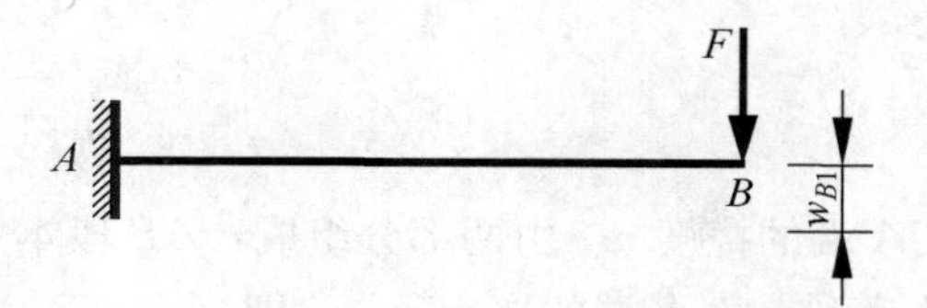

(b)

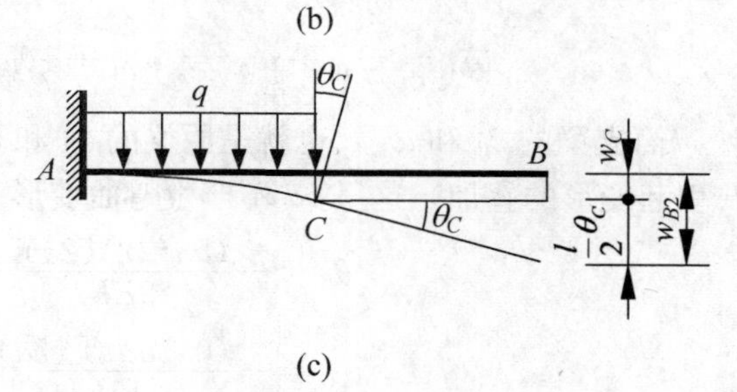

(c)

图 7 - 11

仅作用 q 时，杆 AB 可看作由基本部分 AC 和附属部分 CB 组成。对于图 7 - 11（c）所示情况，CB 段不变形，这部分仅产生牵连位移。由于 CB 是直线，截面 B 的转角等于截面 C 的转角，即

$$\theta_{B2} = \theta_C = \frac{q\left(\dfrac{l}{2}\right)^3}{6EI} = \frac{ql^3}{48EI}$$

由于转角 θ_C 产生截面 B 相对于截面 C 的挠度为 $\dfrac{l}{2}\theta_C$，截面 B 的实际挠度为截面 C 的挠度和相对于截面 C 的挠度的和，即

$$w_{B2} = w_C + \frac{l}{2}\theta_C = \frac{q\left(\dfrac{l}{2}\right)^4}{8EI} + \frac{l}{2} \times \frac{ql^3}{48EI} = \frac{7ql^4}{384EI}$$

所以梁截面 B 的转角和挠度分别为

$$\theta_B = \theta_{B1} + \theta_{B2} = \frac{Fl^2}{2EI} + \frac{ql^3}{48EI}$$

$$w_B = w_{B1} + w_{B2} = \frac{Fl^3}{3EI} + \frac{7ql^4}{384EI}$$

例 7 - 6 外伸梁受力如图 7 - 12（a）所示，求截面 B 的转角 θ_B 和 A 端以及 BC 段中点 D 的挠度 w_A 和 w_D。

解：根据逐段叠加法，可将梁分为两段，且将外伸段 AB 看作是悬臂梁，BD 段看作简支梁（这时将 AB 段的载荷 q 向截面 B 简化，得一力 qa 和一力偶 $qa^2/2$），分别如图 7 - 12（b）和图 7 - 12（c）所示。

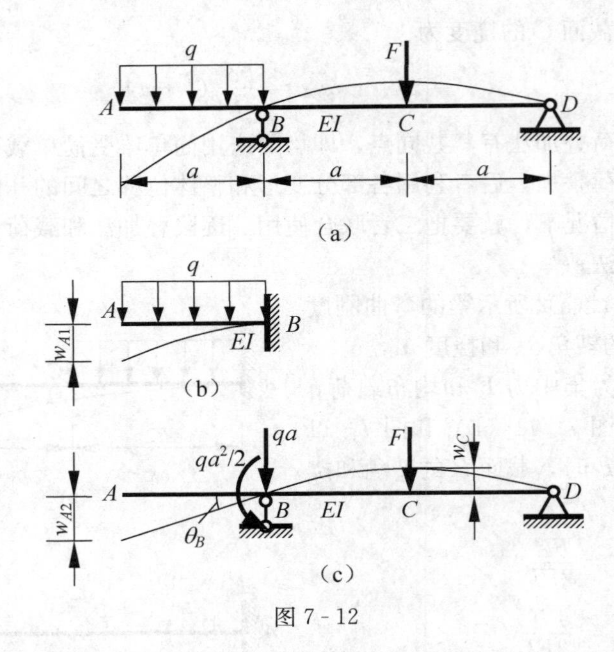

图 7-12

A 端的挠度 w_A 由两部分组成：AB 段本身的弯曲变形引起的 A 端的挠度 w_{A1} 和由截面 B 转动引起的 A 端的挠度 w_{A2}，即

$$w_A = w_{A1} + w_{A2} = w_{A1} + |\theta_B| \cdot a = \frac{qa^4}{8EI} + \frac{qa^3}{12EI} \cdot a = \frac{5qa^4}{24EI}$$

简支梁的 θ_B 和 w_C，也就是原梁的 θ_B 和 w_C，为单独作用力偶 $qa^2/2$ 和单独作用集中力 F 引起变形的叠加，这里 qa 不产生弯曲变形［图 7-12（c）］。于是有

$$\theta_B = -\frac{(qa^2/2)(2a)}{3EI} + \frac{(qa)(2a)^2}{16EI} = -\frac{qa^3}{12EI}$$

$$w_C = -\frac{(0.5qa^2)(2a)^2}{16EI} + \frac{(qa)(2a)^3}{48EI} = \frac{qa^4}{24EI}$$

例 7-7 求图 7-13（a）所示梁截面 A 的转角。

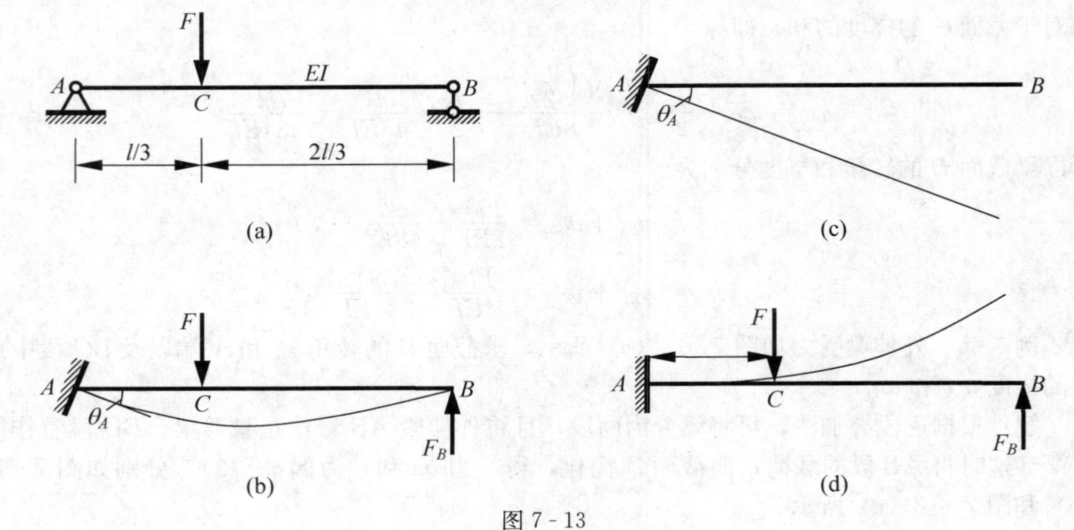

图 7-13

解： 支座 B 的约束力为

$$F_B = \frac{F}{3}$$

梁可看作截面 A 转动了 θ_A 的悬臂梁，如图 7-13（a）所示。而图 7-13（b）所示梁的变形可看作图 7-13（c）和图 7-13（d）两个梁变形的叠加。同时，必须满足截面 B 的挠度为零的条件，即

$$w_B = w_{B,\theta A} + w_{B,\mathrm{F}} = 0$$

$$\theta_A l + \frac{F\left(\dfrac{l}{3}\right)^3}{3EI} + \frac{F\left(\dfrac{l}{2}\right)^3}{2EI} \times \frac{2l}{3} - \frac{F_B l^3}{3EI} = 0$$

解得

$$\theta_A = \frac{5Fl^2}{81EI}$$

截面 A 的转角即图 7-13（c）所示梁固定端的转角。求出了截面 A 的转角，可用叠加法求出梁任一截面的位移。任一截面的位移等于该截面相对于截面 A 的位移与转角 A 引起的该截面位移之和。因为计算相对位移时，梁为悬臂梁，任一截面相对于截面 A 的位移仅需利用悬臂梁的叠加公式计算即可。这种将简支梁化为悬臂梁求位移的叠加法称为**悬臂梁法**。

例 7-8 用叠加法求图 7-14 所示刚架截面 C 的水平和垂直位移。已知刚度 EI 为常数。

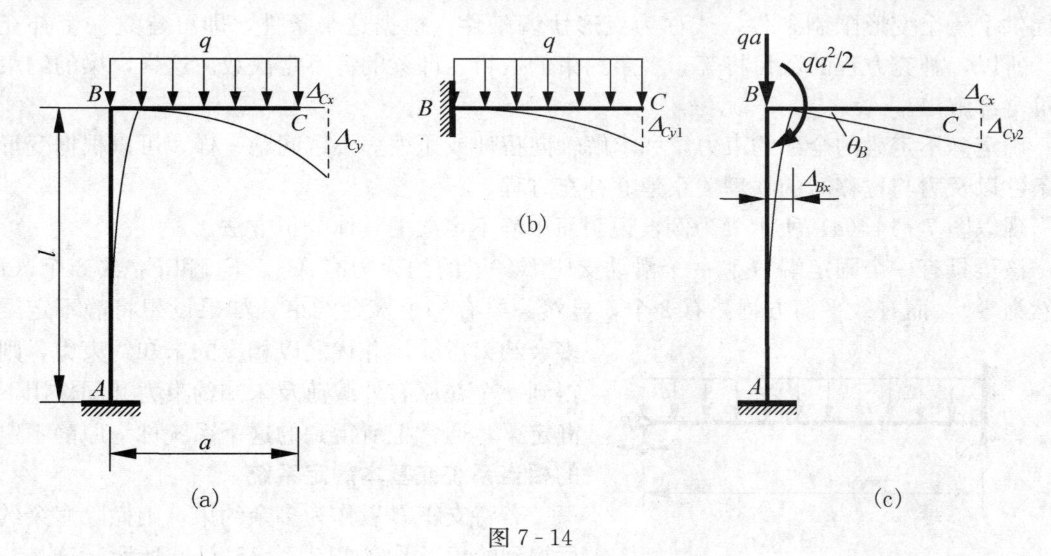

图 7-14

解： 刚架的变形如图 7-14（a）所示。首先，单考虑 BC 段变形［图 7-14（b）］，垂直位移为

$$\Delta_{Cy1} = \frac{qa^4}{8EI}$$

再单独考虑 AB 段变形［图 7-14（b）］。将载荷 q 平移至截面 B，得一集中力 qa 和一力偶 $qa^2/2$。忽略轴向变形，截面 B 的水平位移和转角分别为

$$\Delta_{Bx} = \frac{(qa^2/2)l^2}{2EI} = \frac{qa^2 l^2}{4EI}$$

$$\theta_B = \frac{(qa^2/2)l}{EI} = \frac{qa^2 l}{2EI}$$

对应的水平和铅垂位移为

$$\Delta_{Cx} = \Delta_{Bx} = \frac{qa^2 l^2}{4EI}$$

$$\Delta_{Cy2} = \theta_B \cdot a = \frac{qa^3 l}{2EI}$$

且 Δ_{Cx} 即刚架截面 C 的水平位移。刚架的垂直位移为

$$\Delta_{Cy} = \Delta_{Cy2} + \Delta_{Cy2} = \frac{qa^4}{8EI} + \frac{qa^3 l}{2EI}$$

7.4 静不定梁

前面所讨论的梁都是静定梁，这种梁的约束力仅凭静力平衡方程即可确定，然而在工程中，为了提高梁的刚度或强度，往往在维持平衡所必需的约束之外，还要再增加若干约束，习惯上将额外增加的约束称为**多余约束**，与其相应的约束力或约束力偶，统称为**多余约束力**。这样，梁的约束力的数目将多于静力平衡方程的数目，因而仅凭静力平衡方程就不能确定全部约束力，这种梁称为**静不定梁或超静定梁**。约束力数目与静力平衡方程数目之差，称为**静不定次数**。对于每个多余约束，都限制了梁在某一截面处的某个位移（转角或挠度），即提供了一个变形限制条件，或称为**变形协调条件**。根据这个条件，即可建立一个补充方程。所以，补充方程的数目将等于多余约束的数目，即梁的静不定次数。这样，梁的约束力即可全部解出。

确定静不定梁的全部约束力，和求解轴向拉伸或压缩静不定问题一样，可以根据变形协调条件以及力与位移间的物理关系建立补充方程。

现以图 7 - 14（a）所示梁为例，说明简单静不定梁的具体分析方法。

该梁具有一个固定端 A 和一个滑动支座 B。梁的约束力有 M_A、F_{Ay} 和 F_B 共 3 个（F_{Ax} 显然为零），而有效平衡方程只有 2 个，显然，梁有一个多余约束。如果设想将静不定梁的多余约束撤除，并代之以相应的未知约束力，则可得到一个在原有外载荷及未知约束力共同作用下的静定梁，通常把所得到的这个系统称为原静不定梁的**相当系统**或**基本静定系统**。

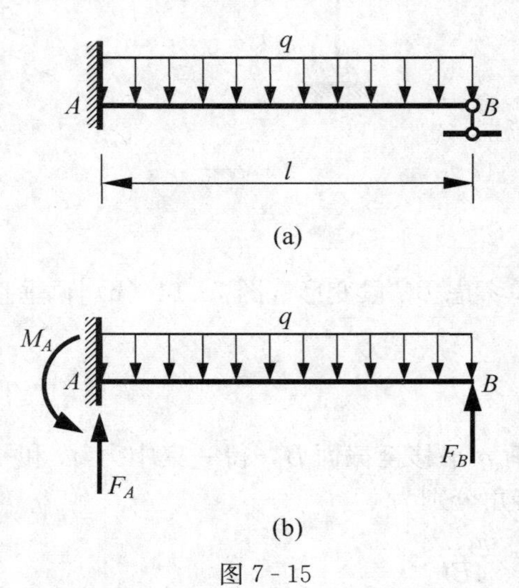

图 7 - 15

若将支座 B 看作为多余约束，则撤除多余约束后得到的相当系统如图 7 - 15（b）所示，这是一个在原有外载荷 q 及未知约束力 F_B 共同作用下的悬臂梁。为使相当系统的变形与原静不定梁相同，要求在多余约束处必须符合静不定梁的变形协调条件。本例的变形协调条件是截面 B 处的挠度为零，即

$$w_B = 0 \tag{a}$$

利用叠加法或积分法，得相当系统截面 B 处的挠度为

$$w_B=\frac{ql^4}{8EI}-\frac{F_Bl^3}{48EI} \tag{b}$$

将式（b）代入式（a），得

$$w_B=\frac{ql^4}{8EI}-\frac{F_Bl^3}{48EI}=0 \tag{c}$$

求出支座 B 的约束力为

$$F_B=\frac{3}{8}ql$$

所得结果为正，说明所设约束反力 F_B 的方向是正确的。

多余约束力确定后，由平衡方程即可确定其他约束力为

$$F_A=\frac{5}{8}ql,\ M_A=\frac{1}{8}ql^2$$

一旦静不定梁的多余约束力解出之后，则该梁就等价于一个静定梁。可以进一步进行强度和刚度的计算。应该指出，在求解过程中，多余约束的选取并不是唯一的，只要不是维持梁平衡所必需的约束，均可作为多余约束。也就是说，相当系统或基本静定系统可以有不同的选择。对于本例，也可取支座 A 限制端截面转动的约束为多余约束，对应的相当系统为图 7-16 所示的简支梁。

而相应的变形协调条件为

$$\theta_A=0$$

建立补充方程为

$$-\frac{M_Al}{3EI}+\frac{ql^3}{24EI}=0$$

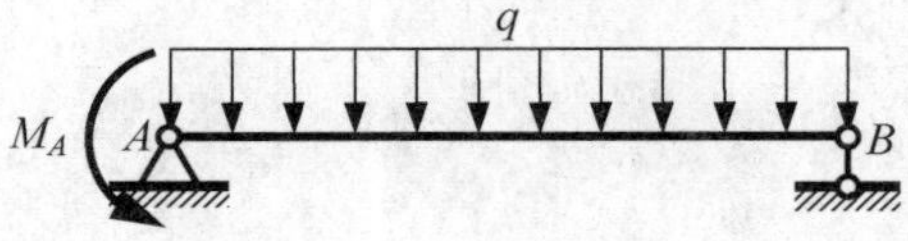

图 7-16

解得

$$M_A=\frac{1}{8}ql^2$$

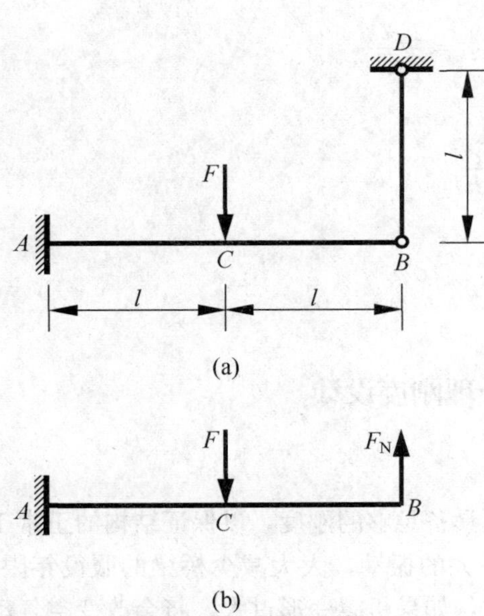

图 7-17

再由平衡方程即可求出其他约束力。

上述求解静不定梁的方法，是通过比较相当系统与原静不定梁的变形而得到补充方程进而求解的，通常称为**变形比较法**。

例 7-9　已知图 7-17（a）所示结构梁 AB 的弯曲刚度为 EI，杆 BD 的拉压刚度为 EA，且 $I=Al^2$，求杆 BD 的轴力。

解：该结构为一次静不定。将杆与梁拆开，成为悬臂梁和一根拉杆，梁的多余约束力等于轴力 F_N，相当系统如图 7-17（b）所示。梁截面 B 的挠度等于杆 BD 的伸长 Δl，变形协调条件为

$$w_B=\Delta l$$

梁 AB 在集中力 F 作用下截面 B 的挠度为

$$w_{B1}=w_C+l\cdot\theta_C=\frac{Fl^3}{3EI}+l\times\frac{Fl^2}{2EI}=\frac{5Fl^3}{6EI}$$

梁在 F_N 作用下截面 B 的挠度为

$$w_{B2}=-\frac{F_{\mathrm{N}}l^3}{3EI}$$

杆 BD 的伸长为

$$\Delta l=\frac{F_{\mathrm{N}}l}{EA}$$

于是补充方程为

$$w_B=w_{B1}+w_{B2}=\frac{5Fl^3}{6EI}-\frac{F_{\mathrm{N}}l^3}{3EI}=\frac{F_{\mathrm{N}}l}{EA}$$

解得

$$F_{\mathrm{N}}=\frac{5}{8}F$$

例 7-10 解图 7-18 所示静不定问题，并计算梁 AC 的最大挠度 w_C 的减少量。设两根梁的弯曲刚度均为 EI。

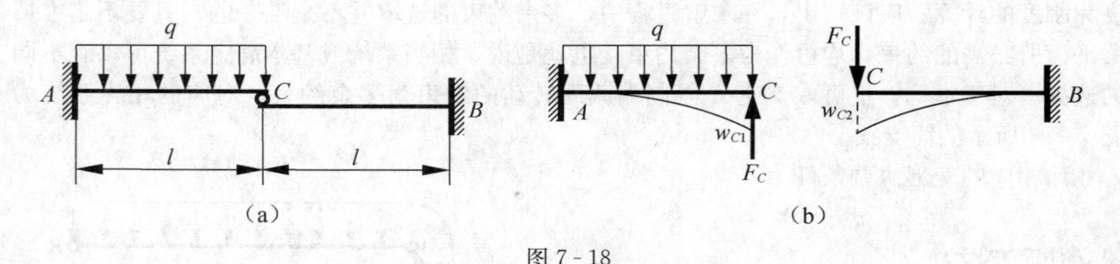

图 7-18

解： 将铰链 C 视为多余约束，解除多余约束后的相当系统为两根悬臂梁［图 7-18(b)］，该结构为一次静不定。变形协调条件为：梁 AC 与 BC 在截面 C 的挠度相等，即

$$w_{C1}=w_{C2} \tag{d}$$

而

$$w_{C1}=\frac{ql^4}{8EI}-\frac{F_Cl^3}{3EI},\ w_{C2}=\frac{F_Cl^3}{3EI}$$

将上式（d）得补充方程

$$\frac{ql^4}{8EI}-\frac{F_Cl^3}{3EI}=\frac{F_Cl^3}{3EI}$$

解得

$$F_C=\frac{3ql}{16}$$

7.5 梁的刚度条件和合理刚度设计

7.5.1 梁的刚度条件

工程中的许多梁，除应满足强度条件外，还必须具备足够的刚度，以保证结构的正常工作。例如桥梁的挠度过大，当车辆通过时就会发生很大的振动，大大减少桥梁的服役年限；机床主轴变形过大，将会影响加工精度；飞机飞行时，如果机翼变形过大，将会改变空气动力分布，从而影响飞行性能；传动轴在支座处转角过大，会加重轴承的磨损，等等。所以在

结构设计时，规定梁的最大挠度和最大转角分别不超过各自的许用值，在某些情况下限制某些截面的挠度和转角不超过各自的许用值。

设以 $[\delta]$ 表示许用挠度，$[\theta]$ 表示许用转角，则梁的刚度条件为

$$|w|_{\max}\leqslant[\delta] \tag{7-8}$$

$$|\theta|_{\max}\leqslant[\theta] \tag{7-9}$$

其中许用挠度和许用转角之值，是由设计要求而定，其值可在有关设计规范或手册中查到。

在机械工程中，一般对转角和挠度都校核。在建筑工程中，大多只校核挠度。在校核挠度时，工程上常用下面的刚度条件

$$\left|\frac{w_{\max}}{l}\right|\leqslant\left[\frac{w}{l}\right] \tag{7-10}$$

其中 l 为梁的跨长，$[w/l]$ 为梁的许用相对挠度。

7.5.2 梁的合理刚度设计

梁的位移与梁的载荷、支座情况、跨长，横截面的惯性矩和材料的弹性模量有关。因此，在提高弯曲强度方面的某些措施，例如合理安排梁的受力情况、合理调整支座、合理选择截面形状等，对于提高梁的刚度仍然是非常有效的。但也应看到，提高梁的刚度与提高梁的强度，是属于两种不同性质的问题，因此，解决的办法也不尽相同。

1. 合理选择截面形状

弯曲变形与梁的横截面惯性矩 I 成反比，所以，从提高梁的刚度方面考虑，合理的截面形状，是使用较小的截面面积，却能获得较大惯性矩的截面，如工字形和箱形截面就比矩形截面更为合理。但应注意，弯曲刚度与弯曲强度对于截面的要求有所不同。梁的最大弯曲正应力取决于危险截面的弯矩与抗弯截面系数 W_z，对危险区采取局部增大 W_z 的措施就能提高梁的强度。梁的位移则与梁的各微段的弯曲变形有关，故在梁的全跨范围内增大惯性矩 I 才有效。

2. 合理选择材料

弯曲变形与材料的弹性模量 E 有关，所以，从提高梁的刚度方面考虑，选择 E 较大的材料能提高梁的刚度。但应注意，影响梁的强度的材料性能是极限应力 σ_u，各种钢材的极限应力差别很大，因而其强度差别很大，可是它们的弹性模量却十分接近。例如普通钢 Q235 的 σ_s 为 235MPa，合金钢 40Cr 钢的 σ_s 为 785MPa，但它们的 E 却都约为 200GPa，所以若用后者替换前者，可以大大提高梁的强度，却不能提高刚度。

3. 减小梁的跨长

梁的转角和挠度与梁的跨长关系很大。由例 7-1 可以看出，在集中载荷作用下，梁的最大挠度与梁跨度长 l 的三次方成正比。但是，最大弯曲应力则仅与跨长 l 成正比。这表明，梁跨长的改变，将引起弯曲变形的显著改变，例如将上述梁的跨度缩短 20%，最大挠度也相应减 48.8%。所以，如果条件允许，应尽量减小梁的跨度以提高其刚度。

4. 合理布置载荷和调整梁的支座

弯矩是引起弯曲变形的主要因素，提高弯曲刚度应使梁的弯矩分布合理，尽可能降低弯矩值。一方面可以通过合理布置载荷来实现，如将集中力分散为分布力。例如，对于在跨度中点承受集中载荷 F 的简支梁，如果将载荷改为沿梁长的均布载荷（合力仍为 F），施加在同一梁上，梁的最大挠度将仅为前者的 62.5%。另一方面也可以采取调整支座的方法。如受均布载荷作用的简支梁［图 7-19（a）］，通过将支座向里移动变为外伸梁［图 7-19（b）］

使弯矩分布得到改善。由于梁的跨度减小，且外伸部分的载荷产生反向变形，从而减小了梁的最大挠度。

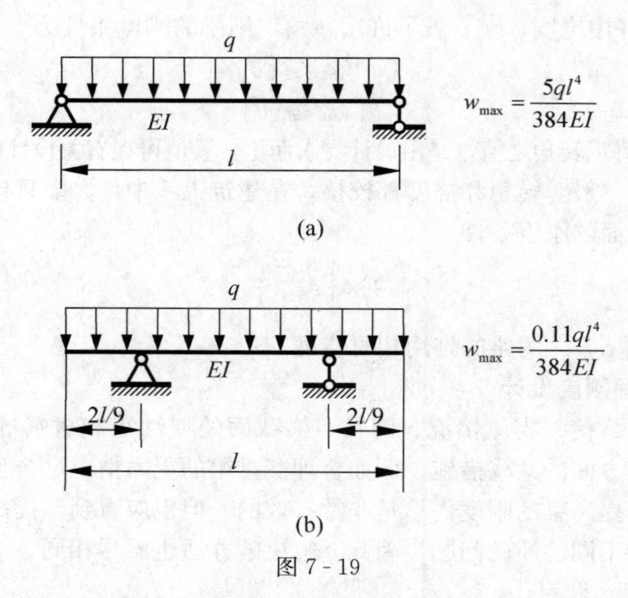

图 7-19

此外，有时还可以采取增加梁的约束即做成静不定梁的方法，对于提高梁的刚度也是非常有效的。例如，大型的桥梁都有多个桥墩支承，为多次静不定梁。

习　题

7-1　用积分法求位移时，图中各梁应分几段？写出确定积分常数的位移边界条件和连续条件。

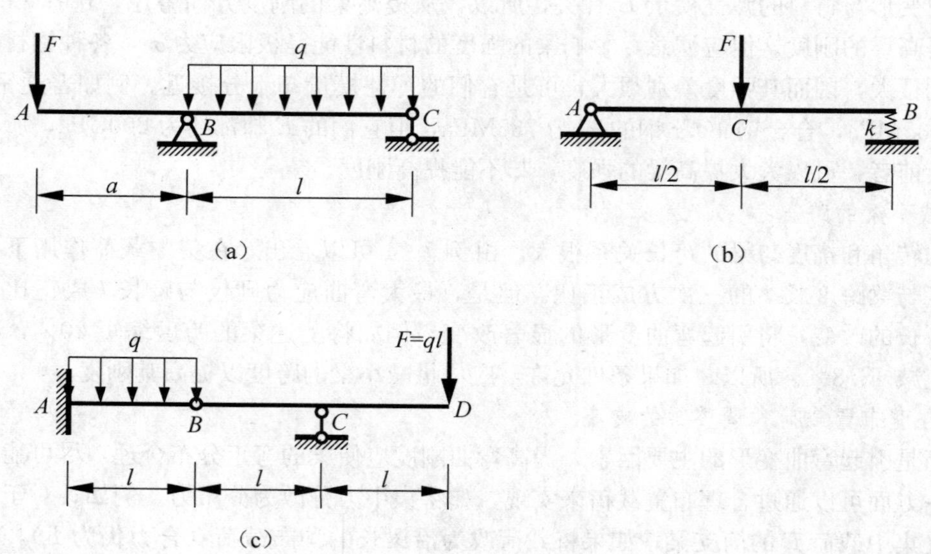

题 7-1 图

7-2 用积分法求梁自由端的位移。

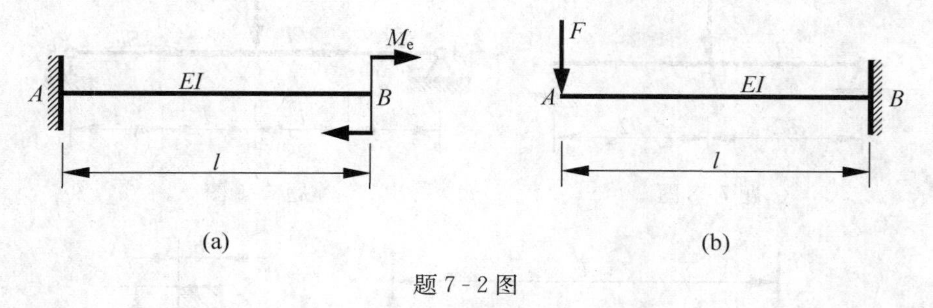

题 7-2 图

7-3 用积分法求梁端截面的转角和中截面的挠度。

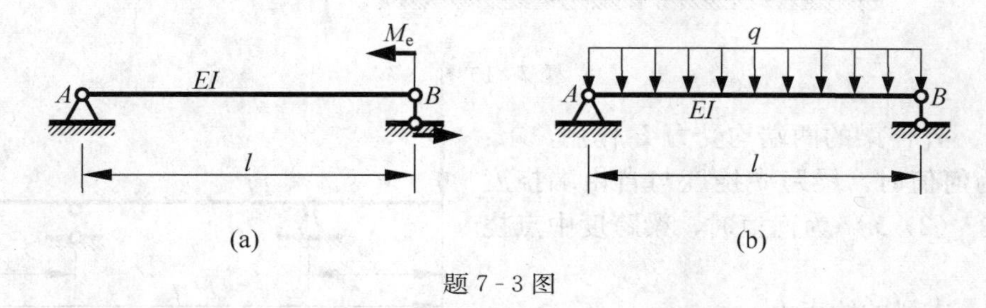

题 7-3 图

7-4 用积分法求梁端截面的转角、中截面的挠度和最大挠度。

7-5 用积分法求截面 A 和 C 的转角和截面 C 和 D 的挠度。

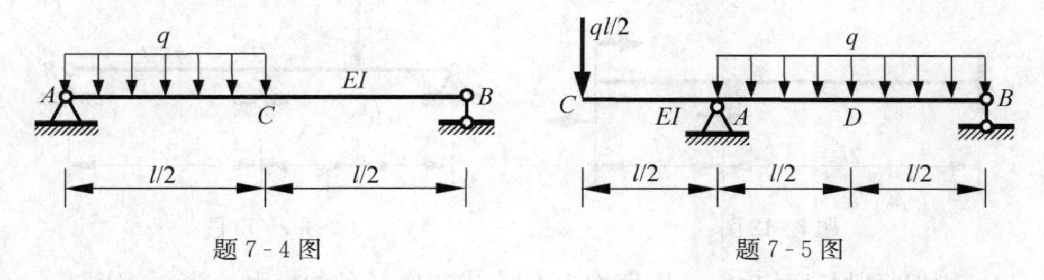

题 7-4 图　　题 7-5 图

7-6 用叠加法求梁自由端的位移。

7-7 用叠加法求梁自由端的位移。

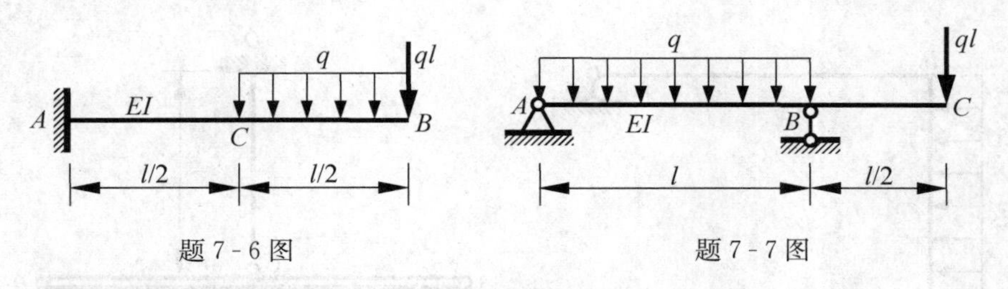

题 7-6 图　　题 7-7 图

7-8 用叠加法求梁截面 A 的转角和截面 C 的挠度。

7-9 用叠加法求梁截面 A 的转角和截面 C 的挠度。

7-10 矩形截面梁，两端受力后成一直线与地面贴合，求力 F 的大小和梁内的最大正应力。

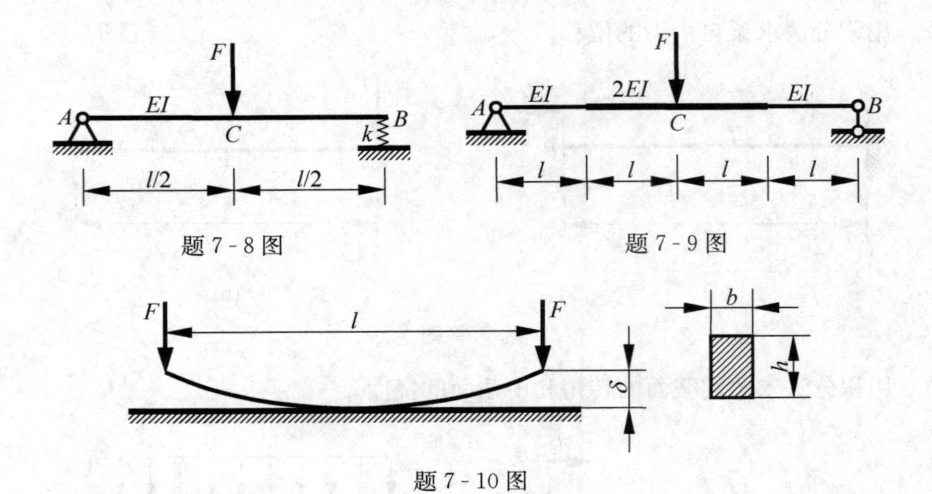

题 7 - 8 图　　题 7 - 9 图

题 7 - 10 图

7 - 11　外伸梁的两端均受力 F 作用，求：(1) x/l 为何值时，梁跨中挠度与自由端挠度大小相等？(2) x/l 为何值时，梁跨度中点挠度最大？

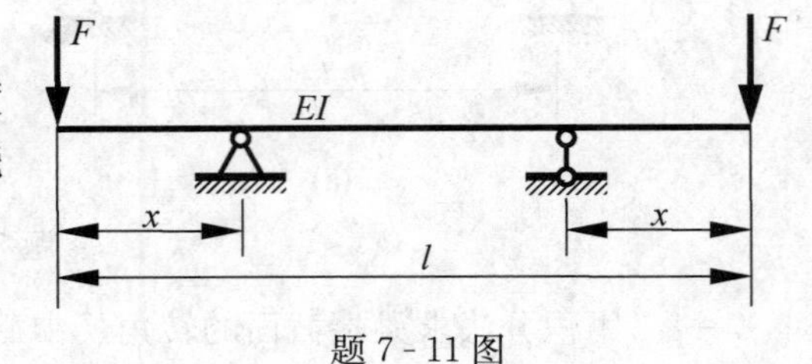

题 7 - 11 图

7 - 12　求梁的约束力。

7 - 13　画梁的弯矩图。

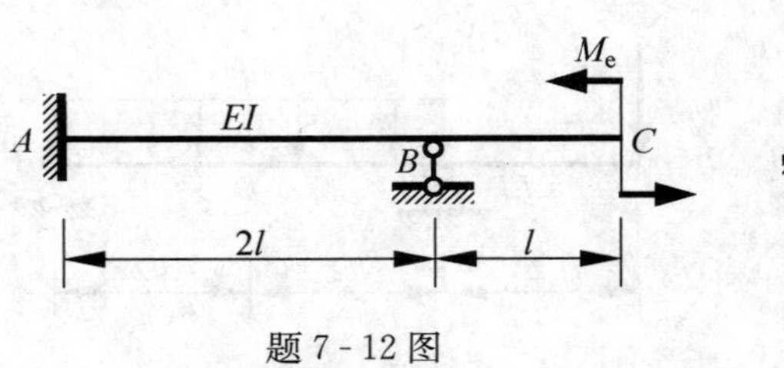

题 7 - 12 图

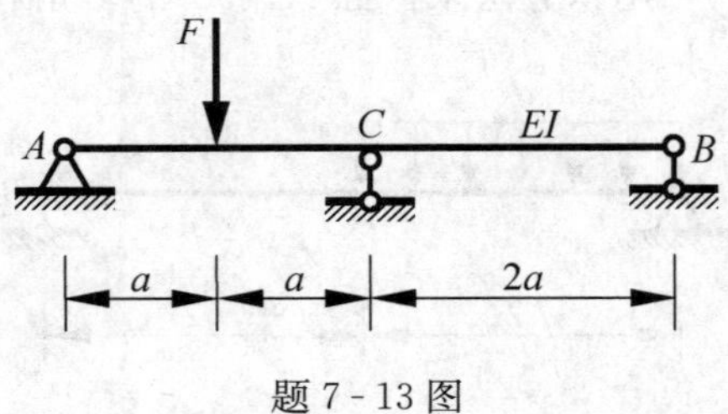

题 7 - 13 图

7 - 14　刚架每段长度均为 a，刚度均为 EI，求支座 C 的约束力，并画弯矩图。

7 - 15　已知杆 CD 的拉压刚度为 EA，梁 AB 的弯曲刚度为 EI，且 $I=Al^2$，求杆 CD 的轴力和梁 AB 中点 C 的挠度。

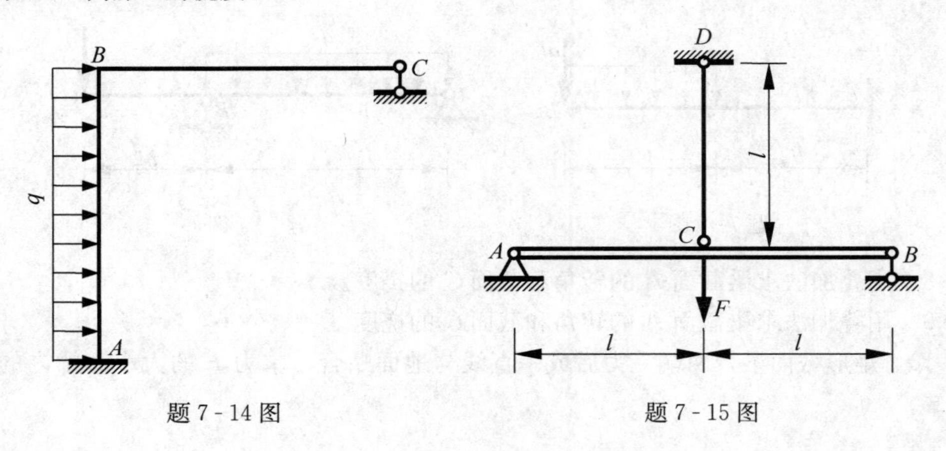

题 7 - 14 图　　题 7 - 15 图

7-16 悬臂梁 AB 因刚度不够，用一根短梁加固。求梁 AB 最大挠度的减小量和最大弯矩的减小量。已知两根梁的刚度均为 EI。

7-17 矩形悬臂梁 AB 受均布载荷 q 作用，已知 $q=10\text{kN/m}$，$l=3\text{m}$，$E=200\text{GPa}$，$[\sigma]=120\text{MPa}$，$[w]=0.012\text{m}$，$h=2b$，设计截面尺寸。

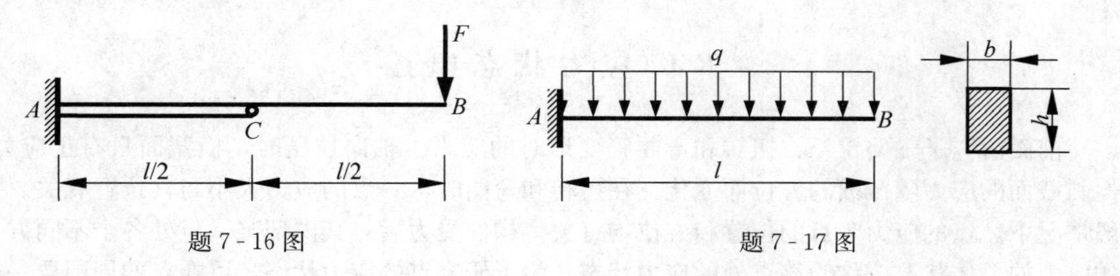

题 7-16 图　　题 7-17 图

第8章　应　力　状　态

8.1　应力状态概述

前面研究了轴向拉压、扭转和弯曲等变形时的应力。轴向拉压时，横截面只有正应力，但斜截面的应力随截面的方位而变化。在扭转和弯曲时，一点的应力大小与其位置有关。一般情况下，点的应力与点的位置和方位均有关。构件受力后，其内部某一点处各个不同方位的应力的总体状况，称为该点处的**应力状态**。为了研究点的应力状态，可在点的周围取一微体，如图8-1所示。由于微体的尺寸为无穷小，可代表该点的应力状态。由于微体处于平衡状态，在其平行截面上，各应力大小相等，方向相反。图8-1中，正应力的下标和切应力的第一个下标表示截面的法线方向，切应力的第二个下标表示与该应力平行的坐标轴。

如果微体某侧面切应力为零，该侧面称为**主平面**。主平面上的正应力称为**主应力**。过构件内一点的所有微体中，一定存在一微体，其各侧面的切应力均为零，该微体称为**主平面微体**，如图8-2所示。主平面微体上的主应力分别用 σ_1，σ_2 和 σ_3 表示，如果不特殊说明，通常按它们代数值的大小顺序排列，即 $\sigma_1 \geqslant \sigma_2 \geqslant \sigma_3$。

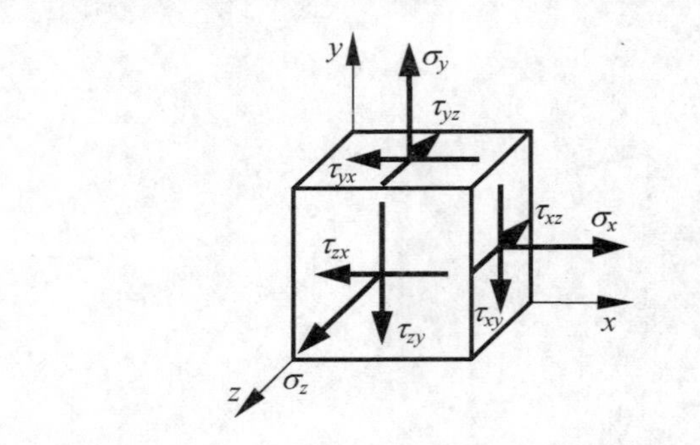

图8-1

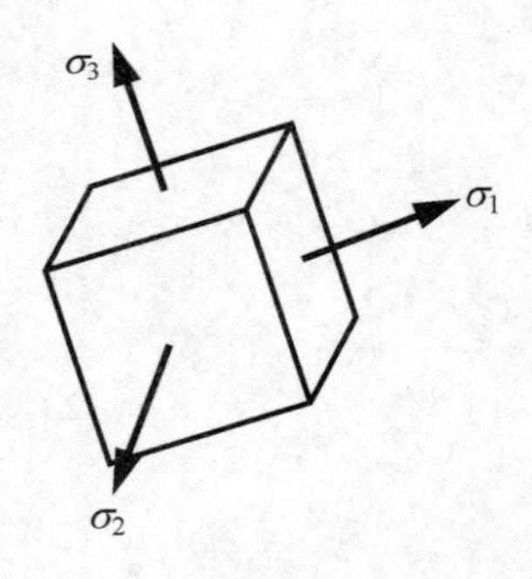

图8-2

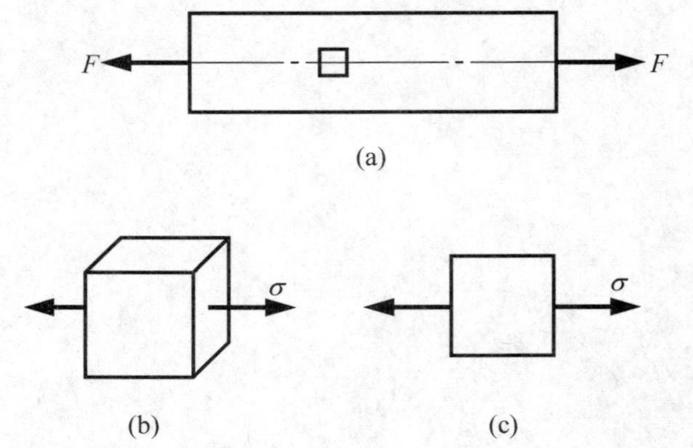

图8-3

三个主应力中只有一个不等于零的应力状态，即为单向应力状态。例如轴向拉伸与压缩［图8-3（a）］。在杆中取一微体，其截面平行或垂直于杆的轴线［图8-3（a）］。因为杆横截面仅有正应力，微体的应力状态如图8-3（b）所示或画成如图8-3（c）所示的平面图。

三个主应力中只有两个不等于零的应力状态，称为**二向应力状态**或**平面应力状态**，例如梁的横力弯曲［图8-4（a）］。在图8-4（a）所示的梁中取图示微体，该微体处梁的横截面上既有弯矩也有剪力，故微体的应力状态如图 8-4（b）所示，也可画成如图 8-4（c）所示的平面图。

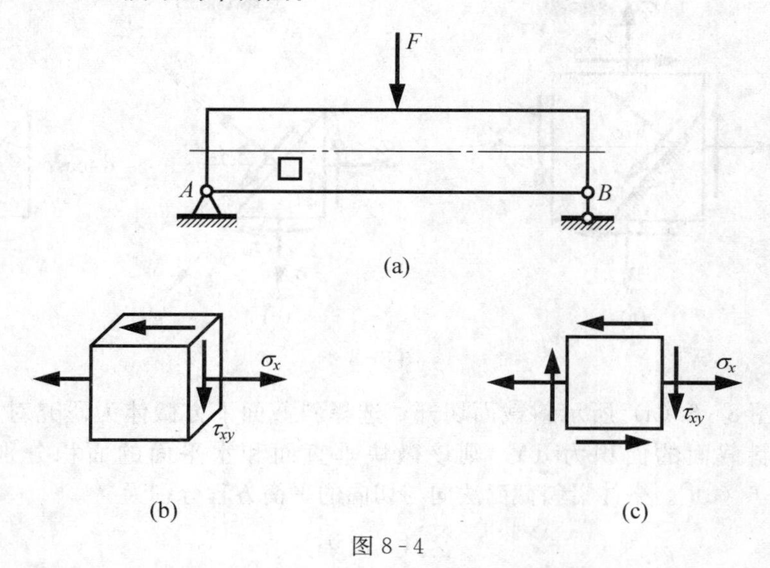

图 8-4

三个主应力均不等于零的应力状态称为**三向应力状态**或**空间应力状态**，第 3 章提到的铆钉与孔的挤压，点的应力状态就是三向的。如图 8-5（a）所示，机车车轮与轨道的接触处，轨道表面附近的微体铅直受压，因此有压应力，其横向变形受到邻近材料的约束，故其侧面也受压，故为三向应力状态［图 8-5（b）］。

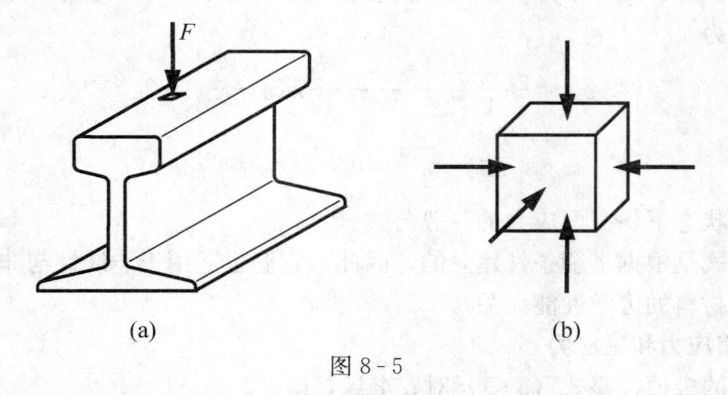

图 8-5

单向应力和纯剪切应力状态也称为**简单应力状态**，非纯剪切的平面应力状态和三向应力状态称为**复杂应力状态**。

8.2 平面应力状态应力分析

8.2.1 斜截面应力

图 8-6（a）为一平面应力状态的微体，现欲求法线 n 的方向与 x 轴的夹角为 α 的斜截面的应力。设斜截面上的正应力和切应力分别为 σ_α 和 τ_α。截面上的正应力仍然以拉为正，压为负。切应力的符号规定为：切应力使微体顺时针转动为正，反之为负。图 8-6（a）中的正应力均为正，x 面（即法线与 x 轴重合的微体侧面）和 α 面上的切应力 τ_{xy} 和 τ_α 均为正，

y 面上的切应力 τ_{yx} 均为负。

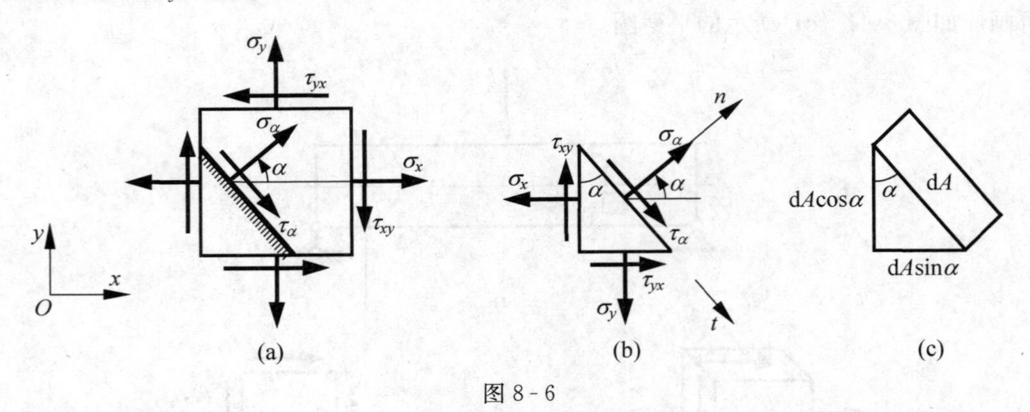

图 8-6

将微体沿图 8-6（a）所示斜截面切开，选择斜截面下方微体为研究对象，如图 8-6（b）所示。设斜截面的面积为 dA，则该微块垂直面和水平面的面积分别为 d$A\cos\alpha$ 和 d$A\sin\alpha$［图 8-6（c）］。微体沿斜截面法向与切向的平衡方程分别为

$$\sum F_n = 0,$$

$$\sigma_\alpha \mathrm{d}A + (\tau_{xy}\mathrm{d}A\cos\alpha)\sin\alpha - (\sigma_x \mathrm{d}A\cos\alpha)\cos\alpha + (\tau_{yx}\mathrm{d}A\sin\alpha)\cos\alpha - (\sigma_y \mathrm{d}A\sin\alpha)\sin\alpha = 0 \quad \text{(a)}$$

$$\sum F_t = 0,$$

$$\tau_\alpha \mathrm{d}A - (\tau_{xy}\mathrm{d}A\cos\alpha)\cos\alpha - (\sigma_x \mathrm{d}A\cos\alpha)\sin\alpha + (\tau_{yx}\mathrm{d}A\sin\alpha)\sin\alpha + (\sigma_y \mathrm{d}A\sin\alpha)\cos\alpha = 0 \quad \text{(b)}$$

根据切应力互等定理，$\tau_{yx} = \tau_{xy}$。利用三角公式对式（a）和（b）简化，得斜截面上的正应力和切应力分别为

$$\sigma_\alpha = \frac{\sigma_x + \sigma_y}{2} + \frac{\sigma_x - \sigma_y}{2}\cos 2\alpha - \tau_{xy}\sin 2\alpha \tag{8-1}$$

$$\tau_\alpha = \frac{\sigma_x - \sigma_y}{2}\sin 2\alpha + \tau_{xy}\cos 2\alpha \tag{8-2}$$

这就是平面应力状态下斜截面应力的一般公式。

上述应力公式是根据平衡条件建立的，因此，它们也适用于非线性与非弹性问题和各向异性材料，即与材料的力学性能无关。

8.2.2 极值应力和主应力

为求正应力的极值，将式（8-1）对 α 求导，得

$$\frac{\mathrm{d}\sigma_\alpha}{\mathrm{d}\alpha} = -2\,\frac{\sigma_x - \sigma_y}{2}\sin 2\alpha - 2\tau_{xy}\cos 2\alpha$$

设 $\alpha = \alpha_0$ 时，导数为零，则在 α_0 确定的截面上，正应力取得极值，这时

$$\frac{\sigma_x - \sigma_y}{2}\sin 2\alpha_0 + \tau_{xy}\cos 2\alpha_0 = 0 \tag{c}$$

解得

$$\tan 2\alpha_0 = -\frac{2\tau_{xy}}{\sigma_x - \sigma_y} \tag{8-3}$$

由式（8-3）可求得相差 90°的两个角度 α_0 分别对应最大正应力和最小正应力所在的平面。比较式（8-2）和式（c），可见满足式（c）的 α_0 恰好使切应力 τ_α 等于零。由于切应力等于

零的平面是主平面，对应的正应力是主应力，可见极值应力就是主应力。从式（8-3）求出 $\sin 2\alpha_0$ 和 $\cos 2\alpha_0$，代入式（8-1），得极值应力为

$$\left.\begin{matrix}\sigma_{\max}\\ \sigma_{\min}\end{matrix}\right\}=\frac{\sigma_x+\sigma_y}{2}\pm\sqrt{\left(\frac{\sigma_x-\sigma_y}{2}\right)^2+\tau_{xy}^2} \tag{8-4}$$

可以将式（8-3）求出的一个 α_0 代入式（8-1），求出对应的一个主应力 $\sigma_{\max}$ 或 $\sigma_{\min}$，另一个 α_0 则对应另一个主应力。主应力方位的较简单的判断方法是：最大主应力 $\sigma_{\max}$ 所在平面的法线方向与 τ_{xy} 的指向一致。证明如下：

如图 8-7 所示，设 α 面上的正应力和切应力分别为 σ_α 和 τ_α，且 $\tau_\alpha<0$。因为

$$\frac{d\sigma_\alpha}{d\alpha}=-2\frac{\sigma_x-\sigma_y}{2}\sin 2\alpha-2\tau_{xy}\cos 2\alpha=-2\tau_\alpha>0$$

可见 σ_α 是 α 的增函数。给 α 以增量 $d\alpha$，得 $\sigma_\alpha+d\sigma_\alpha$ 面，该面的正应力 $\sigma_\alpha+d\sigma_\alpha>\sigma_\alpha$。随着 α 的增加，σ_α 趋近于 $\sigma_{\max}$，而 α 增加的方向正是切应力 τ_α 的指向。

例 8-1 已知应力状态如图 8-8 所示，计算截面 ab 上的正应力与切应力（应力单位：MPa）。

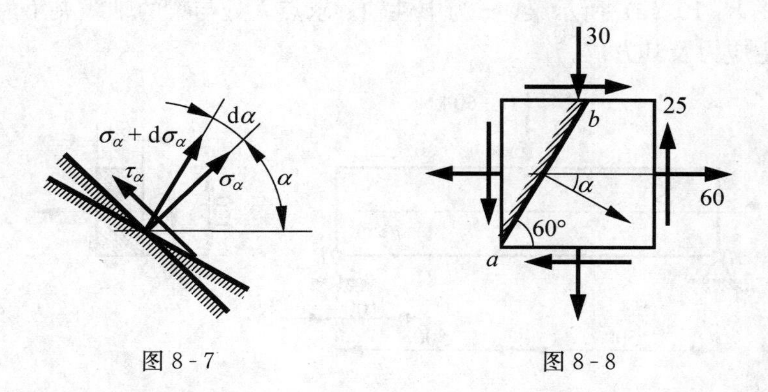

图 8-7　　　　图 8-8

解： 由图可知：$\sigma_x=60$（MPa），$\sigma_y=-30$（MPa），$\tau_{xy}=-25$（MPa），$\alpha=-30°$。
由式（8-1）和式（8-2）得

$$\sigma_{-30°}=\frac{60+(-30)}{2}+\frac{60-(-30)}{2}\cos(-60°)-(-25)\sin(-60°)=15.8(\text{MPa})$$

$$\tau_{-30°}=\frac{60-(-30)}{2}\sin(-60°)+(-25)\cos(-60°)=-51.5(\text{MPa})$$

例 8-2 求图 8-9（a）所示微体的主应力大小及方位（应力单位：MPa）。

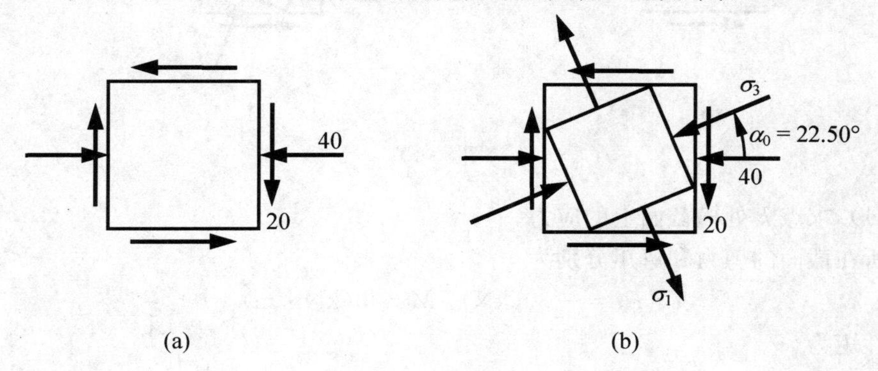

图 8-9

解： x 和 y 截面的应力分别为

$$\sigma_x = 40(\text{MPa}),\ \sigma_y = 0,\ \tau_{xy} = 20(\text{MPa})$$

由式（8-4）得

$$\left.\begin{matrix}\sigma_{max}\\ \sigma_{min}\end{matrix}\right\} = \frac{-40+0}{2} \pm \sqrt{\left(\frac{-40-0}{2}\right)^2 + 20^2} = -20 \pm 28.28(\text{MPa})$$

图 8-9（a）所示平面应力状态的微体，垂直于平面的 z 面上切应力为零，故 z 面是主平面，其上的主应力为零，即平面应力状态的三个主应力有一个为零，三个主应力为

$$\sigma_1 = 8.28(\text{MPa}),\ \sigma_2 = 0,\ \sigma_3 = -48.3(\text{MPa})$$

$$\tan 2\alpha_0 = -\frac{2\times 20}{-80-0} = 1$$

故其中一个 α_0 角为

$$\alpha_0 = 22.50(°)$$

最大主应力 σ_1 的方向指向 τ_{xy} 一侧，即位于Ⅱ、Ⅳ象限，对应的主平面微体如图 8-9（b）所示。

例 8-3 图 8-10（a）所示梁，z 为中性轴。求点 k 处与梁的轴线夹角为 $\alpha = 20°$ 方向斜截面的应力、主应力及其方位。

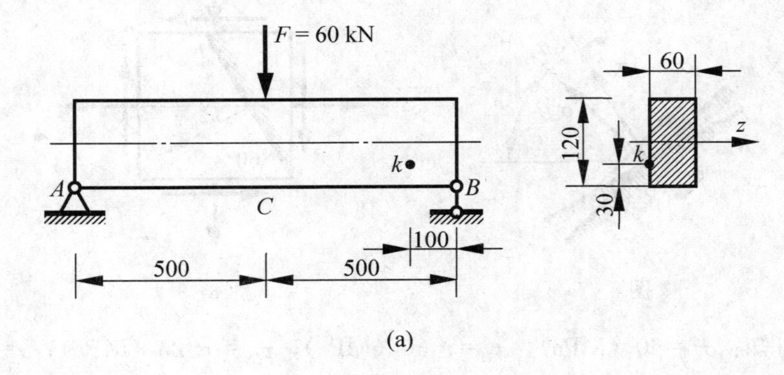

(a)

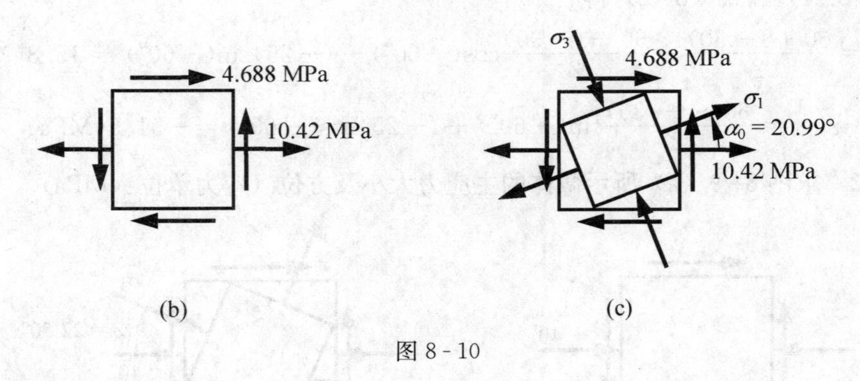

(b) (c)

图 8-10

解：（1）求点 k 处横截面上的应力。

点 k 所在截面的剪力和弯矩分别为

$$F_S = -30(\text{kN}),\ M = 3(\text{kN}\cdot\text{m})$$

截面的惯性矩为

$$I_z = \frac{0.06 \times 0.12^3}{12} = 8.640 \times 10^{-6}(\mathrm{m}^4)$$

点 k 处横截面的正应力和切应力分别为

$$\sigma = \frac{M}{I_z}y = \frac{3 \times 10^3}{8.64 \times 10^{-6}} \times 0.03 = 10.42 \times 10^6(\mathrm{Pa})$$

$$\tau = \frac{F_S S_z(\omega)}{I_z b} = \frac{30 \times 10^3 \times 0.03 \times 0.06 \times 0.045}{8.64 \times 10^{-6} \times 0.06} = 4.688 \times 10^6(\mathrm{Pa})$$

点 k 处的微体如图 8-10（b）所示，其中 $\sigma_x = 10.42$（MPa），$\sigma_y = 0$，$\tau_{xy} = -4.688$（MPa）。

（2）点 k 处斜截面上的应力。

$$\begin{aligned}\sigma_\alpha &= \frac{\sigma_x + \sigma_y}{2} + \frac{\sigma_x - \sigma_y}{2}\cos 2\alpha - \tau_{xy}\sin 2\alpha \\ &= \frac{10.42}{2} + \frac{10.42}{2}\cos 40° - (-4.688)\sin 40° \\ &= 12.2(\mathrm{MPa})\end{aligned}$$

$$\begin{aligned}\tau_\alpha &= \frac{\sigma_x - \sigma_y}{2}\sin 2\alpha + \tau_{xy}\cos 2\alpha \\ &= \frac{10.42}{2}\sin 40° + (-4.688)\cos 40° \\ &= -0.243(\mathrm{MPa})\end{aligned}$$

（3）点 k 处的主应力。

$$\left.\begin{matrix}\sigma_{\max} \\ \sigma_{\min}\end{matrix}\right\} = \frac{\sigma_x + \sigma_y}{2} \pm \sqrt{\left(\frac{\sigma_x - \sigma_y}{2}\right)^2 + \tau_{xy}^2}$$

$$\begin{aligned}&= \frac{10.42}{2} \pm \sqrt{\left(\frac{10.42}{2}\right)^2 + (-4.688)^2} \\ &= 5.208 \pm 7.007(\mathrm{MPa})\end{aligned}$$

三个主应力分别为

$$\sigma_1 = 12.2\mathrm{MPa},\ \sigma_2 = 0,\ \sigma_3 = -1.80(\mathrm{MPa})$$

主平面的方位为

$$\tan 2\alpha_0 = -\frac{2\tau_{xy}}{\sigma_x - \sigma_y} = -\frac{2 \times 4.688}{10.42} = 0.900$$

$$\alpha_0 = 20.99°$$

主平面微体如图 8-10（c）所示。

8.3 应力分析的图解法

8.3.1 应力圆

将式（8-1）改写为

$$\sigma_\alpha - \frac{\sigma_x + \sigma_y}{2} = \frac{\sigma_x - \sigma_y}{2}\cos 2\alpha - \tau_{xy}\sin 2\alpha$$

将上式和（8-2）两边平方后再分别相加，得

$$\left(\sigma_\alpha - \frac{\sigma_x + \sigma_y}{2}\right)^2 + \tau_\alpha^2 = \left(\frac{\sigma_x - \sigma_y}{2}\right)^2 + \tau_{xy}^2 \tag{8-5}$$

式（8-5）是一圆的方程。圆心坐标为$\left(\frac{\sigma_x+\sigma_y}{2}，0\right)$，半径为$\sqrt{\left(\frac{\sigma_x-\sigma_y}{2}\right)^2+\tau_{xy}^2}$。这个圆称为**应力圆或莫尔圆**，是德国科学家莫尔（O. Mohr）在1882年首先提出的。对图8-11（a）所示微体，应力圆的画法如下：

（1）以σ为横轴，τ为纵轴，建立坐标系；

（2）在坐标系中取点D，坐标为（σ_x，τ_{xy}）；

（3）取点E，坐标为（σ_y，τ_{yx}）；

（4）连接DE交横轴于C；

（5）以C为圆心，CD为半径作圆，该圆即应力圆，如图8-11（b）所示。

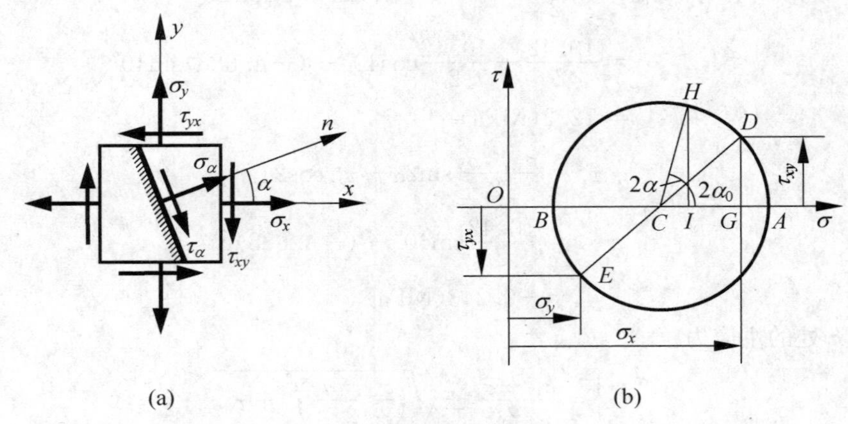

图8-11

图8-11（b）所示圆为应力圆。因为，$\overline{OC}=\frac{\sigma_x+\sigma_y}{2}$，即点$C$为应力圆的圆心；$\overline{CD}^2=\overline{CG}^2+\overline{DG}^2$，故$\overline{CD}=\sqrt{\left(\frac{\sigma_x-\sigma_y}{2}\right)^2+\tau_{xy}^2}$，即该圆的半径是应力圆的半径。

由应力圆的作法可知，点D对应于微体的x面，其横坐标和纵坐标分别表示该点的正应力和切应力；与点D角度相差π的点E，则对应于微体的y面（图8-11）。应力圆上与点D相差2α的任一点H的坐标，表示α面上的正应力σ_α和切应力τ_α，这是因为

$$\begin{aligned}\overline{OI}&=\overline{OC}+\overline{CH}\cos(2\alpha_0+2\alpha)\\&=\overline{OC}+\overline{CH}\cos2\alpha_0\cos2\alpha-\overline{CH}\sin2\alpha_0\sin2\alpha\\&=\overline{OC}+\overline{CD}\cos2\alpha_0\cos2\alpha-\overline{CD}\sin2\alpha_0\sin2\alpha\\&=\frac{\sigma_x+\sigma_y}{2}+\frac{\sigma_x-\sigma_y}{2}\cos2\alpha-\tau_{xy}\sin2\alpha\\&=\sigma_\alpha\end{aligned}$$

类似地可证明$\overline{HI}=\tau_\alpha$。

所以，应力圆上的点与微体的截面是一一对应的。应力圆上从一点沿圆周转2α角，微体的截面相应转α角。在应力圆上［图8-11（b）］，点A和B的纵坐标均为零，代表两个主应力，图中分别是σ_1和σ_2。从点D顺时针转到点A的角度为$2\alpha_0$，故主应力（σ_1）与x面的夹角为α_0（顺时针）。

用应力圆进行平面应力状态分析的方法称为**图解法**。

例 8-4 用图解法求图 8-12（a）所示微体的主应力。

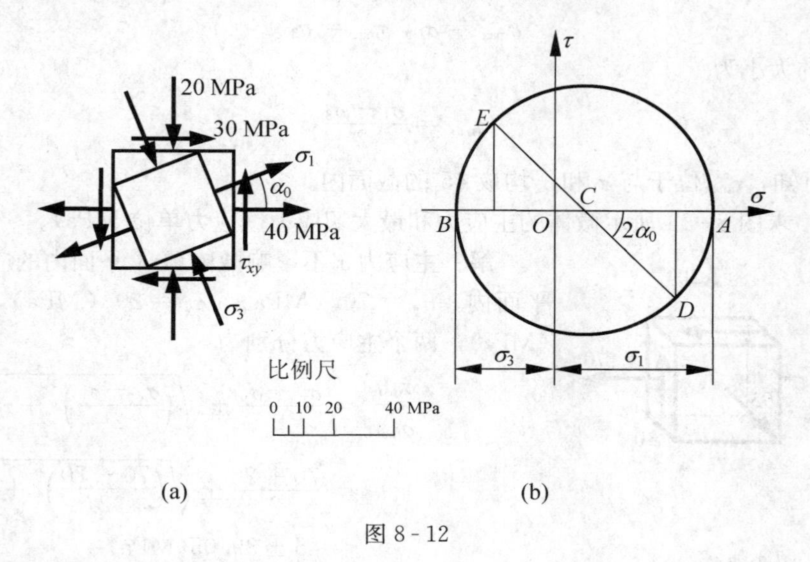

图 8-12

解：按选定的比例尺，在 $O\sigma\tau$ 坐标系中以坐标（40MPa，−30MPa）确定点 D，以坐标（−20MPa，30MPa）确定点 E。连接 DE，与 σ 轴交于点 C。以 C 为圆心，CD 为半径作应力圆，如图 8-12（b）所示。从图中可量面内的两个主应力分别为

$$\sigma_1=\overline{OA}=105(\mathrm{MPa}),\sigma_3=\overline{OB}=-65(\mathrm{MPa})$$

主应力 $\sigma_2=0$。在应力圆上由点 D 转至点 A 为逆时针，且可量得 $2\alpha_0=45°$。在微体中从 x 截面以逆时针方向量取 $\alpha_0=22.5°$，即 σ_1 所在主平面的法线，如图 8-12（a）所示。

8.3.2 三向应力圆

图 8-2 所示的主平面微体，主应力分别为 σ_1，σ_2 和 σ_3。与 σ_3 平行的斜截面上的应力仅与 σ_1 和 σ_2 有关，与 σ_3 无关。可在 σ-τ 平面内作出由 σ_1 和 σ_2 确定的应力圆（图 8-13 所示左侧圆），该圆上点的坐标和微体上与 σ_3 平行截面上的应力一一对应。

同理，与 σ_1 平行的各截面上的应力，可由 σ_2 和 σ_3 所作的应力圆来确定；与 σ_2 平行的各截面上的应力，则可由 σ_1 和 σ_3 所作的应力圆来确定。此外，对于与三个主应力均不平行的任意斜截面，其上的应力自然不在三个应力圆上，可以证明，这些斜截面上的正应力和切应力在 σ-τ 坐标面内对应的点必位于图示阴影区域。这样画出的三个应力圆称为**三向应力圆**。

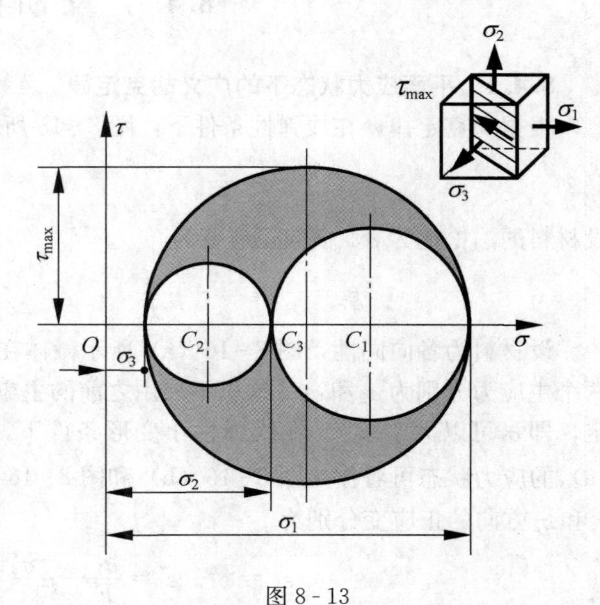

图 8-13

综上所述，在 σ-τ 平面内，代表任一截面上的应力点，或位于图 8-13 所示应

力圆上，或位于阴影区域内，故微体的正应力不会超过σ_1，也不会小于σ_3，所以三向应力状态下最大正应力和最小正应力分别为

$$\sigma_{\max}=\sigma_1,\ \sigma_{\min}=\sigma_3 \tag{8-6}$$

最大切应力的大小为

$$\tau_{\max}=\frac{\sigma_1-\sigma_3}{2} \tag{8-7}$$

由图 8-13 可知，$\tau_{\max}$位于与σ_1和σ_3均成 45°的截面内。

例 8-5 求图 8-14 所示微体的主应力和最大切应力（应力单位 MPa）。

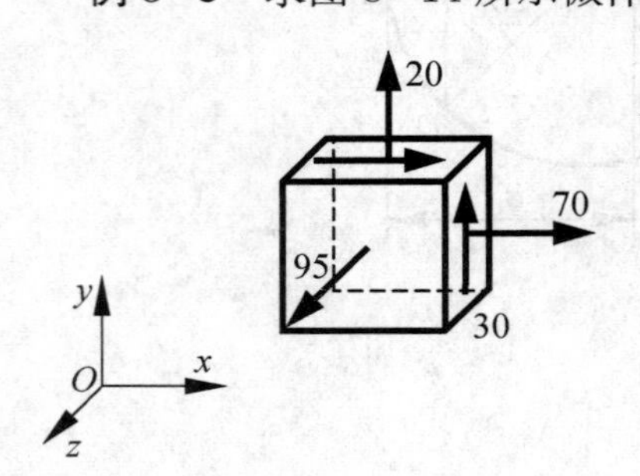

图 8-14

解： 主应力σ_z不影响微体Oxy平面内的应力。在Oxy平面内，$\sigma_x=70$（MPa），$\sigma_y=20$（MPa），$\tau_{xy}=-30$（MPa），两个主应力分别为

$$\left.\begin{matrix}\sigma_{\max}\\ \sigma_{\min}\end{matrix}\right\}=\frac{\sigma_x+\sigma_y}{2}\pm\sqrt{\left(\frac{\sigma_x-\sigma_y}{2}\right)^2+\tau_{xy}^2}$$

$$=\frac{70+20}{2}\pm\sqrt{\left(\frac{70-20}{2}\right)^2+(-30)^2}$$

$$=45\pm39.05(\text{MPa})$$

即在Oxy平面内

$$\sigma_{\max}=84.05(\text{MPa}),\ \sigma_{\min}=5.95(\text{MPa})$$

微体的三个主应力为

$$\sigma_1=95(\text{MPa}),\ \sigma_2=84.05(\text{MPa}),\ \sigma_3=5.95(\text{MPa})$$

最大切应力为

$$\tau_{\max}=\frac{\sigma_1-\sigma_3}{2}=\frac{95-5.95}{2}=44.5(\text{MPa})$$

8.4 广义胡克定律

8.4.1 平面应力状态下的广义胡克定律

根据胡克定律，在线弹性条件下，图 8-15 所示微体沿水平方向的正应变为

$$\varepsilon=\frac{\sigma}{E}$$

设材料的泊松比为μ，横向正应变为

$$\varepsilon'=-\mu\varepsilon=-\mu\frac{\sigma}{E}$$

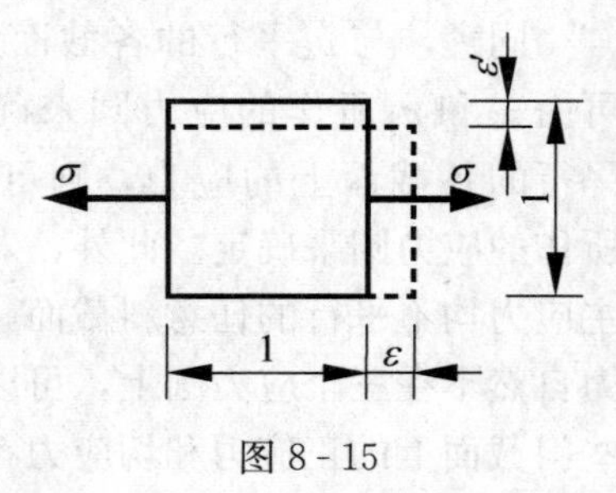

图 8-15

设材料为各向同性，图 8-16（a）所示微体在平面内的两个主应力分别为σ_1和σ_2（这里不采用之前的主应力大小规定，即σ_2可以大于σ_2）。在线弹性小变形条件下，图 8-16（a）的应力状态可看作是图 8-16（b）和图 8-16（c）中两个单向应力状态的叠加。微体沿σ_1和σ_2方向的正应变分别为

$$\varepsilon_1=\varepsilon_1'+\varepsilon_1''=\frac{\sigma_1}{E}-\mu\frac{\sigma_2}{E}=\frac{1}{E}(\sigma_1-\mu\sigma_2) \tag{a}$$

$$\varepsilon_2=\varepsilon_2'+\varepsilon_2''=-\mu\frac{\sigma_1}{E}+\frac{\sigma_2}{E}=\frac{1}{E}(\sigma_2-\mu\sigma_1) \tag{b}$$

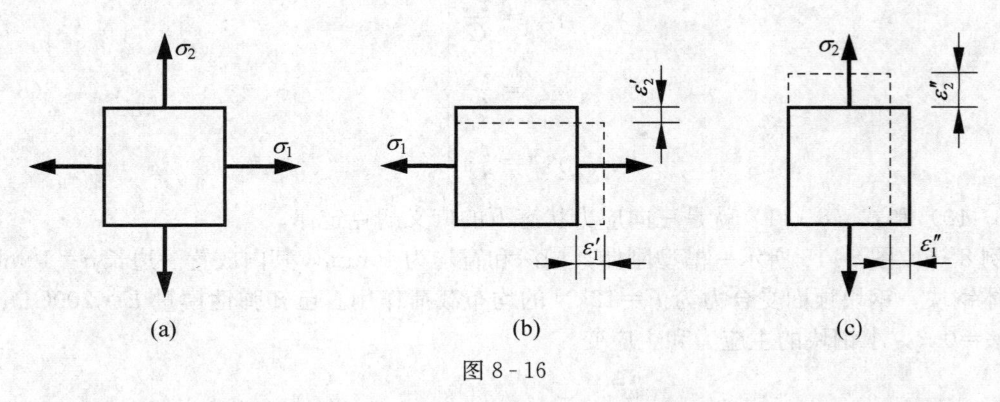

图 8-16

可以证明，对于各向同性材料，当变形为小变形且在线弹性范围内，正应变只与正应力有关，与切应力无关；切应变只与切应力有关，与正应力无关。所以，图 8-17 所示应力状态，可看作是图 8-16（a）所示应力状态和纯剪切应力状态的叠加。于是，由式（a）、式（b）及剪切胡克定律可知

$$\left.\begin{aligned}\varepsilon_x&=\frac{1}{E}(\sigma_x-\mu\sigma_y)\\ \varepsilon_y&=\frac{1}{E}(\sigma_y-\mu\sigma_x)\\ \gamma_{xy}&=\frac{\tau_{xy}}{G}\end{aligned}\right\} \tag{8-8}$$

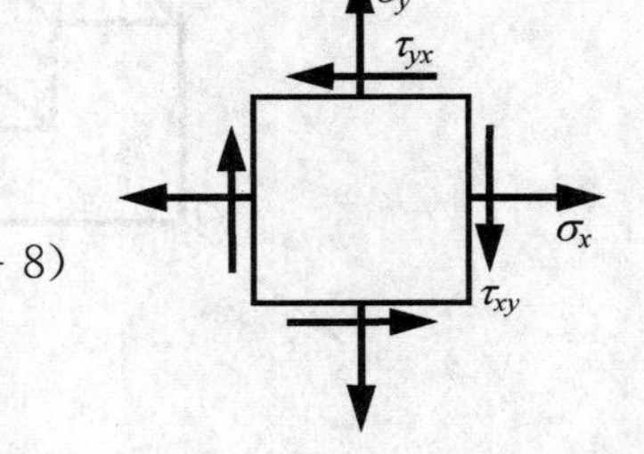

图 8-17

这就是平面应力状态下的广义胡克定律。

8.4.2 三向应力状态下的广义胡克定律

仿照本节 8.4.1 的方法，可求出微体在三个主应力作用下，应力—应变关系为

$$\left.\begin{aligned}\varepsilon_1&=\frac{1}{E}[\sigma_1-\mu(\sigma_2+\sigma_3)]\\ \varepsilon_2&=\frac{1}{E}[\sigma_2-\mu(\sigma_3+\sigma_1)]\\ \varepsilon_3&=\frac{1}{E}[\sigma_3-\mu(\sigma_1+\sigma_2)]\end{aligned}\right\} \tag{8-9}$$

这时，微体任意直角的切应变等于零，这些正应变称为**主应变**，显然主应变的方向与主应力方向一致。由式（8-9）可知

$$\varepsilon_1\geqslant\varepsilon_2\geqslant\varepsilon_3$$

对于图 8-1 所示空间应力状态的一般情况，可看作是主应力和三组纯剪切的组合。对于主应力，有

$$\left.\begin{aligned}\varepsilon_x&=\frac{1}{E}[\sigma_x-\mu(\sigma_y+\sigma_z)]\\ \varepsilon_y&=\frac{1}{E}[\sigma_y-\mu(\sigma_z+\sigma_x)]\\ \varepsilon_z&=\frac{1}{E}[\sigma_z-\mu(\sigma_x+\sigma_y)]\end{aligned}\right\} \tag{8-10}$$

对于纯剪切，有

$$\left.\begin{aligned}\gamma_{xy}&=\frac{\tau_{xy}}{G}\\\gamma_{yz}&=\frac{\tau_{yz}}{G}\\\gamma_{zx}&=\frac{\tau_{zx}}{G}\end{aligned}\right\}\tag{8-11}$$

式（8-10）和式（8-11）就是三向应力状态下的广义胡克定律。

例 8-6 图 8-18 所示一槽型刚体，槽深和宽均为 10mm，其内放置一边长 a=10mm 的正方体钢块，钢块顶面受合力为 F=12kN 的均布载荷作用。已知弹性模量 E=200GPa，泊松比 μ=0.3，求钢块的主应力和主应变。

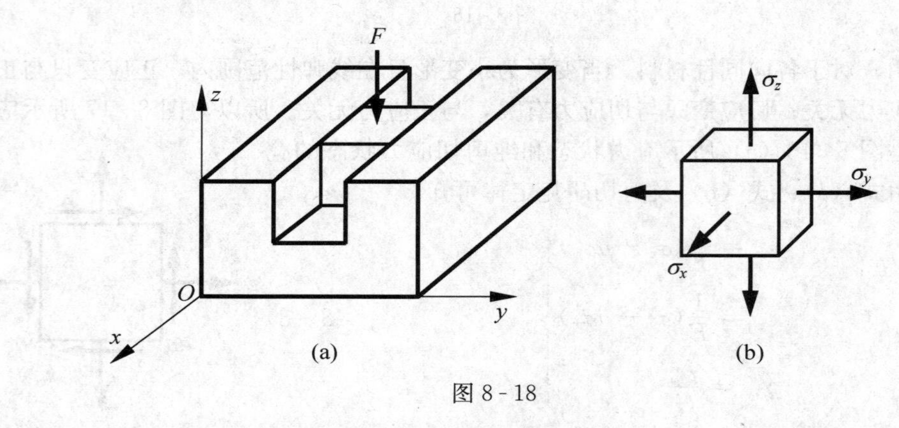

图 8-18

解： 平行于钢块表面，取一微体如图 8-18（b）所示。由已知得

$$\sigma_z=-\frac{F}{a^2}=\frac{-12\times10^3}{100\times10^{-6}}=-120\times10^6(\mathrm{Pa}),\ \sigma_x=0,\ \varepsilon_y=0$$

根据广义胡克定律［式（8-10）］，有

$$\left.\begin{aligned}\varepsilon_x&=\frac{1}{200\times10^9}[0-0.3(\sigma_y-120\times10^6)]\\\varepsilon_y&=\frac{1}{200\times10^9}[\sigma_y-0.3(0-120\times10^6)]\\\varepsilon_z&=\frac{1}{200\times10^9}[-120\times10^6-0.3(0+\sigma_y)]\end{aligned}\right\}$$

解得

$$\sigma_y=-36(\mathrm{MPa}),\ \varepsilon_x=2.34\times10^{-4},\ \varepsilon_z=-6.54\times10^{-4}$$

主应力和主应变分别为

$$\sigma_1=0,\ \sigma_2=-36(\mathrm{MPa}),\ \sigma_3=-120(\mathrm{MPa})$$
$$\varepsilon_1=2.34\times10^{-4},\ \varepsilon_2=0,\ \varepsilon_3=-6.54\times10^{-4}$$

8-1 图示圆截面杆件，直径均为 d。（1）确定危险点的位置；（2）用微体表示危险点

的应力状态。

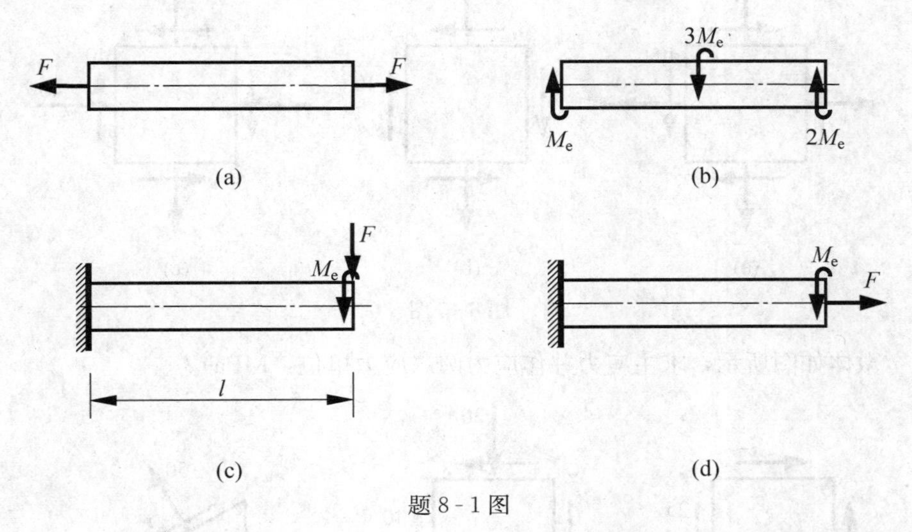

题 8-1 图

8-2 已知 M_e=80kN·m，F=160kN，求点 a 和 b 处的应力，并用微体表示。

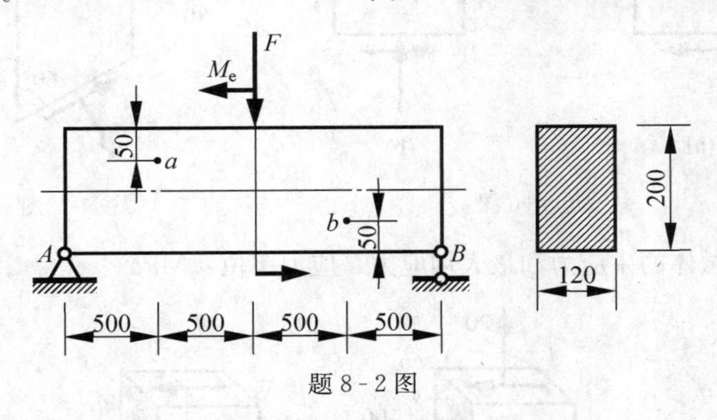

题 8-2 图

8-3 用解析法求斜截面上的应力（应力单位：MPa）。

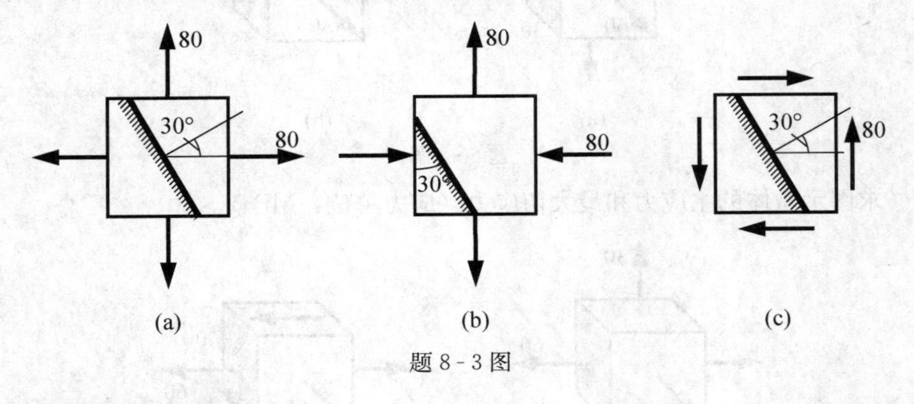

题 8-3 图

8-4 用图解法求解题 8-3。

8-5 求各微体主应力大小和主平面位置并在微体上绘出（应力单位：MPa）。

8-6 微体如图所示（应力单位：MPa），(1) 用解析法求主应力大小；(2) 在微体上表示出最大主应力的方向；(3) 求最大切应力。

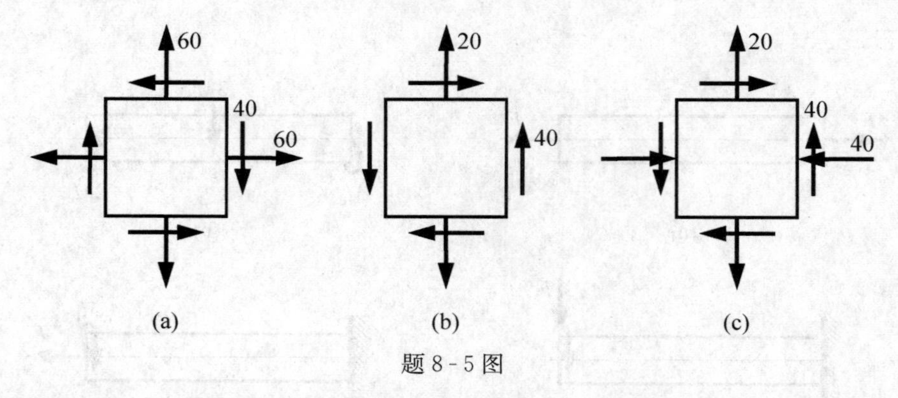

题 8-5 图

8-7　微体如图所示，求主应力并作应力圆（应力单位：MPa）。

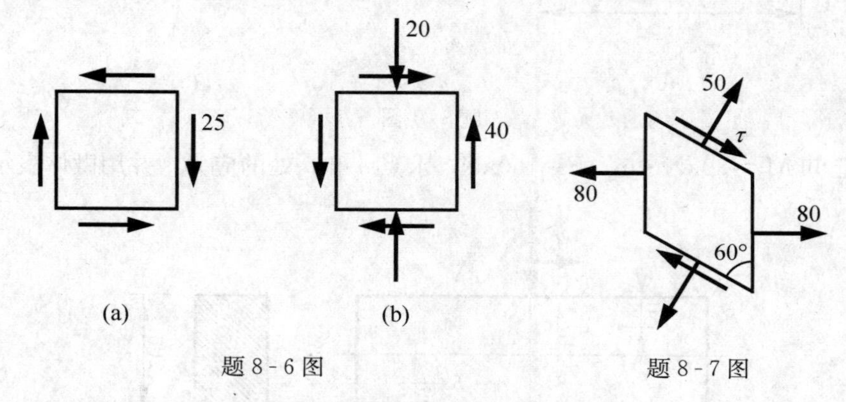

题 8-6 图　　　　题 8-7 图

8-8　求图示微体的主应力和最大切应力（应力单位：MPa）。

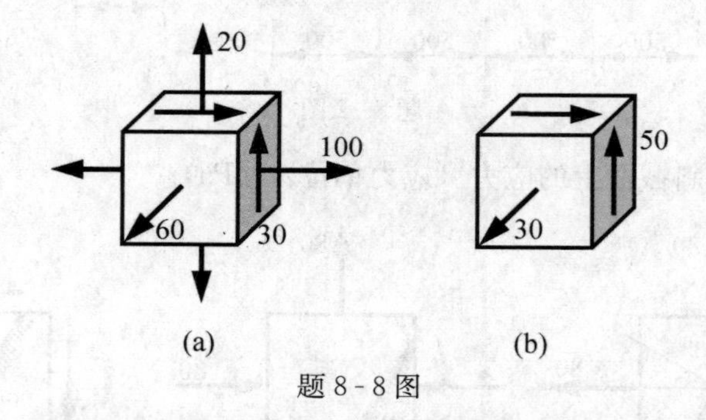

题 8-8 图

8-9　求图示微体的主应力和最大切应力（应力单位：MPa）。

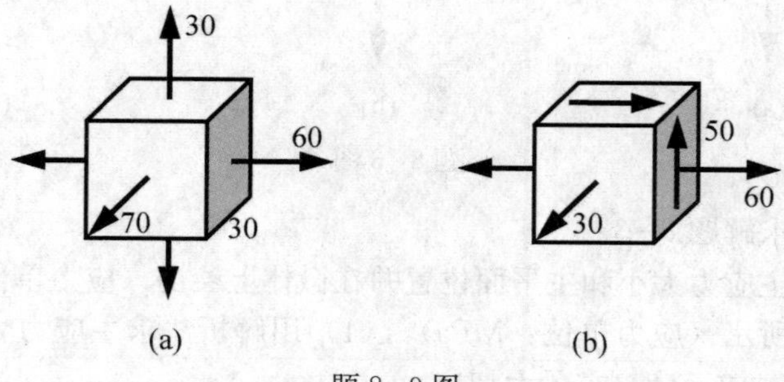

题 8-9 图

8-10　点的应力状态如图所示，求主应力及主平面的位置，并用微体表示（应力单位：MPa）。

8-11　边长为 $a=10\text{mm}$ 的正方体钢块恰好置入刚性模孔中，上面受合力 $F=9\text{kN}$ 的均布力作用。已知钢块的弹性模量 $E=200\text{GPa}$，泊松比 $\mu=0.3$，求钢块中各点的主应力和主应变。

8-12　空心圆轴外径为 D，内径 d 是外径的一半，材料的弹性模量和泊松比分别为 E 和 μ。测得表面一点 A 与轴线成 45°方向的线应变 ε_{45°，求力偶 M_e。

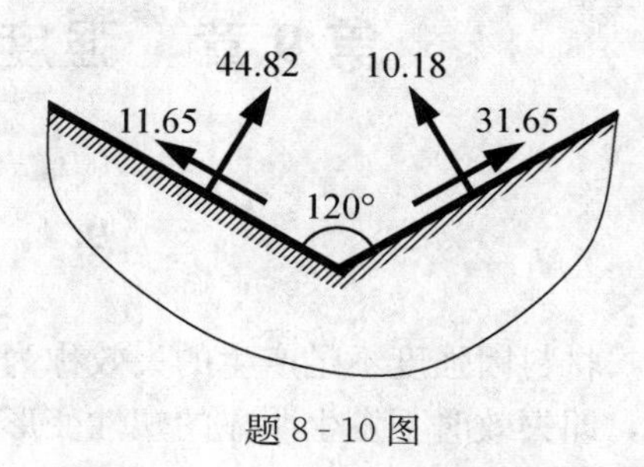

题 8-10 图

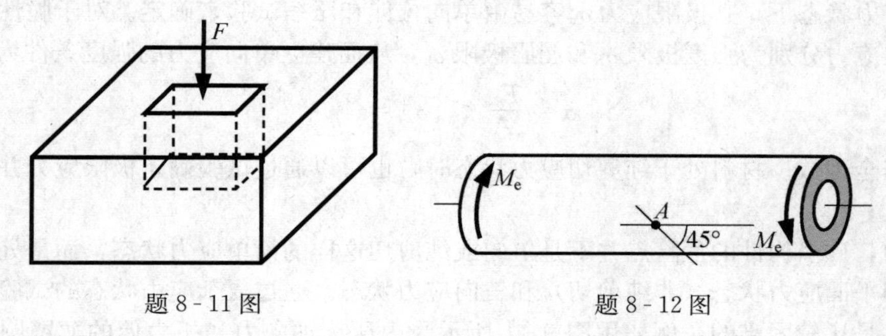

题 8-11 图　　题 8-12 图

第 9 章　强度理论与弯曲和扭转的组合

9.1　强度理论的概念

材料因强度不足产生的失效称为**强度失效**。强度失效的形式主要有两种，一种是脆性断裂，即失效时不发生明显的塑性变形；一种是塑性屈服，即失效时发生明显的塑性变形。材料在单向应力状态下，其极限应力 σ_u 容易由单向拉伸和压缩试验来确定。对于脆性和塑性材料，其极限应力分别为强度极限 σ_b 和屈服极限 σ_s，从而建立单向应力的强度条件为

$$\sigma=\frac{F_N}{A}\leqslant[\sigma]=\frac{\sigma_u}{n}$$

这里 n 为安全因数。材料处于纯剪切应力状态时，也可以通过试验确定极限应力并建立强度条件。

工程中，许多构件的危险点并不是单向或纯剪切这样的简单应力状态，而是处于复杂应力状态，即平面应力状态（非纯剪切）和三向应力状态。通过复杂应力状态的试验建立相应的强度条件是比较困难的，例如用图 9 - 1 所示受内压、轴向力和扭力偶的薄壁圆筒可获得应力状态的普遍情况，但受技术、成本和效率等影响，大量试验并不现实，而且，复杂应力状态下有各种应力组合和比值，完全模拟各种情况并不容易。为此，对于复杂应力状态，往往根据一些试验的结果，分析材料破坏的原因，提出假说并建立强度条件，这些关于材料强度失效的假说称为**强度理论**。

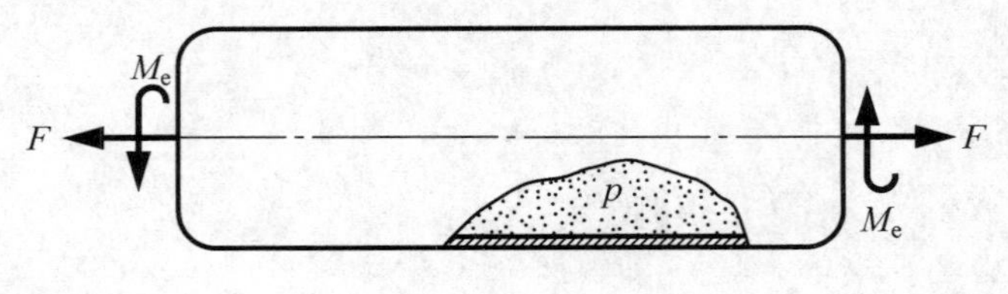

图 9 - 1

试验表明，脆性材料的破坏常常是由拉应力引起的，例如灰口铸铁拉伸试样破坏时是沿横截面方向断裂，但扭转时是沿 45°的螺旋面断裂，断裂面均垂直于最大拉应力；塑性材料的破坏与最大切应力有关，例如低碳钢拉伸试样屈服时出现与轴线方向大约为 45°的滑移带，与最大切应力方向一致。强度理论认为，材料的破坏主要与某种因素有关，这种因素可能是应力、应变，也可能是能量，不过，该因素与应力状态无关。即无论是复杂应力状态还是单向应力状态，其失效的原因是相同的。所以，对于复杂应力状态下，可以根据单向应力状态的试验，测量强度理论认为引起材料破坏的主要因素的极限值，从而建立相应的强度条件。

强度理论有很多，现有理论也不能圆满解决各种强度问题。下面介绍四种常用的强度理论，这些理论建立的强度条件均可用主应力计算，适用于常温下均匀、连续的各向同性材料。

9.2　四个常用的强度理论

9.2.1　最大拉应力理论

最大拉应力理论也称为**第一强度理论**。该理论认为，脆性材料发生断裂破坏的主要因素是最大拉应力。不论材料处于何种应力状态，只要构件内一点处的最大的拉应力σ_1达到材料固有的某一极限值σ_u，材料就发生断裂。由于该极限值与应力状态无关，而单向拉伸时只有第一主应力σ_1，其他两个主应力$\sigma_2=\sigma_3=0$，所以其等于材料单向拉伸的强度极限，即$\sigma_u=\sigma_b$。所以，最大拉应力理论的断裂准则为

$$\sigma_1=\sigma_b$$

所以，根据该准则，只要第一主应力小于单向拉伸的强度极限，材料就不会发生断裂。将强度极限σ_b除以安全因数n，得到许用应力$[\sigma]$。于是，根据第一强度理论建立的强度条件为

$$\sigma_1\leqslant[\sigma] \tag{9-1}$$

9.2.2　最大拉应变理论

最大拉应变理论也称为**第二强度理论**。该理论认为，脆性材料发生断裂破坏的主要因素是最大拉应变。不论材料处于何种应力状态，只要材料的最大的拉应变ε_1达到材料固有的某一极限值ε_u，材料就发生断裂。由于ε_u与应力状态无关，该值由单向拉伸确定。由于脆性材料单向拉伸直到断裂时接近线弹性，假设材料断裂时仍可用胡克定律，极限应变为

$$\varepsilon_u=\frac{\sigma_b}{E}$$

根据该理论，在任意应力状态下，材料的断裂准则为

$$\varepsilon_1=\frac{\sigma_b}{E} \tag{a}$$

而ε_1可由广义胡克定律求出，即

$$\varepsilon_1=\frac{1}{E}[\sigma_1-\mu(\sigma_2+\sigma_3)]$$

代入式（a）得断裂准则为

$$\sigma_1-\mu(\sigma_2+\sigma_3)=\sigma_b \tag{9-2}$$

将强度极限σ_b除以安全因数n，得许用应力$[\sigma]$。于是，根据第二强度理论建立的强度条件为

$$\sigma_1-\mu(\sigma_2+\sigma_3)\leqslant[\sigma]$$

试验表明，脆性材料受双向拉伸压缩，且压应力值大于拉应力值时，该理论与试验结果大致相符。不过，第二强度理论并不比第一强度理论有优势，已弃之不用。

9.2.3　最大切应力理论

最大切应力理论也称为**第三强度理论**。该理论认为，塑性材料发生屈服破坏的主要因素是最大切应力。不论材料处于何种应力状态，只要最大切应力τ_{max}达到材料固有的某一极限值τ_u，材料就发生屈服。由于该极限值与应力状态无关，单向拉伸时正应力达到的极限值为屈服极限σ_s，其对应的与轴线成45°角面内的切应力为

$$\tau_{max,s}=\frac{\sigma_s}{2}$$

$\tau_{max,s}$就是任意应力状态下的极限应力τ_u。任意应力状态下最大切应力为

$$\tau_{max}=\frac{\sigma_1-\sigma_3}{2}$$

所以屈服准则为

$$\frac{\sigma_1-\sigma_3}{2}=\frac{\sigma_s}{2}$$

即

$$\sigma_1-\sigma_3=\sigma_s \tag{b}$$

将屈服极限σ_s除以安全因数n，得许用应力$[\sigma]$。于是强度条件为

$$\sigma_1-\sigma_3\leqslant[\sigma] \tag{9-3}$$

在平面应力状态下，设两个主应力分别为σ_1和σ_2，且这里下标与代数值无关，根据式（b）可知：

当σ_1和σ_2符号相同时，屈服准则为

$$|\sigma_1|=\sigma_s \text{ 或 } |\sigma_2|=\sigma_s \tag{c}$$

当σ_1和σ_2符号相反时，屈服准则为

$$|\sigma_1-\sigma_2|=\sigma_s \tag{d}$$

式（c）和（d）中每个方程均为一组直线方程，在σ_1和σ_2为坐标的平面上，六条直线围成一个六边形，如图 9-2 所示。在六边形上的点，表示屈服应力，六边形区域内部的点，应力状态未达到屈服。

9.2.4 畸变能理论

材料受力变形后，外力功转化为材料的弹性能，称为**应变能**。主应力可分为两部分，即平均主应力$\sigma_{avg}=(\sigma_1+\sigma_2+\sigma_3)/3$，主应力与平均主应力之差：$(\sigma_1-\sigma_{avg})$，$(\sigma_2-\sigma_{avg})$，$(\sigma_3-\sigma_{avg})$。应变能也可分为两部分，由平均主应力引起的部分仅使材料的体积发生变化；由主应力与平均主应力之差产生的应变能，称为**畸变能**，使材料的形状发生改变。

畸变能理论也称为**第四强度理论**。该理论认为，塑性材料发生屈服破坏的主要因素是单位体积的畸变能，即**畸变能密度**。不论材料处于何种应力状态，只要畸变能密度μ_d达到材料固有的某一极限值，材料就发生屈服。该极限值与应力状态无关，可由单向拉伸时的极限值μ_{ds}确定。材料在任意应力状态的畸变能密度的表达式为

$$\mu_d=\frac{1+\mu}{6E}[(\sigma_1-\sigma_2)^2+(\sigma_2-\sigma_3)^2+(\sigma_3-\sigma_1)^2]$$

单向拉伸应力达到屈服时，$\sigma_1=\sigma_s$，$\sigma_2=\sigma_3=0$，由式（b），其应变能的极限值为

$$\mu_{ds}=\frac{1+\mu}{3E}\sigma_s^2$$

屈服准则为

$$\frac{1+\mu}{6E}[(\sigma_1-\sigma_2)^2+(\sigma_2-\sigma_3)^2+(\sigma_3-\sigma_1)^2]=\frac{1+\mu}{3E}\sigma_s^2 \tag{e}$$

即

$$\sqrt{\frac{1}{2}[(\sigma_1-\sigma_2)^2+(\sigma_2-\sigma_3)^2+(\sigma_3-\sigma_1)]^2}=\sigma_s$$

将屈服极限 σ_s 除以安全因数 n，得许用应力 $[\sigma]$。于是强度条件为

$$\sqrt{\frac{1}{2}[(\sigma_1-\sigma_2)^2+(\sigma_2-\sigma_3)^2+(\sigma_3-\sigma_1)]^2}\leqslant[\sigma] \tag{9-4}$$

在平面应力状态下，设两个任意主应力分别为 σ_1 和 σ_2，在式（e）中 $\sigma_3=0$，可得屈服准则为

$$\sigma_1^2-\sigma_1\sigma_2+\sigma_2^2=\sigma_s^2$$

这是一个椭圆方程，如图 9-2 所示。在椭圆区域内的点，表示未屈服应力，椭圆上的点，表示屈服应力。

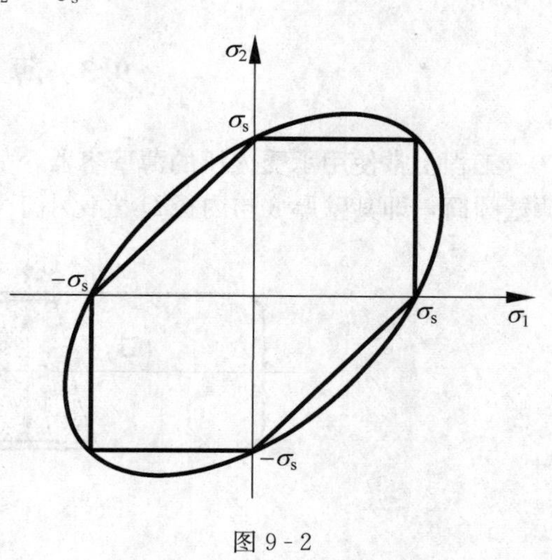

图 9-2

第四强度理论比第三强度理论更接近实验结果。

9.2.5　相当应力

常用的四个强度理论对应的强度条件，其表达式左端均为应力，右端均为单向应力状态下的许用应力，左端的应力称为相当应力，用 σ_r 表示。四个相当应力分别为

$$\sigma_{r1}=\sigma_1 \tag{9-5}$$

$$\sigma_{r2}=\sigma_1-\mu(\sigma_2+\sigma_3) \tag{9-6}$$

$$\sigma_{r3}=\sigma_1-\sigma_3 \tag{9-7}$$

$$\sigma_{r4}=\sqrt{\frac{1}{2}[(\sigma_1-\sigma_2)^2+(\sigma_2-\sigma_3)^2+(\sigma_3-\sigma_1)]^2} \tag{9-8}$$

脆性材料在三向受压情况下，也会产生明显的塑性变形，所以适用第三、第四强度理论；塑性材料在三向受拉情况下，则表现为脆性，所以适用第一强度理论。

例 9-1　图 9-3 所示微体为单向应力和纯剪切的叠加。求微体的第三、第四相当应力。

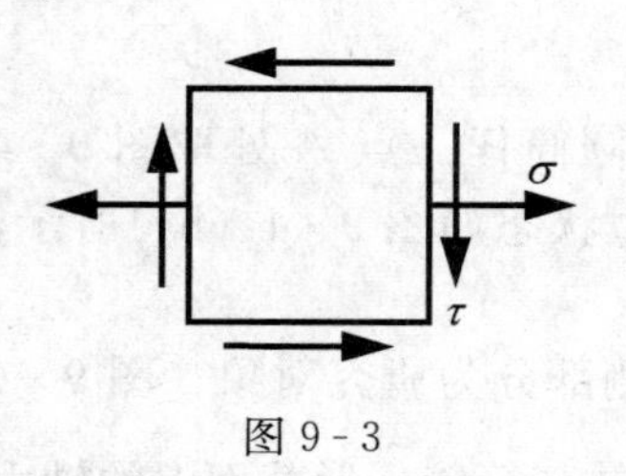

图 9-3

解： 微体的三个主应力为

$$\sigma_1=\frac{\sigma}{2}+\frac{1}{2}\sqrt{\sigma^2+4\tau^2},\ \sigma_2=0,\ \sigma_3=\frac{\sigma}{2}-\frac{1}{2}\sqrt{\sigma^2+4\tau^2}$$

将上式分别代入式（9-7）和式（9-8）得

$$\sigma_{r3}=\sqrt{\sigma^2+4\tau^2} \tag{9-9}$$

$$\sigma_{r4}=\sqrt{\sigma^2+3\tau^2} \tag{9-10}$$

实际上，只要是单向应力和纯剪切的叠加，第三、第四相当应力均如式（9-9）和式（9-10）所示。

例 9-2　用第三强度理论建立纯剪切的强度条件。

解： 纯剪切应力状态的三个主应力为

$$\sigma_1=\tau,\ \sigma_2=0,\ \sigma_1=-\tau$$

根据第三强度理论，强度条件为

$$\sigma_1-\sigma_3=2\tau\leqslant[\sigma]$$

即

$$\tau \leqslant \frac{[\sigma]}{2} \tag{f}$$

用许用切应力表示的纯剪切强度条件为

$$\tau \leqslant [\tau] \tag{g}$$

比较式（f）和（g）可得

$$[\tau] = 0.5[\sigma]$$

9.3 薄壁压力容器

工程上常使用承受内压的薄壁容器，如高压罐、气瓶等。图 9-4 所示为一受内压 p 的薄壁圆筒，即其壁厚 δ 与内径 D 之比小于 20。下面对筒壁的应力进行分析。

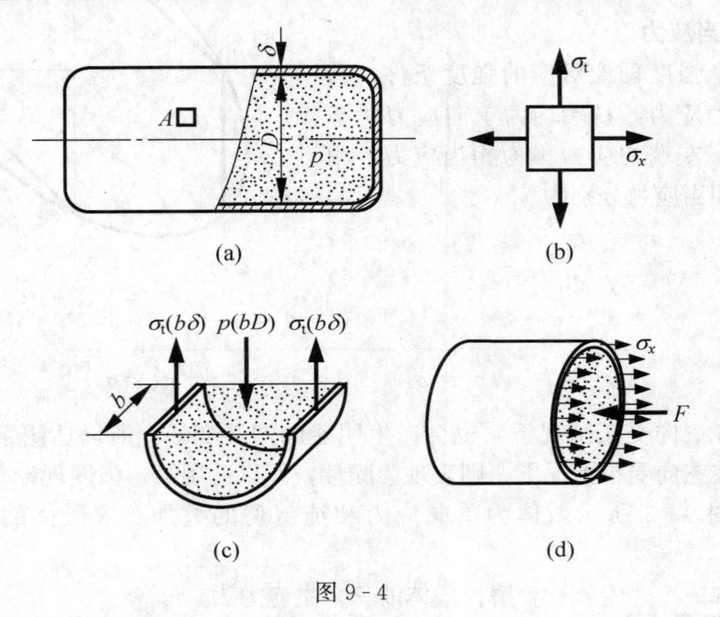

图 9-4

由于圆筒的筒壁很薄，可认为正应力沿径向均匀分布。在圆筒任一点 A 处取图 9-4（a）所示微体，若不考虑圆筒内的径向应力，由对称性，其应力状态如图 9-4（b）所示，σ_1 和 σ_2 分别为周向和轴向正应力。

为计算应力 σ_x，用截面法。将圆筒沿一横截面截开，取左侧部分为研究对象［图 9-4（d）］。左侧横截面受合力为 $F_1 = \frac{p\pi D^2}{4}$ 的右侧气体压力的作用，并与筒壁环形截面上的轴力 $F_2 = \sigma_x \pi D\delta$ 平衡，其中 $\pi D\delta$ 为环的面积。由水平方向的平衡条件，有

$$\frac{p\pi D^2}{4} = \sigma_x \pi D\delta$$

得

$$\sigma_x = \frac{pD}{4\delta} \tag{9-11}$$

为计算应力 σ_1，用截面法，在距离为 b 的两个横截面和一个通过轴线的纵向截面将圆筒截开，并取出图 9-4（c）所示部分。根据竖直方向的平衡条件，有

$$2\sigma_t b\delta = pbD$$

所以

$$\sigma_t = \frac{pD}{2\delta} \tag{9-12}$$

由式（9-11）和式（9-12）可见，薄壁圆筒压力容器的周向应力 σ_1 是轴向应力 σ_2 的2倍。

9.4　弯曲和扭转的组合

9.4.1　弯扭组合

杆件的横截面上既有弯矩也有扭矩，杆件的变形称为**弯曲和扭转的组合**变形，简称**弯扭组合**变形。图9-5（a）所示直角拐在自由端 C 受集中力 F，考虑 AB 段的强度。将力 F 向截面 B 平移，得到一个力 F 和一个力偶 $M_e = Fa$，如图9-5（b）所示。横向力 F 使 AB 段发生弯曲［图9-5（c）］，力偶 M_e 使 AB 段发生扭转［图9-5（d）］。忽略剪力，AB 段杆的横截面上内力既有弯矩又有扭矩，为弯扭组合，弯矩图（画在杆的受拉侧）和扭矩图分别如图9-5（e）和图9-5（f）所示。

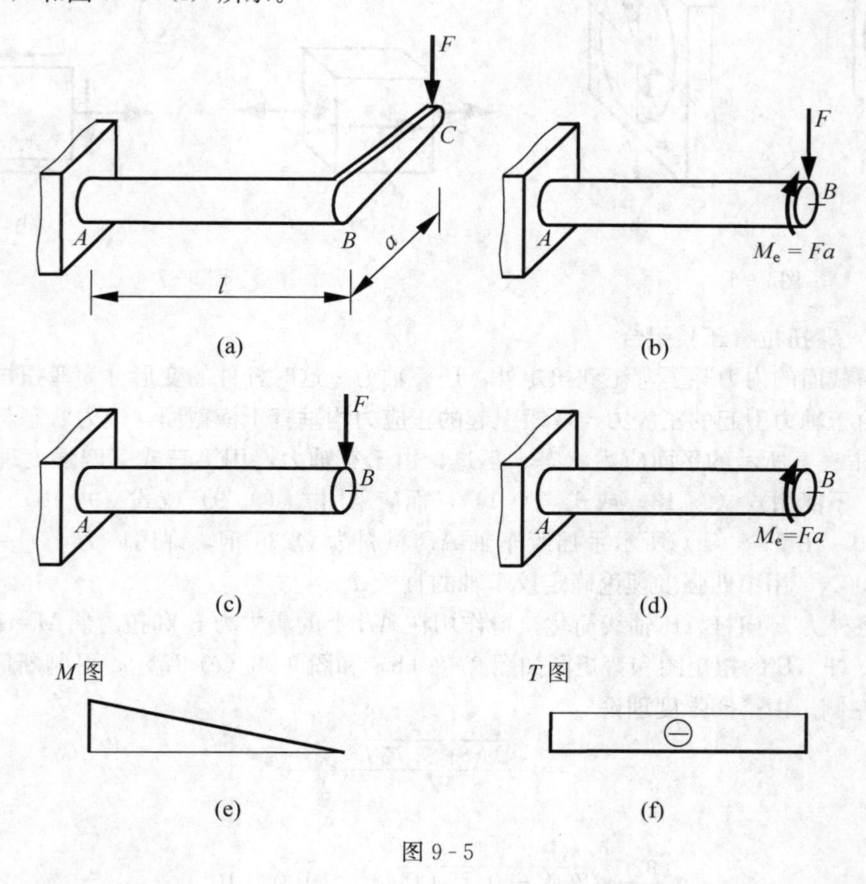

图9-5

由内力［图9-5（e）、图9-5（f）］可见，在固定端处，弯矩和扭矩均为最大值，分别为 $M_{max} = Fl$ 和 $T_{max} = Fa$，该截面为危险截面。截面的上下边缘点 a 和 b 的正应力和切应力均为最大值，为危险点（图9-6）。危险截面的沿铅垂直径的正应力和切应力分布如图9-6

所示。危险点 a 和 b 的应力状态（从外向内看）如图 9-7 所示，为平面应力状态。危险点的正应力和切应力大小分别为

$$\sigma=\frac{M}{W_z},\ \tau=\frac{T}{W_p} \tag{a}$$

如果杆件材料是塑性材料，可采用第三或第四强度理论进行强度计算。令

$$W=W_z=W_p/2 \tag{b}$$

将式（a）分别代入式（9-9）和式（9-10），并利用式（b）得对应的第三和第四相当应力分别为

$$\sigma_{r3}=\frac{\sqrt{M^2+T^2}}{W} \tag{9-13}$$

$$\sigma_{r4}=\frac{\sqrt{M^2+0.75T^2}}{W} \tag{9-14}$$

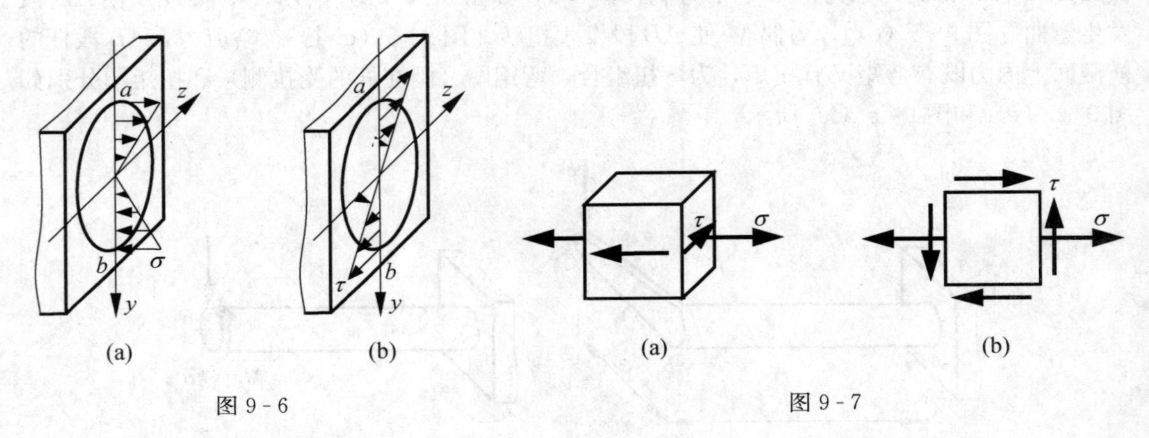

图 9-6　　图 9-7

9.4.2 弯扭拉（压）组合

杆件横截面的内力除了弯矩和扭矩外，还有轴力，这时杆件的变形称为**弯扭拉（压）组合**变形。由于轴力引起的正应力与弯矩引起的正应力均垂直于横截面，应力状态与弯扭组合相同，为图 9-7 所示的平面应力状态。不过，由于有轴力，用第三或第四强度理论进行强度计算时，不能用式（9-13）或式（9-14），而应采用式（9-9）或式（9-10）。

例 9-3　图 9-8（a）所示手摇绞车轴 AB 材料为 Q235 钢，许用应力 $[\sigma]=100\text{MPa}$。已知 $F=800\text{N}$，用第四强度理论确定绞车轴的直径 d。

解：将外力 F 向杆 AB 轴线简化，得作用在 AB 上的集中力 F 和扭力偶 $M=F\times0.18=144\text{N}\cdot\text{m}$。杆 AB 的扭矩图和弯矩图如图 9-8（b）和图 9-8（c）所示，可判断危险截面紧邻截面 C 左侧。由第四强度理论

$$\sigma_{r4}=\frac{\sqrt{M^2+0.75T^2}}{W}\leqslant[\sigma]$$

即

$$\frac{32}{\pi d^3}\sqrt{200^2+0.75\,(144)^2}\leqslant100\times10^6$$

解得

$$d\geqslant0.0288(\text{m})\ 即\ 28.8(\text{mm})$$

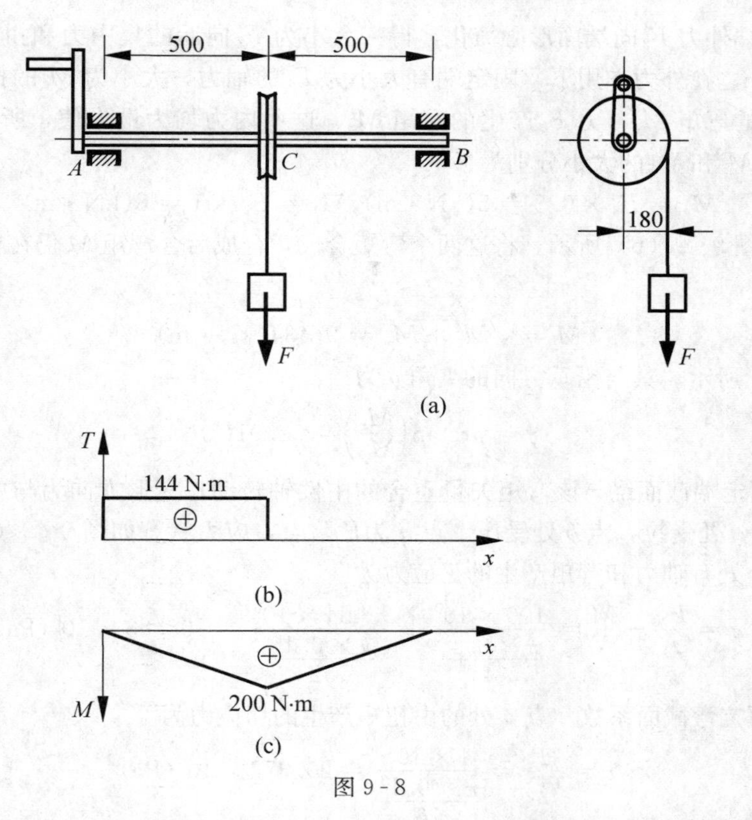

图 9 - 8

例 9 - 4　图 9 - 9（a）圆轴材料为 Q235 钢，F_1和 F_3作用在铅垂纵向对称面内，F_2作用水平面内，材料的许用应力 [σ]＝120MPa。用第四强度理论校核该轴的强度。

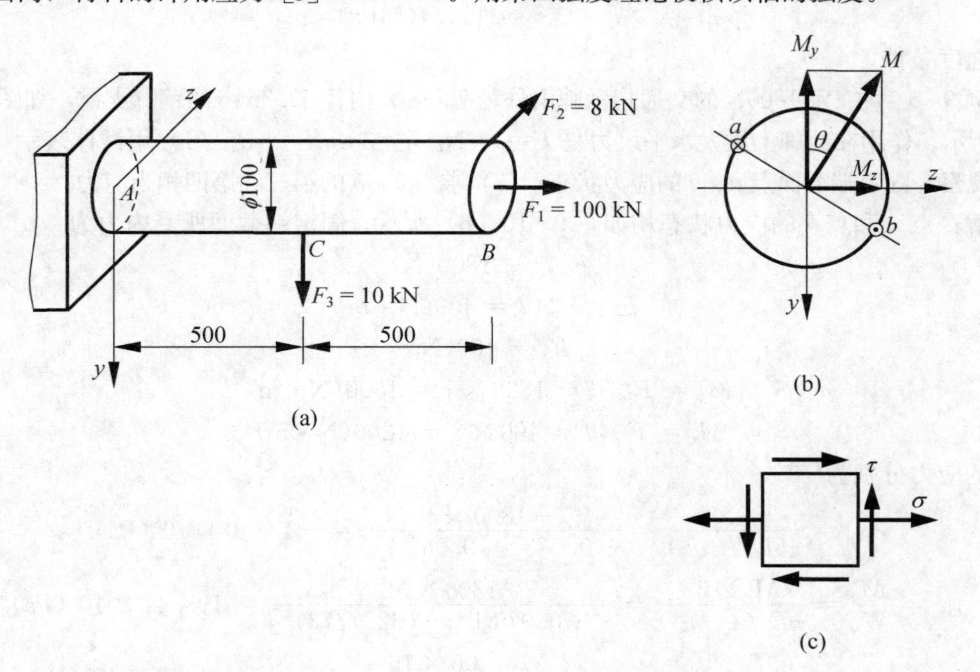

图 9 - 9

解： 将杆端外力 F_2 向端面形心简化，得一大小为 F_2 向后的集中力和扭力偶 $M_e = F_2 \times 0.05 = 4\text{kN} \cdot \text{m}$。在外力作用下，固定端有大小为 F_1 的轴力，大小为 M_e 的扭矩，还有向后的集中力引起的弯矩 M_y、力 F_3 产生的弯矩 M_z，这些内力均为最大值，所以是危险截面。固定端的弯矩 M_z 和 M_y 的大小分别为

$$M_z = F_3 \times 0.5 = 5(\text{kN} \cdot \text{m}), M_y = F_2 \times 1 = 8(\text{kN} \cdot \text{m})$$

其矢量方向如图 9-9（b）所示。将这两个弯矩合成，合成后合弯矩 M 仍在杆的纵向对称面内，大小为

$$M = \sqrt{M_z^2 + M_y^2} = 9.434(\text{kN} \cdot \text{m})$$

如图 9-9（b）所示。其与铅垂方向的夹角 θ 为

$$\theta = \arctan\left(\frac{M_z}{M_y}\right) = 32.01(°)$$

弯矩 M 引起固定端截面绕与该弯矩矢量重合的中性轴转动，变形方向为与中性轴垂直的方向 ab，其中点 a 处受拉，点 b 处受压。点 a 为危险点，应力状态如图 9-9（c）所示（由外向内看）。点 a 处有轴力和弯矩产生的正应力为

$$\sigma = \frac{F_N}{A} + \frac{M}{W} = \frac{100 \times 10^3}{\frac{\pi \times 0.1^2}{4}} + \frac{9.434 \times 10^3}{\frac{\pi \times 0.1^3}{32}} = 108.83 \times 10^6(\text{Pa})$$

其中 W 为截面抗弯截面系数。点 a 处的由扭矩产生的切应力为

$$\tau = \frac{T}{W_p} = \frac{4 \times 10^3}{\frac{\pi \times 0.1^3}{16}} = 20.372 \times 10^6(\text{Pa})$$

根据第四强度理论，相当应力为

$$\sigma_{r4} = \sqrt{\sigma^2 + 3\tau^2} = 114.4(\text{MPa}) < [\sigma]$$

满足强度条件。

例 9-5 重 $P=1800\text{N}$ 的交通指示牌由外径 73mm，内径 62.7mm 的钢管支撑，如图 9-10（a）所示。作用在此牌上最大水平风力是 $F=400\text{N}$。$h=3\text{m}$，$l=1\text{m}$。(1) 用微体表示（从外向内观察）固定端截面点 a、b 的应力状态；(2) 求点 a、b 的第三和第四相当应力。

解： 点 a 和点 b 的应力状态均如图 9-10（b）所示。固定端截面所受内力为

$$F_N = -1800(\text{N})$$

$$T = F \times l = 400(\text{N} \cdot \text{m})$$

$$F_S = 400(\text{N})$$

$$M_y = P \times l = 1800 \times 1 = 1800(\text{N} \cdot \text{m})$$

$$M_z = F \times l = 400 \times 3 = 1200(\text{N} \cdot \text{m})$$

点 a 的应力分别为

$$\sigma_{F_N} = \frac{F_N \times 4}{\pi(D^2 - d^2)} = \frac{-1800 \times 4}{\pi(0.073^2 - 0.0627^2)} = -1.640 \times 10^6(\text{Pa})$$

$$\sigma_{M_y} = \frac{M_y}{W_y} = \frac{M_y \times 32}{\pi D^3(1-\alpha^4)} = \frac{1800 \times 32}{\pi \times 0.073^3[1-(62.7/73)^4]} = 103.41 \times 10^6(\text{Pa})$$

$$\tau_T = \frac{T}{W_p} = \frac{T \times 16}{\pi D^3(1-\alpha^4)} = \frac{400 \times 16}{\pi \times 0.073^3[1-(62.7/73)^4]} = 11.49 \times 10^6(\text{Pa})$$

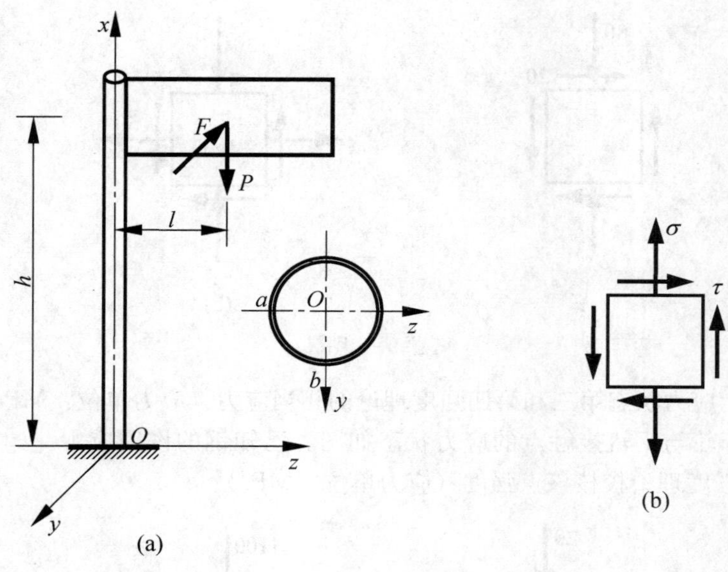

图 9 - 10

$$\tau_{F_S}=\frac{4F_s}{3A}=\frac{4\times 400\times 4}{3\pi[0.073^2-0.0627^2]}=0.4858\times 10^6(\text{Pa})$$

应力状态简化为

$$\sigma=\sigma_{M_y}-F_N=101.8(\text{MPa}),\ \tau=\tau_T-\tau_{F_S}=11.00(\text{MPa})$$

点 b 的应力分别为

$$\sigma_{F_N}=-1.640(\text{MPa}),\ \tau_T=11.49(\text{MPa}),\ \tau_{F_S}=0$$

$$\sigma_{M_z}=\frac{M_z}{W_z}=\frac{1200\times 32}{\pi\times 0.073^3[1-(62.7/73)^4]}=62.94\times 10^6(\text{Pa})$$

应力状态简化为

$$\sigma=\sigma_{M_z}-F_N=67.30(\text{MPa}),\ \tau=11.49(\text{MPa})$$

点 a 的第三和第四强度理论的相当应力分别为

$$\sigma_{r3}=\sqrt{\sigma^2+4\tau^2}=\sqrt{101.8^2+4\times 11^2}=104.2(\text{MPa})$$

$$\sigma_{r4}=\sqrt{\sigma^2+3\tau^2}=\sqrt{101.8^2+3\times 11^2}=103.6(\text{MPa})$$

点 b 的第三和第四相当应力分别为

$$\sigma_{r3}=\sqrt{\sigma^2+4\tau^2}=\sqrt{67.3^2+4\times 11.49^2}=71.12(\text{MPa})$$

$$\sigma_{r4}=\sqrt{\sigma^2+3\tau^2}=\sqrt{67.3^2+3\times 11.49^2}=70.18(\text{MPa})$$

细长杆件的弯扭拉（压）组合变形中，轴力和剪力的影响很小，常可忽略。例如，对点 a，忽略轴力和剪力的影响，第四相当应力为

$$\sigma_{r4}=\frac{\sqrt{M^2+0.75T^2}}{W}=\frac{\sqrt{1800^2+400^2}\times 32}{\pi\times 0.073^3[1-(62.7/73)^4]}=105.3\times 10^6(\text{Pa})$$

9 - 1　求图示应力状态第三和第四强度理论的相当应力（应力单位：MPa）。

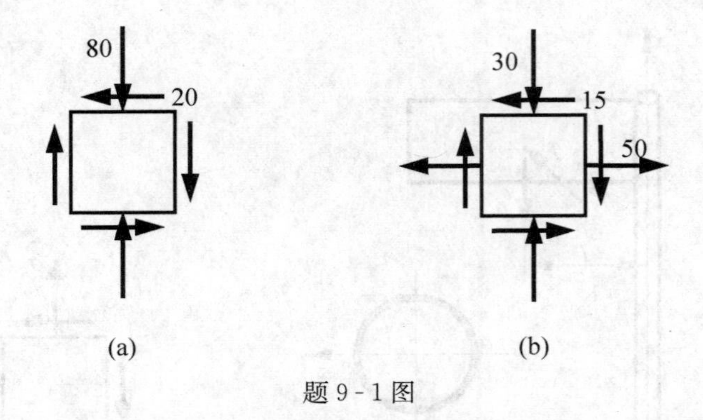

题 9-1 图

9-2 求图示应力状态第三和第四强度理论的相当应力（应力单位：MPa）。

9-3 机车车轮与钢轨接触点的应力状态如图。已知钢的许用应力 $[\sigma]=300\text{MPa}$，分别用第三和第四强度理论校核该点强度（应力单位：MPa）。

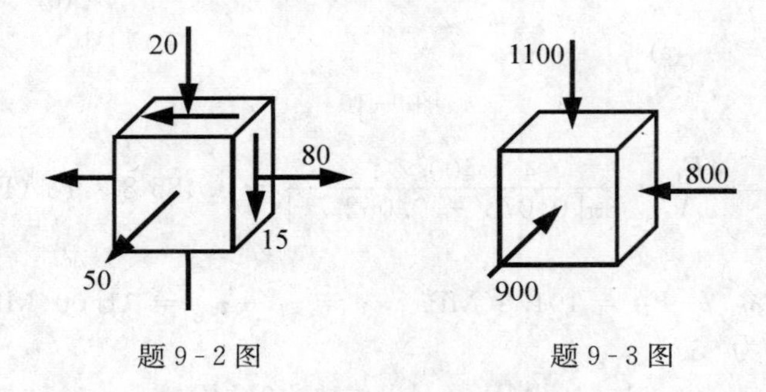

题 9-2 图　　　题 9-3 图

9-4 用第四强度理论建立纯剪切的强度条件，并求许用切应力 $[\tau]$ 和许用拉应力 $[\sigma]$ 之间的关系。

9-5 薄壁圆筒受内压 $p=3\text{MPa}$，圆筒的外径 $D=200\text{mm}$，长 $l=820\text{mm}$。已知材料的许用应力 $[\sigma]=140\text{MPa}$，分别用第三和第四强度理论确定筒厚 δ。

9-6 薄壁球形压力容器，壁厚为 δ，内径为 D，内压为 p，求容器壁内的应力。

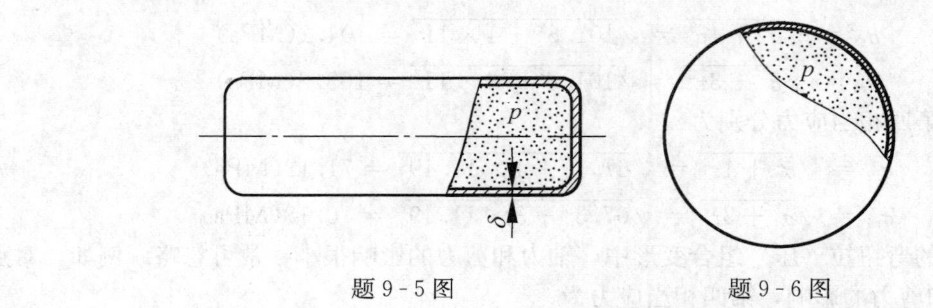

题 9-5 图　　　题 9-6 图

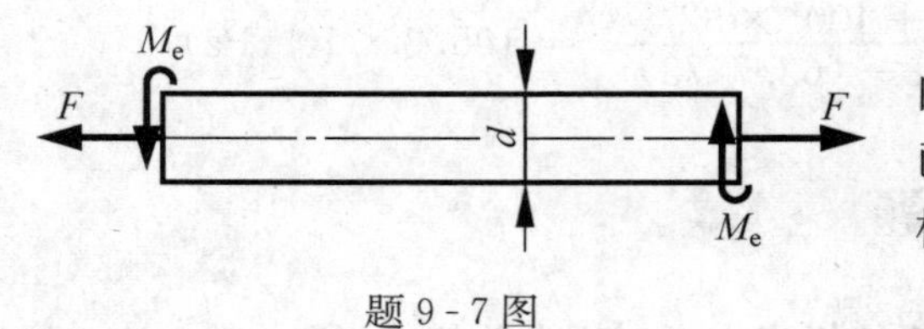

题 9-7 图

9-7 圆截面钢杆，直径 $d=65\text{mm}$，受轴向力 $F=100\text{kN}$ 和力偶 $M_e=4\text{kN}\cdot\text{m}$ 的作用。已知许用应力 $[\sigma]=140\text{MPa}$，用第四强度理论校核杆的强度。

9-8 钢制圆截面直角曲拐，位于水平面

内，受铅直载荷 F 作用。已知杆 AB 段的直径 $d=70\text{mm}$，$l=500\text{mm}$，$a=300\text{mm}$，$F=8\text{kN}$，材料的许用应力 $[\sigma]=160\text{MPa}$，用第四强度理论校核 AB 段的强度。

9-9　直角折杆 AB 段为圆截面钢杆，许用正应力 $[\sigma]=120\text{MPa}$。已知 AB 段直径 $d=20\text{mm}$，$q=200\text{N/m}$，$l=0.7\text{m}$，$a=0.5\text{m}$，用第三强度理论校核杆 AB 段的强度。

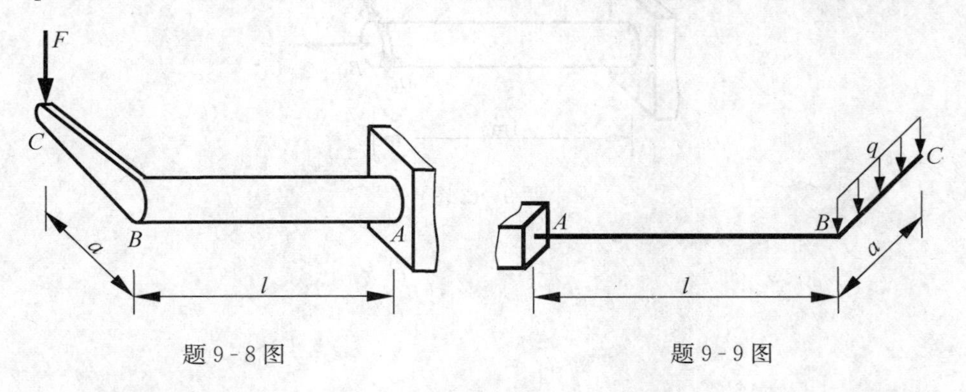

题 9-8 图　　题 9-9 图

9-10　电动机和皮带轮如图示，主轴外伸长度为 $l=120\text{mm}$，皮带轮直径 $D=250\text{mm}$，皮带紧边与松边的拉力分别为 F 与 F'，且 $F=2F'=2000\text{N}$。已知许用应力 $[\sigma]=60\text{MPa}$，用第四强度理论确定电机主轴直径 d。

9-11　铁路信号板，装在外径为 $D=60\text{mm}$ 的空心柱上。设信号板所受的最大风压为 $p=2000\text{Pa}$，材料的许用应力 $[\sigma]=60\text{MPa}$，用第三强度理论选择空心柱的壁厚 δ。

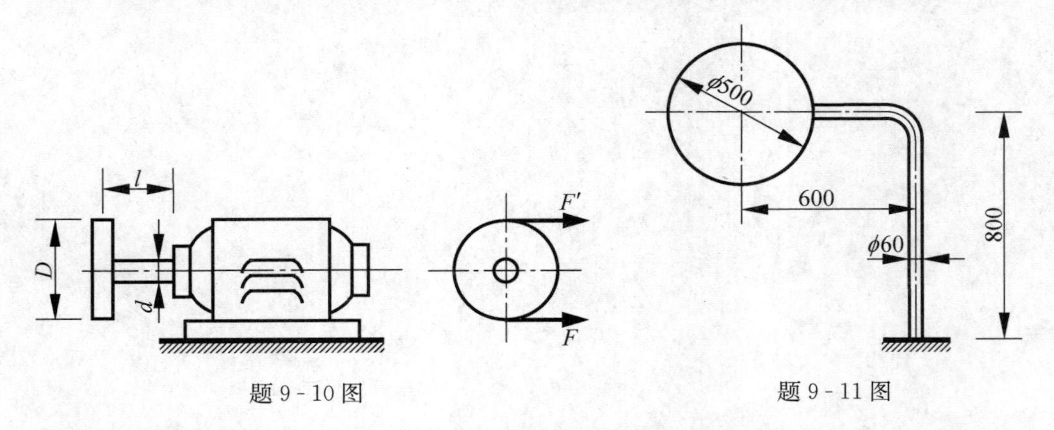

题 9-10 图　　题 9-11 图

9-12　一磨床砂轮轴如图所示。已知电动机功率 $P=4\text{kW}$，转子转速 $n=1440\text{r/min}$，转子重量 $W_1=100\text{N}$。钢制砂轮轴直径 $d=50\text{mm}$，许用应力 $[\sigma]=60\text{MPa}$，重量 $W_2=300\text{N}$。磨削力 $F_y:F_z=3:1$。用第三强度理论校核轴的强度。

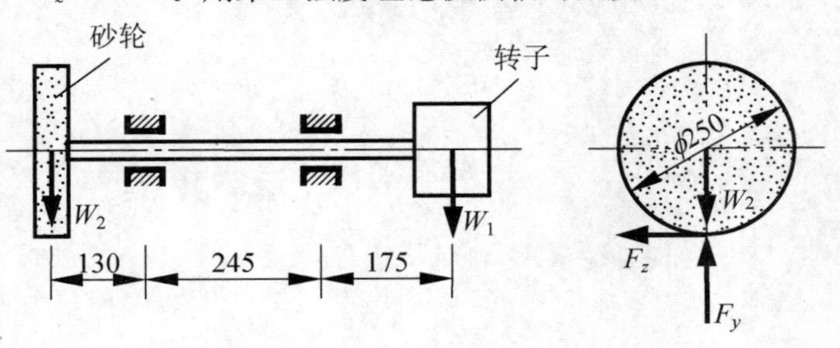

题 9-12 图

9-13 圆截面铸铁杆，直径为 $d=85\text{mm}$，受轴向载荷 $F_1=30\text{kN}$，铅垂载荷 $F_2=1\text{kN}$ 和力偶 $M_e=1\text{kN}\cdot\text{m}$ 作用。已知许用应力为 $[\sigma]=35\text{MPa}$，用第一强度理论校核杆的强度。

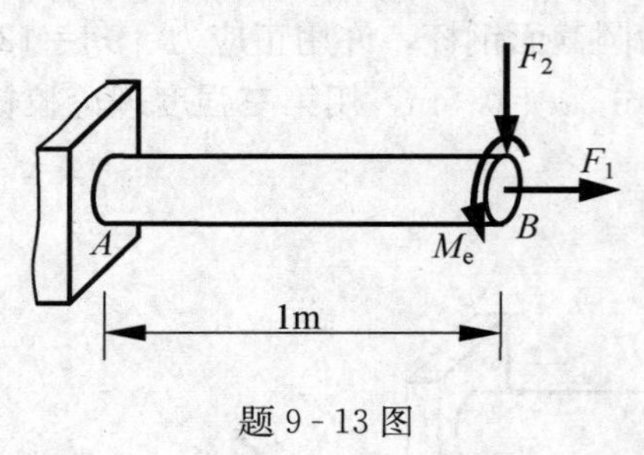

题 9-13 图

第 10 章 压 杆 稳 定

10.1 压杆稳定的概念

受压力作用的杆件，称为**压杆**，也称为**柱**，例如图 10 - 1 所示建筑中的柱。压杆除了需要考虑强度和刚度之外，还需要考虑**稳定性**问题。稳定性即构件保持原有平衡状态的能力。无偏心轴向受压的均匀直杆，称为**理想压杆**。

图 10 - 1

图 10 - 2 为所示为两端铰支的理想压杆。压杆受侧向干扰力作用后［图 10 - 2（a)］，在不同压力 F 作用下，假设压杆发生微弯变形，分为以下三种情况：

(1) 当压力 F 小于某一临界值 F_{cr} 时［图 10 - 2（b)］，干扰力消失后，压杆在自身弹性的作用下，可以恢复到原来的直线平衡状态，称原有的直线状态的平衡为**稳定平衡**状态。

(2) 当压力 F 大于某一临界值 F_{cr} 时［图 10 - 2（c)］，干扰力消失后，在外力矩作用下，压杆自身的弹性不足以使其恢复平衡状态，而且还会继续弯曲，直至破坏。这说明原来直线状态的平衡是不稳定的，称原来的直线状态的平衡为**不稳定平衡**状态。

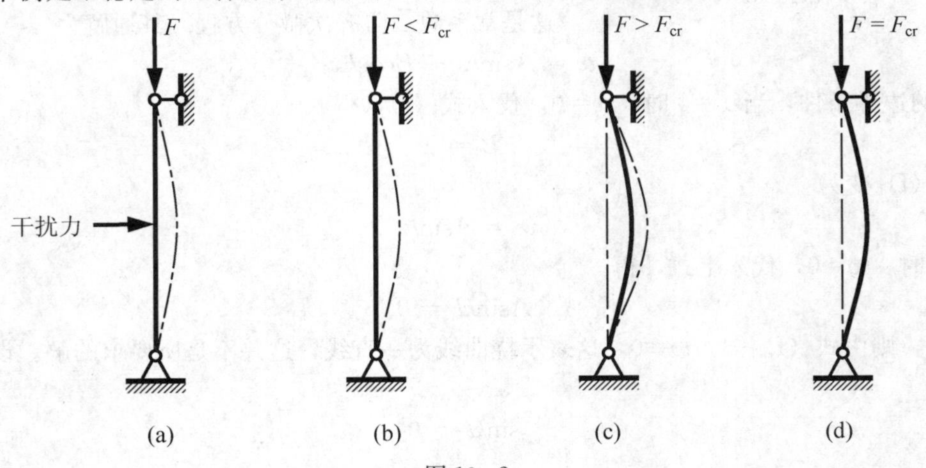

图 10 - 2

(3) 当压力 F 等于某一临界值 F_{cr} [图 10-2 (d)]，干扰力消失后，压杆在变形后的位置保持平衡，形状不变，即压杆在微弯的条件下保持平衡，既不回到原有的直线状态的平衡，也不继续弯曲，称这种平衡状态为**临界平衡**状态。

压杆处于不稳定平衡和临界平衡状态均称为**失去稳定**，简称**失稳**，也称为**屈曲**。显然，失稳时压杆不能正常工作。压杆轴向压力的临界值 F_{cr} 称为**临界载荷**、**临界压力**或**临界力**。临界力是压杆失稳的最小压力，所以，临界力是压杆保持微弯平衡状态所需要的最小压力，根据这一条件可导出细长压杆临界力的计算公式。

10.2 细长杆的临界压力

10.2.1 两端铰支细长杆的临界压力

图 10-3 (a) 所示为两端铰支的理想压杆，在临界力 F_{cr} 的作用下处于临界平衡 [图 10-3 (b)]。设杆发生小变形且杆内的应力小于材料的比例极限 σ_p，则梁任意截面的挠度满足梁的挠曲线近似微分方程 [式 (7-4)]，即

$$\frac{d^2w}{dx^2}=-\frac{M(x)}{EI} \tag{a}$$

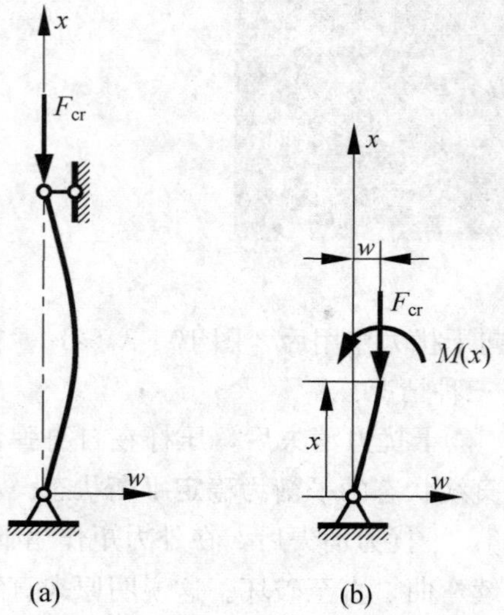

将杆沿任一 x 截面截开，取下段梁为研究对象 [图 10-3 (b)]。对于图示坐标，有

$$M(x)=F_{cr}\cdot w \tag{b}$$

将式 (b) 代入式 (a) 得

$$\frac{d^2w}{dx^2}=-\frac{F_{cr}w}{EI} \tag{c}$$

令

$$\frac{F_{cr}}{EI}=k^2 \tag{d}$$

式 (c) 变为

$$\frac{d^2w}{dx^2}+k^2w=0 \tag{e}$$

(a) (b)

图 10-3

这是常系数二阶齐次微分方程，其通解为

$$w=A\sin kx+B\cos kx \tag{f}$$

根据杆的边界条件，当 $x=0$ 时，$w=0$，代入式 (f)，得

$$B=0$$

所以式 (f) 变为

$$w=A\sin kx \tag{g}$$

当 $x=l$ 时，$w=0$，代入上式，得

$$A\sin kl=0$$

若 $A=0$，则由式 (f) 知，$w\equiv 0$，这表示挠曲线为一直线，这并不是所要求的解。设 $A\neq 0$，必有

$$\sin kl=0$$

于是得

$$kl = n\pi (n=0, \pm 1, \pm 2, \cdots)$$

将上式代入式（d），得

$$F_{cr} = \frac{n^2 \pi^2 EI}{l^2} \tag{h}$$

根据临界力的概念，只有与 $n=\pm 1$ 对应的最小的 F_{cr} 才是压杆的临界力，即两端铰支压杆的临界力为

$$F_{cr} = \frac{\pi^2 EI}{l^2} \tag{10-1}$$

这一结果是瑞士数学家欧拉（Leonhard Euler）于 1757 年发表的。式（10-1）称为**欧拉公式**。

根据式（f）和式 $kl=n\pi$，且有 $n=\pm 1$，得杆的挠度方程为

$$w = \pm A \sin \frac{\pi x}{l} \tag{i}$$

其中 A 为任意微小值。由式（i）可见，失稳后，挠曲轴为一条半波正弦曲线，常数 A 决定发生在中截面的最大挠度。

10.2.2 其他约束条件下压杆的临界力

对于两端非铰支细长压杆的临界力公式，可以用与前述类似的方法导出。下面根据两端铰支的细长压杆的欧拉公式，用类比的方法来确定一些常见约束条件压杆的临界压力。

1. 一端固定、一端自由的细长杆

图 10-4（a）为一端固定，一端自由的细长压杆。在临界力 F_{cr} 的作用下，压杆保持微弯状态下的平衡［图 10-4（b）］，其弹性曲线与两端铰支的压杆的上半部分形状相同，即 1/4 个正弦曲线。所以，长度为 l 的一端固定，一端自由的压杆的临界压力，等于长度为 $2l$ 的两端铰支杆的临界压力［图 10-4（c）］，即

$$F_{cr} = \frac{\pi^2 EI}{(2l)^2} \tag{10-2}$$

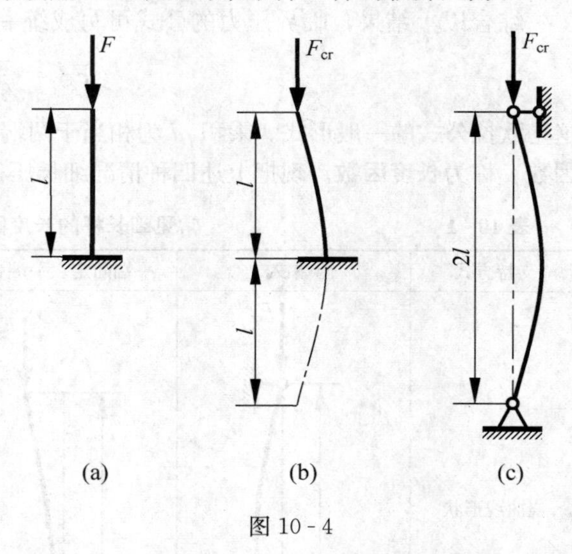

图 10-4

2. 一端固定、一端铰支的细长杆

图 10-5（a）所示细长压杆的约束方式为一端固定、一端铰支。失稳后，压杆弹性曲线形状如图 10-5（b）所示。可见变形后，在固定端 A 到最大挠度之间的杆段内，存在一个拐点，故在此截面内，弯矩必为 0。可以证明该截面距固定端为 $0.7l$，因而可将该点视为铰链。将长 $0.7l$ 的 BC 段视为两端铰支的压杆，于是计算临界应力的公式可写成

$$F_{cr} = \frac{\pi^2 EI}{(0.7l)^2} \tag{10-3}$$

3. 两端固定的细长杆

图 10-6（a）所示细长压杆的约束方式为两端固定。失稳后，压杆弹性曲线形状如图 10-6（b）所示。

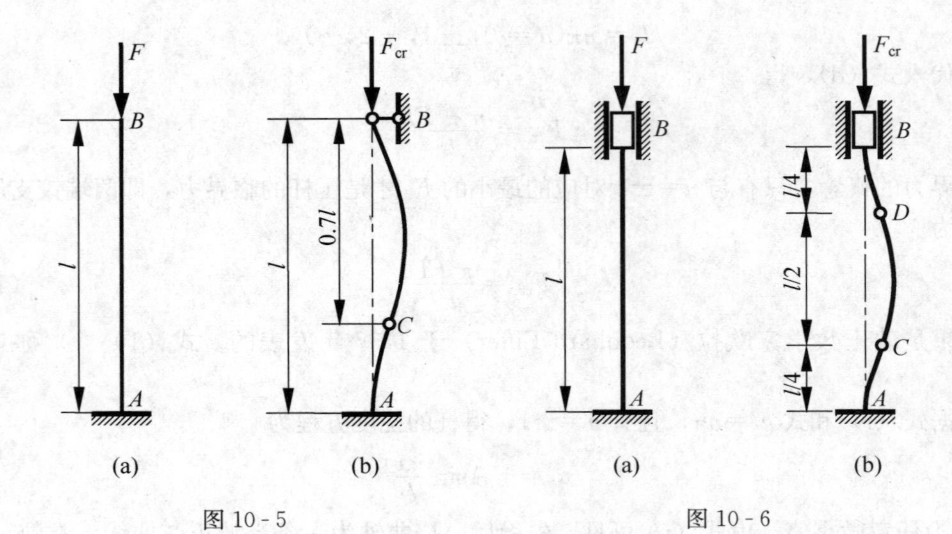

图 10-5　　　　图 10-6

在距两端各为 $l/4$ 处是曲线的拐点，该点弯矩为零，故将这两点视为铰链，将长 $l/2$ 的 CD 段视为两端铰支的压杆，于是计算临界应力的公式可写成

$$F_{\mathrm{cr}}=\frac{\pi^2 EI}{(0.5l)^2} \tag{10-4}$$

综合以上结果，临界压力的公式可写成统一的形式

$$F_{\mathrm{cr}}=\frac{\pi^2 EI}{(\mu l)^2} \tag{10-5}$$

这是欧拉公式的一般形式。乘积 μl 为相当于两端铰支压杆的长度，称为**相当长度**或**有效长度**，因数 μ 称为**长度因数**。现把上述四种情况细长压杆的长度因数和临界载荷列于表 10-1 中。

表 10-1　　常见细长杆的长度因数与临界载荷

支持方式	两端铰支	一端固定、一端自由	一端固定、一端铰支	两端固定
挠曲线形状	F_{cr}, l	F_{cr}, l	F_{cr}, l	F_{cr}, l
F_{cr}	$\frac{\pi^2 EI}{l^2}$	$\frac{\pi^2 EI}{(2l)^2}$	$\frac{\pi^2 EI}{(0.7l)^2}$	$\frac{\pi^2 EI}{(0.5l)^2}$
μ	1	2	0.7	0.5

压杆总是在抗弯能力最小的纵向平面内失稳。所以，当杆端各方向约束相同时（如球形铰链、空间固定端），计算临界压力的欧拉公式中的惯性矩应取最小值 $I_{\min}$。

10.3 临 界 应 力

10.3.1 临界应力

在临界力作用下，压杆的横截面上的应力称为**临界应力**，并用 σ_{cr} 表示。由式（10 - 5）可知，细长压杆的临界应力为

$$\sigma_{cr}=\frac{F_{cr}}{A}=\frac{\pi^2 EI}{(\mu l)^2 A} \tag{a}$$

定义

$$i=\sqrt{\frac{I}{A}} \tag{10 - 6}$$

i 称为截面的**惯性半径**，量纲为 L。于是，式（a）可写成

$$\sigma_{cr}=\frac{\pi^2 E}{\left(\frac{\mu l}{i}\right)^2} \tag{b}$$

令

$$\lambda=\frac{\mu l}{i} \tag{10 - 7}$$

λ 称为**柔度**也称为**长细比**，是量纲为 1 的量。则细长压杆的临界应力为

$$\sigma_{cr}=\frac{\pi^2 E}{\lambda^2} \tag{10 - 8}$$

这是欧拉公式的另一种形式，也可称为**欧拉临界应力公式**。式（10 - 8）表明，细长压杆的临界应力与柔度的平方成反比，与弹性模量成正比。柔度对压杆的临界应力有较大影响，柔度越大，临界应力越低，压杆就越容易失稳。柔度反映了压杆的长度（l）、约束方式（μ）与截面形状与尺寸（i）等对临界应力的影响。

图 10 - 7（a）所示的矩形截面对 z 轴和 y 轴的惯性半径分别为

$$\left.\begin{aligned} i_z&=\frac{h}{2\sqrt{3}}\\ i_y&=\frac{b}{2\sqrt{3}}\end{aligned}\right\} \tag{10 - 9a}$$

对于边长为 a 的正方形截面，有

$$i_z=i_y=\frac{a}{2\sqrt{3}} \tag{10 - 9b}$$

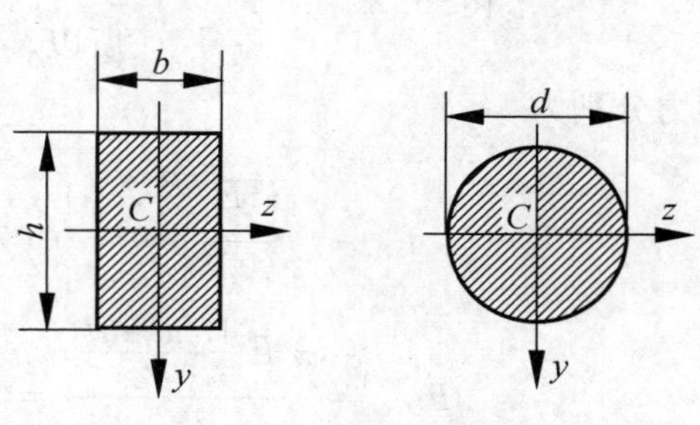

图 10 - 7

图 10 - 7（b）所示的圆形截面对 z 轴和 y 轴的惯性半径为

$$i_z=i_y=\frac{d}{4} \tag{10 -10}$$

10.3.2 欧拉公式的适用范围

欧拉公式是根据挠曲线近似微分方程得出的，而该方程是建立在胡克定律的基础上，因此，欧拉公式计算的临界应力不可超过材料的比例极限 σ_p，即

$$\sigma_{cr}=\frac{\pi^2 E}{\lambda^2}\leqslant\sigma_p \tag{c}$$

或

$$\lambda\geqslant\pi\sqrt{\frac{E}{\sigma_p}} \tag{d}$$

若令

$$\lambda_p=\pi\sqrt{\frac{E}{\sigma_p}} \tag{10-11}$$

将式（10-11）代入式（d），得

$$\lambda\geqslant\lambda_p \tag{10-12}$$

这就是欧拉公式的适用范围。柔度 $\lambda\geqslant\lambda_p$ 的压杆，称为**大柔度杆**，即之前提到的细长杆。λ_p 是判断欧拉公式能否适用的柔度的一个界限值，称为**判别柔度**。在计算压杆的临界力或临界应力之前，应先判断欧拉公式是否适用。

例 10-1 图 10-8 所示为两个细长杆的截面，两杆材料相同，约束方式皆为一端固定、一端自由，矩形截面杆长为 l，圆截面杆长为 $0.8l$，矩形截面的尺寸为 $b=d$，$h=1.2d$。哪根杆的临界应力小？哪根杆的临界力小？

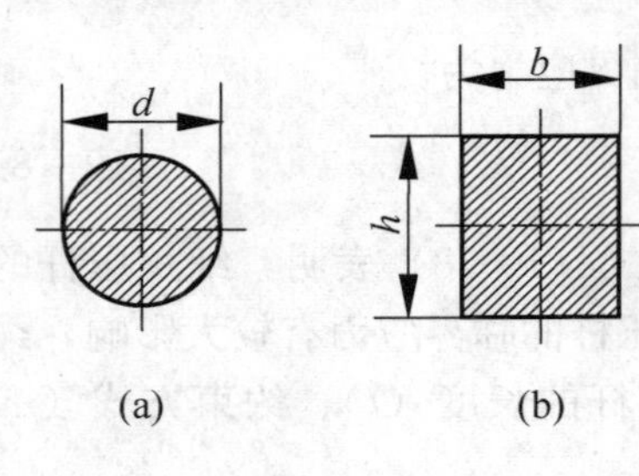

图 10-8

解：根据欧拉公式，柔度越大，临界应力越小。圆形和矩形截面杆的柔度分别为

$$\lambda_c=\frac{\mu l}{i}=\frac{\mu 0.8l}{\frac{d}{4}}=3.2\frac{\mu l}{d}$$

$$\lambda_r=\frac{\mu l}{i}=\frac{\mu l}{\frac{d}{2\sqrt{3}}}=3.46\frac{\mu l}{d}$$

所以，矩形截面杆的临界应力小。圆形和矩形截面杆的临界力分别为

$$F_{cr,c}=\frac{\pi^2 E\frac{\pi d^4}{64}}{(0.8l)^2}=0.077\frac{\pi^2 Ed^4}{l^2}$$

$$F_{cr,r}=\frac{\pi^2 E\frac{1.2d\cdot d^3}{12}}{l^2}=0.1\frac{\pi^2 Ed^4}{l^2}$$

圆形截面的临界力小。

例 10-2 图 10-9 所示环截面柱，受轴向压力作用。已知立柱的材料用低碳钢制成，长 $l=5\text{m}$，外径 $D=80\text{mm}$，内径 $d=70\text{mm}$，弹性模量 $E=200\text{GPa}$，比例极限 $\sigma_p=200\text{MPa}$，计算临界应力。

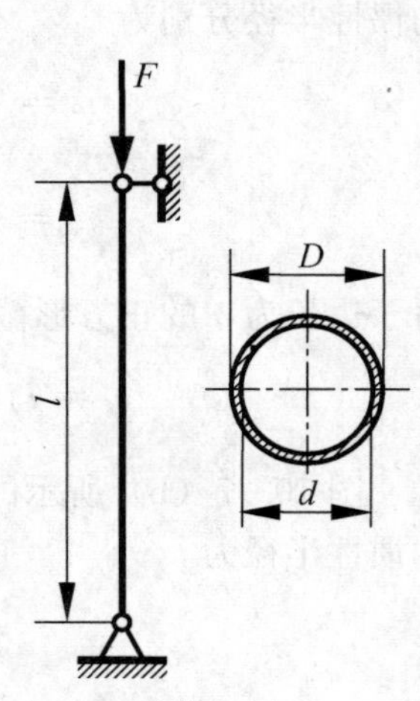

图 10-9

解：判别柔度为

$$\lambda_p = \pi\sqrt{\frac{E}{\sigma_p}} = \pi\sqrt{\frac{200\times10^9}{200\times10^6}} = 99.3$$

截面的惯性半径为

$$i = \sqrt{\frac{I}{A}} = \sqrt{\frac{\pi\times0.08^4[1-(0.07/0.08)^4]/64}{\pi[(0.08)^2-(0.07)^2]/4}} = 0.026\ 58(\mathrm{m})$$

压杆的柔度为

$$\lambda = \frac{\mu l}{i} = \frac{1\times5}{0.026\ 58} = 188.11 > \lambda_p = 99.3$$

欧拉公式适用。根据欧拉公式，临界应力为

$$\sigma_{cr} = \frac{\pi^2 E}{\lambda^2} = \frac{\pi^2\times200\times10^9}{188.11^2} = 55.78\times10^6(\mathrm{Pa}),即\ 55.78(\mathrm{MPa})$$

10.4 超过比例极限后压杆的临界应力

10.4.1 超过比例极限后压杆的临界应力

欧拉公式是在线弹性条件下建立的，当压杆柔度小于 λ_p 时，临界应力超过比例极限，通常采用经验公式进行计算。经验公式是在试验和分析归纳的基础上建立的。常见的经验公式有直线公式和抛物线公式等。

1. 直线公式

直线公式将临界应力 σ_{cr} 和柔度 λ 表示为

$$\sigma_{cr} = a - b\lambda \tag{10 - 13}$$

式中 a 与 b 是与材料有关的常数。例如对于 Q235 钢，a=304MPa，b=1.12MPa。表 10 - 2 中给出了一些材料的 a 和 b 的值。

柔度很小的短粗杆，在压缩破坏前不像细长杆那样出现弯曲变形，其破坏是因为应力达到材料的极限应力，所以是强度问题。如果材料是塑性的，式（10 - 13）计算的应力最大只能等于屈服极限 σ_s。设材料屈服时对应的柔度用 λ_0 表示，则有

$$\lambda_0 = \frac{a-\sigma_s}{b} \tag{10 - 14}$$

所以直线公式的适用范围为

$$\lambda_0 < \lambda < \lambda_p$$

如果 $\lambda < \lambda_0$，则按压缩强度计算。对于脆性材料，应把以上各式中的屈服极限 σ_s 改为强度极限 σ_b。

表 10 - 2　　直线公式的系数 *a* 和 *b*

材料		a/MPa	b/MPa
Q235 钢	σ_s=235MPa $\sigma_b\geqslant$235MPa	304	1.12
优质碳钢	σ_s=306MPa $\sigma_b\geqslant$471MPa	461	2.568

续表

材料		a/MPa	b/MPa
硅钢	$\sigma_s=353MPa$ $\sigma_b\geqslant510MPa$	578	3.744
铬钼钢		980.7	5.296
铸铁		332.2	1.454
硬铝		373	2.15
松木		28.7	0.19

2. 抛物线公式

抛物线公式将临界应力 σ_{cr} 和柔度 λ 表示为

$$\sigma_{cr}=a_1-b_1\lambda^2 \tag{10-15}$$

式中 a_1 与 b_1 是与材料有关的常数。例如对于 Q235 钢，$a_1=235MPa$，$b_1=0.006\ 68MPa$；对于 16Mn 钢，$a_1=343MPa$，$b_1=0.014\ 2MPa$。

10.4.2 临界应力总图

综上所述，根据柔度的大小，可将压杆分为三类。$\lambda\geqslant\lambda_p$ 的压杆，称为**大柔度杆**，临界应力按欧拉公式计算；$\lambda_0<\lambda<\lambda_p$ 的压杆，称为**中柔度杆**，临界应力可用经验公式（10-13）或（10-14）计算；$\lambda<\lambda_0$ 的压杆，属于短粗杆，称为**小柔度杆**，临界应力为其极限应力。压杆无论是处于线弹性阶段还是非线弹性阶段，其临界应力是柔度的函数。表示临界应力 σ_{cr} 与柔度关系 λ 的曲线，称为**临界应力总图**。图 10-10 所示为塑性材料的压杆采用直线公式时的临界应力总图，图 10-11 为塑性材料的压杆采用抛物线公式时的临界应力总图。

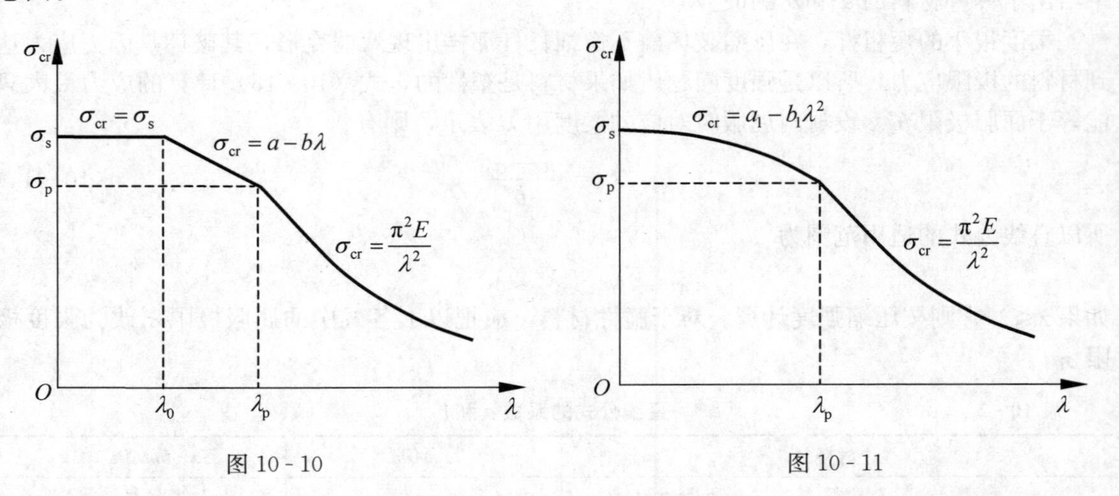

图 10-10　　图 10-11

例 10-3　图 10-12 所示压杆由 №16 工字钢制成，杆在 xOz 平面内为两端固定，在 xOy 平面内为一端固定，一端自由。已知材料的弹性模量 $E=200GPa$，比例极限 $\sigma_p=200MPa$，屈服极限 $\sigma_s=240MPa$，求压杆的临界应力 σ_{cr}。

解： $\lambda_p=\pi\sqrt{\dfrac{E}{\sigma_p}}=99.3$

查表得：$i_z=6.58(\mathrm{cm})$，$i_y=1.89(\mathrm{cm})$

压杆在 xOy 平面内的相当长度较大，但在该面内绕中性轴 z 弯曲时，对 z 轴的惯性半径也较大，所以须分别计算压杆在 xOy 平面（绕 z 轴）和 xOz 平面（绕 y 轴）内的柔度。

$$\lambda_z=\frac{(\mu l)_z}{i_z}=\frac{2\times3.5}{0.0658}=106.38$$

$$\lambda_y=\frac{(\mu l)_y}{i_y}=\frac{0.5\times3.5}{0.0189}=92.59$$

因为 $\lambda_z>\lambda_y$，所以压杆失稳时，将绕 z 轴失稳。由于 $\lambda_z>\lambda_p$，欧拉公式适用。临界应力为

$$\sigma_{cr}=\frac{\pi^2E}{\lambda^2}=\frac{\pi^2\times200\times10^9}{106.38^2}=174.4\times10^6(\mathrm{Pa}),即174.4(\mathrm{MPa})$$

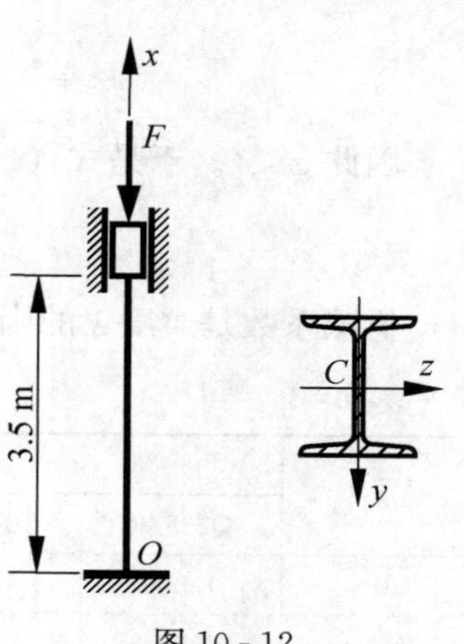

图 10 - 12

10.5 压杆稳定计算和提高稳定性的措施

10.5.1 压杆稳定条件

与强度条件类似，压杆横截面的应力 σ 不应超过临界应力的许用值，即稳定条件为

$$\sigma=\frac{F}{A}\leqslant\frac{\sigma_{cr}}{n_{st}}=[\sigma_{st}] \tag{10-16}$$

式中，n_{st} 为**稳定安全因数**，$[\sigma_{st}]$ 称为**稳定许用应力**。式（10 - 16）为用应力表示的稳定条件，将 $\sigma_{cr}=F_{cr}/A$ 代入，得出用压力 F 表示的压杆稳定条件为

$$F\leqslant\frac{F_{cr}}{n_{st}}=[F_{st}] \tag{10-17}$$

式中，$[F_{st}]$ 为**稳定许用压力**。

一般情况下，稳定安全因数大于材料的强度安全因数，这是因为实际压杆难免会有初弯曲、载荷偏心、材料缺陷和支座缺陷等情况，并非理想压杆，从而严重影响压杆的稳定性。一些常见压杆的稳定安全因数如表 10 - 3 所示。

表 10 - 3　　压杆的稳定安全因数

压杆	金属结构中的压杆	机床丝杠	精密丝杠	矿山设备中的压杆	磨床油缸活塞杆	发动机挺杆
n_{st}	1.8～3	2.5～4	>4	4～8	2～5	2～6

压杆的稳定计算是以整个杆的变形为基础的，而杆的变形可看作所有微段变形的和，压杆的局部削弱，如螺钉孔等，对整体变形影响很小，所以确定临界载荷或临界应力时，应采用未经削弱的横截面积的惯性矩。不过，对受到削弱的横截面，需进行强度计算。

10.5.2 折减系数法

为计算方便，工程中常采用的折减系数法进行稳定计算，即对许用应力 $[\sigma]$ 进行折减。将稳定许用应力写成

$$[\sigma_{st}]=\varphi[\sigma] \tag{10-18}$$

φ 称为**折减系数**，也称为**稳定因数**，由下式确定

$$\varphi=\frac{[\sigma_{st}]}{[\sigma]}=\frac{\sigma_{cr}}{n_{st}}\times\frac{n}{\sigma_u}=\frac{\sigma_{cr}}{\sigma_u}\times\frac{n}{n_{st}}$$

因此 $\varphi<1$。于是式（10 - 16）可表示为

$$\sigma=\frac{F}{A}\leqslant\varphi[\sigma] \tag{10 - 19}$$

折减系数是柔度 λ 的函数，并与材料有关。表 10 - 4 列出了几种材料的折减系数。

表 10 - 4 **折减系数**

λ	φ			λ	φ		
	Q235 钢	16Mn 钢	木材		Q235 钢	16Mn 钢	木材
0	1.000	1.000	1.000	110	0.536	0.384	0.248
10	0.995	0.993	0.971	120	0.466	0.325	0.208
20	0.981	0.973	0.932	130	0.401	0.279	0.178
30	0.958	0.940	0.883	140	0.349	0.242	0.153
40	0.927	0.895	0.822	150	0.306	0.213	0.133
50	0.888	0.840	0.751	160	0.272	0.188	0.117
60	0.842	0.776	0.668	170	0.243	0.168	0.104
70	0.789	0.705	0.575	180	0.218	0.151	0.093
80	0.731	0.627	0.470	190	0.197	0.136	0.083
90	0.669	0.546	0.370	200	0.180	0.124	0.075
100	0.604	0.462	0.300				

10.5.3 提高稳定性的措施

1. 合理选择材料

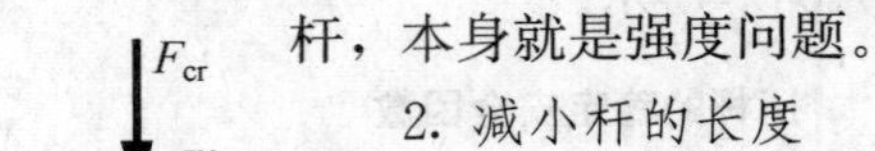

由式（10 - 8）可知，细长杆的临界应力与弹性模量 E 有关。各种钢的弹性模量约为 200～210GPa，相差不大，所以，选用强度较高的钢材，不会显著提高细长杆的稳定性。对于中柔度的压杆，理论和试验表明，强度高的钢材可以提高临界应力的数值。对于小柔度杆，本身就是强度问题。

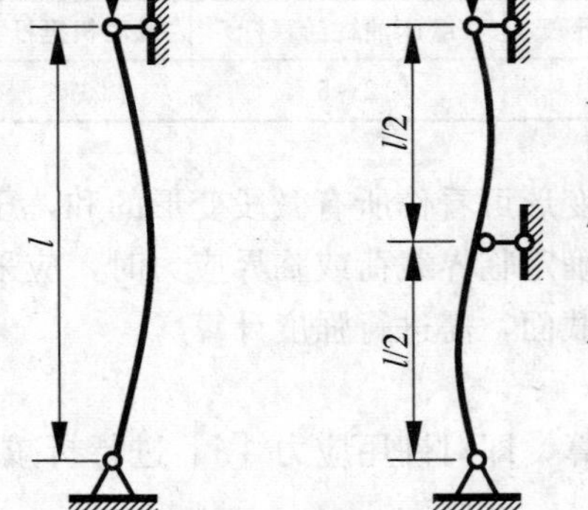

图 10 - 13

2. 减小杆的长度

由式（10 - 7）可见，对于细长杆，柔度 λ 与杆长 l 成正比，杆长 l 越小，则柔度 λ 越小，压杆的临界应力越高。图［图 10 - 13（a）］所示细长杆，如果在中间增加一个支座［图 10 - 13（b）］，则计算长度为 $l/2$，柔度也为原来的 1/2，临界应力为原来的 4 倍。在结构允许的情况下，减小压杆的长度，可有效提高稳定性。

3. 选择合理的截面形状

压杆的柔度为

$$\lambda=\frac{\mu l}{i}=\mu l\sqrt{\frac{A}{I}}$$

在横截面面积一定的情况下，截面对中性轴的惯性矩 I 越

大，柔度 λ 越小，临界应力越高。为此，可使材料的分布适当地离开截面形心主惯性轴，如采用空心截面和组合截面。

图 10-14（a）为用四根等边角钢组合成的截面。在横截面面积相同的情况下，图 10-14（b）的截面对中性轴的惯性矩更大，柔度更小，稳定性更好。为使多根杆组合成的压杆成为一个整体，型钢之间要用足够强的缀条或缀板连接（图 10-15）。

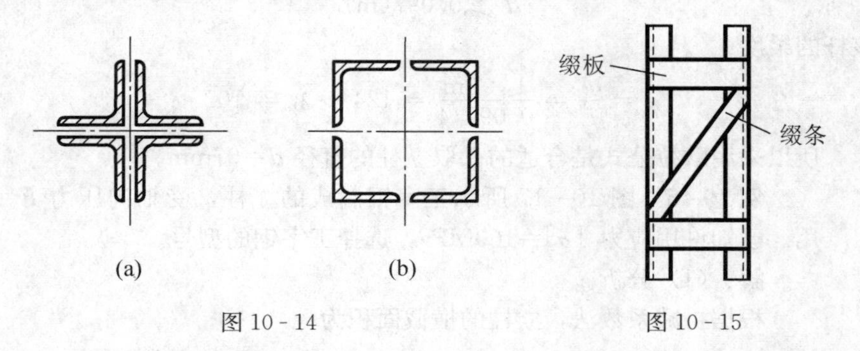

图 10-14　　图 10-15

此外，截面设计时还要考虑失稳的方向性。如果压杆的支座对杆的约束各个方向相同，如固定端和球形铰支，则应使截面对两个主形心轴的惯性矩相等（参见习题 10-13）。如果支座的约束是有方向性的（如例 10-3），最好使压杆在垂直于主形心轴的两个方向的柔度相同。

例 10-4　图 10-16（a）为材料试验机的一根立柱的示意图。材料为 Q275 钢，比例极限 $\sigma_p=200\text{MPa}$，弹性模量 $E=210\text{GPa}$。立柱失稳后的变形曲线如图 10-14（b）所示，立柱在两端没有转角，但上端有微小的侧移。若立柱的最大载荷为 $F=250\text{kN}$，规定的稳定安全因数为 $n_{st}=4$，设计立柱的直径 d。

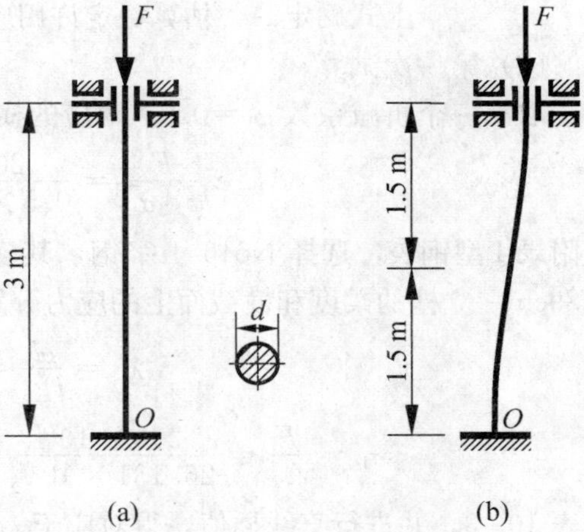

解： 由图 10-16（b）可见，立柱的中点为拐点，两端相当于固定端，通过类比可知其临界力与一端固定一端铰支，长度减半的压杆的临界力相同，为

$$F_{cr}=\frac{\pi^2 EI}{(2\times 0.5l)^2}=\frac{\pi^2 EI}{l^2}$$

图 10-16

判别柔度为

$$\lambda_p=\pi\sqrt{\frac{E}{\sigma_p}}=\pi\sqrt{\frac{210\times 10^9}{200\times 10^6}}=102$$

假设立柱为细长杆，由稳定性条件

$$F\leqslant\frac{F_{cr}}{n_{st}}$$

得

$$F_{cr}=\frac{\pi^2 EI}{l^2}\geqslant F\cdot n_{st}$$

即

$$\frac{\pi^2 \times 210 \times 10^9 \times \frac{\pi d^4}{64}}{3^2} \geqslant 250 \times 10^3 \times 4$$

可得

$$d \geqslant 0.097(\mathrm{m})$$

再校核杆的柔度：

$$\lambda = \frac{\mu l}{i} = \frac{1 \times 3\mathrm{m}}{0.097/4} = 124 > \lambda_{\mathrm{p}} = 102$$

所以采用欧拉公式是合适的。取立柱的直径 d=97mm。

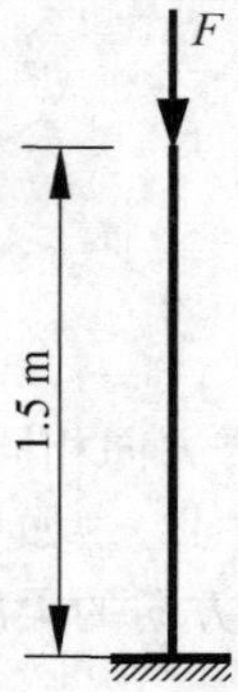

例 10-5 图 10-17 所示工字钢制成的立柱，受轴向压力 F=160kN 作用。已知许用应力 $[\sigma]$=160MPa，选择工字钢的型号。

解：(1) 分析。

根据折减系数法，立柱的横截面积为

$$A \geqslant \frac{F}{\varphi[\sigma]}$$

式中，φ 也与截面的几何性质有关，也是未知的。在此情况下，可采用逐次逼近法确定立柱的面积。具体算法是：在 φ 的取值范围内 $0<\varphi<1$ 取一个中值，确定出相应的面积 A 和工字钢的型号，然后由 λ-φ 表求出一个新的 φ，再由上式确定 A，估算稳定许用应力。

图 10-17

(2) 第一次试算。

取第一个折减系数 $\varphi_1=0.5$，对应的横截面积为

$$A_1 \geqslant \frac{F}{\varphi_1[\sigma]} = \frac{200 \times 10^3}{0.5 \times 160 \times 10^6} = 0.0025(\mathrm{m}^2)$$

查附录 I 型钢表，选择 No16 工字钢，其横截面面积为 26.131cm²，最小惯性半径为 $i_{\min}$ = 1.89cm。立柱的柔度和横截面上的应力分别为

$$\lambda_1 = \frac{\mu l}{i_{\min}} = \frac{2 \times 1.5}{0.0189} = 159$$

$$\sigma_1 = \frac{F}{A_1} = \frac{200 \times 10^3}{26.131 \times 10^{-4}} = 76.5 \times 10^6(\mathrm{Pa}),\text{即 } 76.5(\mathrm{MPa})$$

查表 10-3，并进行直线插值，得对应于 $\lambda_1=159$ 的折减系数为

$$\varphi_1' = 0.306 - \frac{0.306 - 0.272}{10} \times 9 = 0.275$$

所以，立柱的稳定许用应力为

$$[\sigma_{\mathrm{st}}] = \varphi_1'[\sigma] = 0.275 \times 160 = 44(\mathrm{MPa}) < \sigma$$

工作应力超过许用应力较多，需进一步计算。

(3) 第二次试算。

当试算的 φ 值偏大时，计算的面积 A 将偏小，从而得到更小的 φ 值。实际 φ 值应介于 φ_1 和 φ_1' 之间，取

$$\varphi_2 = \frac{\varphi_1 + \varphi_1'}{2} = 0.388$$

得

$$A_2 \geqslant \frac{200 \times 10^3}{0.388 \times 160 \times 10^6} = 0.003\,2(\mathrm{m}^2)$$

选择No20a工字钢，其横截面面积为35.578cm²，最小惯性半径为$i_{\min}=2.12$cm。立柱的柔度和横截面上的应力分别为

$$\lambda_2 = \frac{2 \times 1.5}{0.021\,2} = 142$$

$$\sigma_2 = \frac{200 \times 10^3}{35.578 \times 10^{-4}} = 56.2 \times 10^6(\mathrm{Pa}),\text{即 } 56.2(\mathrm{MPa})$$

这时的折减系数为

$$\varphi_2' = 0.349 - \frac{0.349 - 0.306}{10} \times 2 = 0.340$$

立柱的稳定许用应力为

$$[\sigma_{\mathrm{st}}] = \varphi_2'[\sigma] = 0.34 \times 160 = 54.4(\mathrm{MPa})$$

工作应力超过稳定许用应力约3%，小于5%，因而所选截面是可用的，故选用No20a工字钢。

习 题

10-1 约束不同的圆截面细长杆，直径和材料相同，哪个杆的临界应力最大？

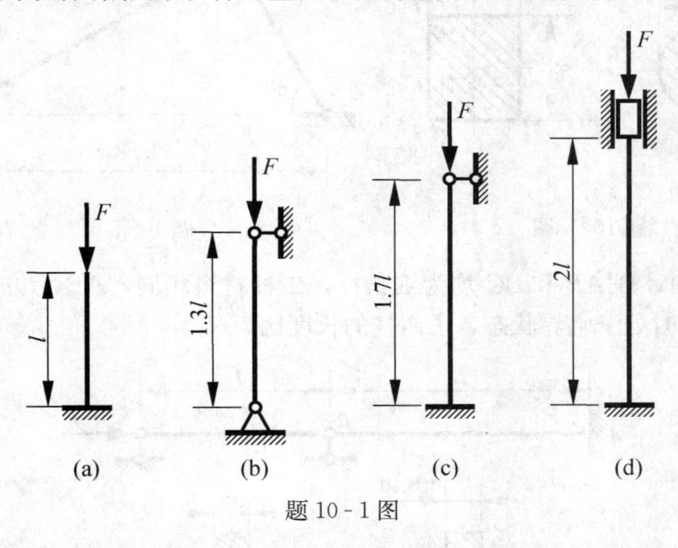

题10-1图

10-2 材料和长度相同、约束不同的两个矩形截面细长杆，已知$h_1=2b_1$，$h_2=2b_2$，为使两个压杆的临界力相等，b_2与b_1之比应为多少？

10-3 两细长杆，材料、长度和截面皆相同。若压杆a的临界力为$F_{\mathrm{cr}}=2$kN，确定压杆b的临界力。

10-4 材料相同的两个细长杆约束方式皆为一端固定，一端自由，两杆的横截面如图所示，矩形截面杆长为l，圆形截面杆长为$0.8l$，矩形截面的尺寸为$b=d$，$h=1.2d$。哪根杆的临界应力小？哪根杆的临界力小？

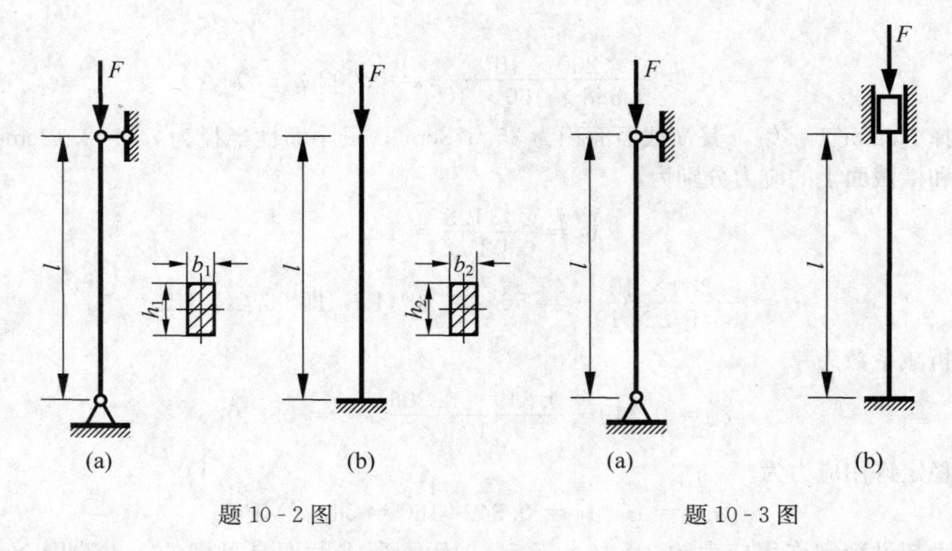

题 10-2 图　　　　　　　　　　　　题 10-3 图

10-5　结构中，杆 AB 和杆 BC 均为细长杆，材料、截面皆相同。若由于杆件在 ABC 平面内失稳而引起破坏，确定载荷 F 为最大时的 θ 角。

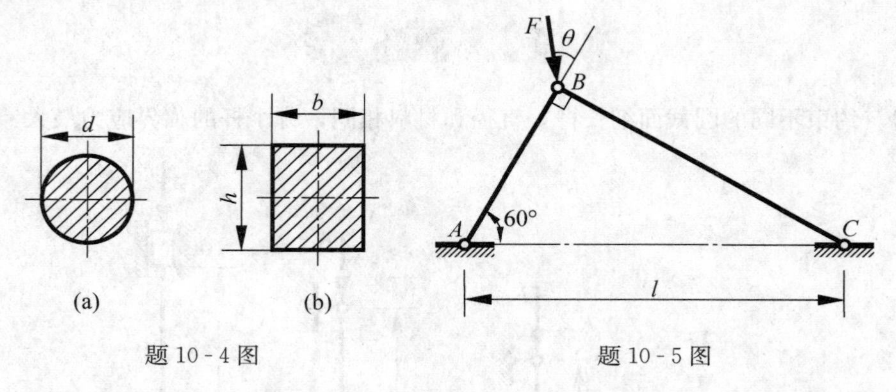

题 10-4 图　　　　　　　　　　　　题 10-5 图

10-6　结构中，杆 AB 和 BC 均为细长杆，二杆材料相同，AB 为方截面杆，BC 为圆截面杆。若两杆同时处于临界状态，求两杆的长度比 l_1/l_2。

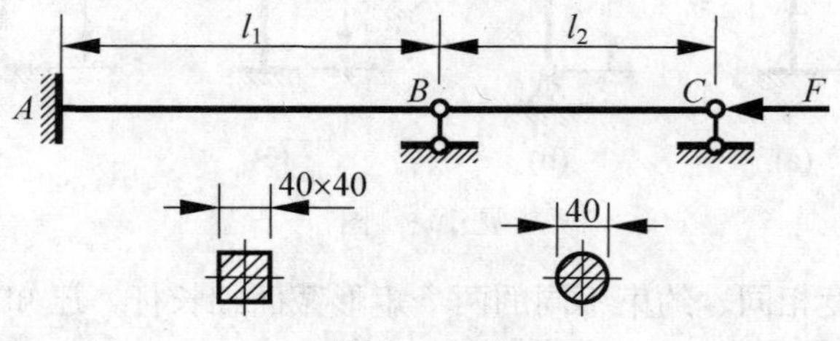

题 10-6 图

10-7　图示圆截面杆，直径 $d=100\text{mm}$，材料的弹性模量 $E=200\text{GPa}$，比例极限 $\sigma_p=200\text{MPa}$，求可用欧拉公式计算临界应力时杆的长度。

10-8　已知材料的弹性模量 $E=200\text{GPa}$，比例极限 $\sigma_p=200\text{MPa}$，屈服极限 $\sigma_s=240\text{MPa}$，直线公式 $\sigma_{cr}=(304-1.12\lambda)\text{MPa}$，求图示矩形截面压杆的临界力。

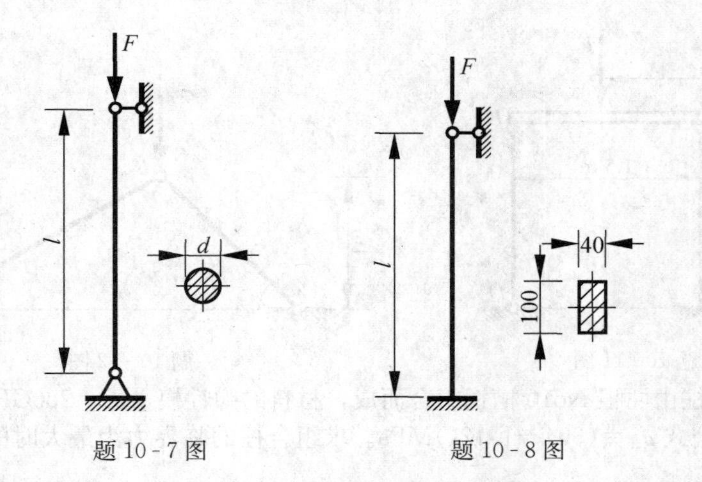

题 10-7 图　　　　题 10-8 图

10-9　矩形截面压杆，在 xOz 平面内为两端固定，在 xOy 平面内为一端固定，一端自由。已知材料的弹性模量 $E=200\text{GPa}$，比例极限 $\sigma_p=200\text{MPa}$，屈服极限 $\sigma_s=240\text{MPa}$，直线公式 $\sigma_{cr}=(304-1.12\lambda)\text{MPa}$，求压杆的临界应力 σ_{cr}。

10-10　结构中，杆 AB 为刚体，杆 CD 的直径 $d=5\text{cm}$，材料的弹性模量 $E=200\text{GPa}$，比例极限 $\sigma_p=200\text{MPa}$，屈服极限 $\sigma_s=240\text{MPa}$，直线公式 $\sigma_{cr}=(304-1.12\lambda)$ MPa。求使结构破坏的最小载荷 F。

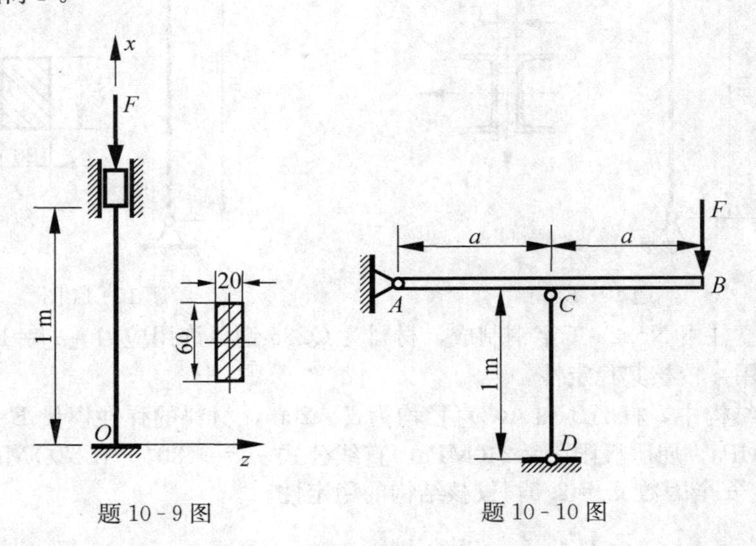

题 10-9 图　　　　题 10-10 图

10-11　结构中，杆 AB 为刚体，杆 AC 为圆截面杆，直径 $d=4\text{cm}$，杆 BD 为方截面杆，边长 $a=4\text{cm}$，杆 AC 和杆 BD 的材料相同，材料的弹性模量 $E=200\text{GPa}$，比例极限 $\sigma_p=200\text{MPa}$，屈服极限 $\sigma_s=240\text{MPa}$，直线公式 $\sigma_{cr}=(304-1.12\lambda)\text{MPa}$。若在 F 作用下杆 AB 和杆 AC 同时失稳，求 x 的值。

10-12　结构中，杆 AB 截面为正方形，边长 $a=3\text{cm}$，杆 BC 截面为圆形，直径 $d=4\text{cm}$，两杆的材料相同，材料的弹性模量 $E=200\text{GPa}$，比例极限 $\sigma_p=200\text{MPa}$，屈服极限 $\sigma_s=240\text{MPa}$，直线公式 $\sigma_{cr}=(304-1.12\lambda)\text{MPa}$。求结构失稳时的铅垂力 F。

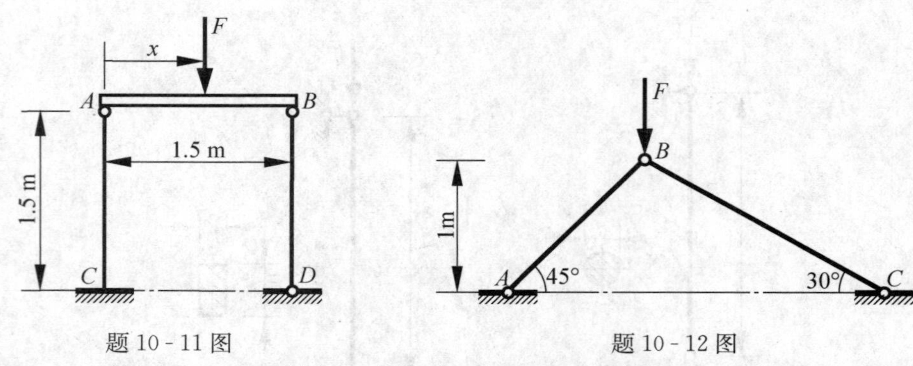

题 10-11 图　　题 10-12 图

10-13　立柱由两根 No10 槽钢组合而成，材料的弹性模量 $E=200\text{GPa}$，比例极限 $\sigma_{\rm p}=200\text{MPa}$，直线公式 $\sigma_{\rm cr}=(304-1.12\lambda)\text{MPa}$。求组合柱的临界力为最大时的槽钢间距 a 及最大临界力。

10-14　已知矩形截面杆材料的弹性模量 $E=200\text{GPa}$，比例极限 $\sigma_{\rm p}=200\text{MPa}$，直线公式 $\sigma_{\rm cr}=(304-1.12\lambda)\text{MPa}$，若取稳定安全因数 $n_{\rm st}=3$，确定稳定许用压力。

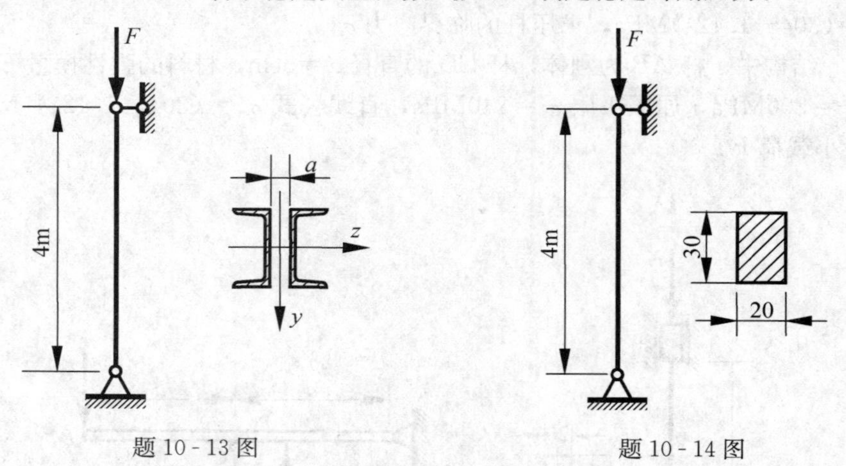

题 10-13 图　　题 10-14 图

10-15　立柱由 No22a 工字钢制成，材料为 Q235 钢，许用应力 $[\sigma]=160\text{MPa}$，受载荷 $F=280\text{kN}$ 作用，校核其稳定性。

10-16　结构中，杆 AB 和 AC 直径均为 $d=2\text{cm}$，材料的弹性模量 $E=210\text{GPa}$，比例极限 $\sigma_{\rm p}=200\text{MPa}$，屈服极限 $\sigma_{\rm s}=240\text{MPa}$，直线公式 $\sigma_{\rm cr}=(304-1.12\lambda)\text{MPa}$。若取安全因数 $n=2$，稳定安全因数 $n_{\rm st}=2.5$，校核结构的稳定性。

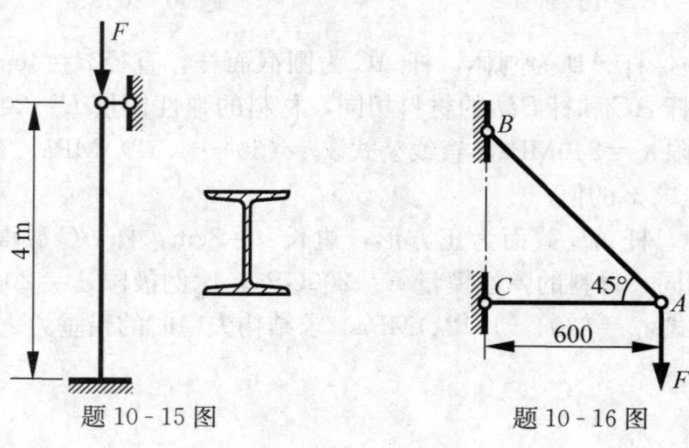

题 10-15 图　　题 10-16 图

10-17　正方形架由五根圆钢杆组成，正方形边长 $l=1\text{m}$，各杆的直径均为 $d=5\text{cm}$。材料的弹性模量 $E=200\text{GPa}$，直线公式 $\sigma_{cr}=(304-1.12\lambda)\text{MPa}$，$\lambda_p=100$，$\lambda_0=60$，许用应力 $[\sigma]=80\text{MPa}$。若取稳定安全因数 $n_{st}=3$，(1) 求结构在图 a 工况下的许用载荷；(2) 当 $F=150\text{kN}$ 时，校核结构在图 b 工况下的稳定性。

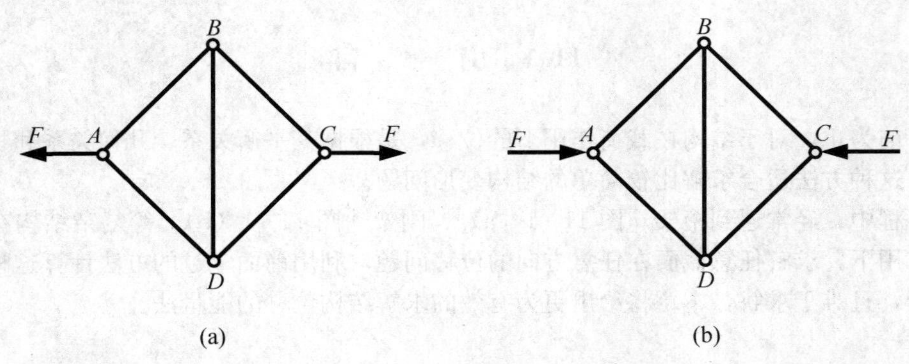

题 10-17 图

10-18　立柱横截面为圆形，受轴向压力 $F=50\text{kN}$ 作用，材料为 Q235 钢，长 $l=1\text{m}$，许用应力 $[\sigma]=160\text{MPa}$，确定立柱的直径。

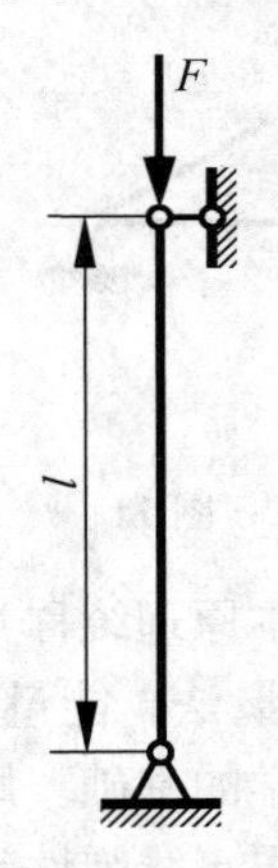

题 10-18 图

第 11 章 能 量 法

11.1 引 言

到目前为止，对于结构在载荷作用下的位移，是根据其平衡关系、几何关系和物理关系来计算，这种方法适合求解比较简单的结构变形问题。

在工程中，经常遇到桁架［图 11 - 1（a)］、刚架［图 11 - 1（b)］等复杂结构在任意多个载荷作用下，求解任意截面在任意方向的位移问题，利用前面学过的方法计算这种问题就十分繁琐，且难于求解，本章将给出更为有效的求解结构位移的能量法。

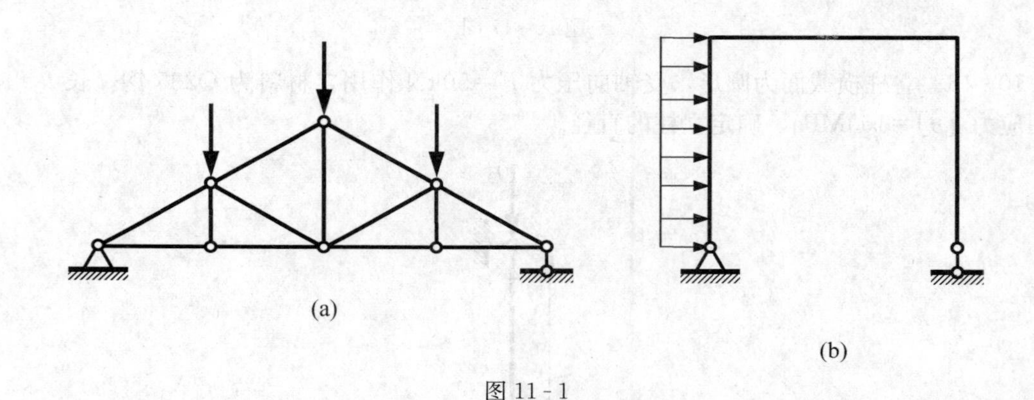

图 11 - 1

在材料力学中，与功和能有关的基本原理统称为能量原理，基于能量原理求解可变形固体的位移、变形和内力等的方法称为**能量法**。能量原理从功与能的角度考察变形结构的受力、应力与变形，是进一步学习固体力学的基础。用能量法求解任意结构的变形和位移及超静定结构都是非常简便的。能量法不局限于线弹性问题，也适用于非线性问题，也是有限单元法的重要基础。

本章首先从外力功和应变能概念出发，给出载荷点相应位移的计算；在此基础上，证明适用于线弹性杆件的功的互等定理和位移互等定理；讨论虚功原理，由此导出单位载荷法和卡氏定理及其应用；最后应用能量原理分析动载荷问题。

11.2 外力功和应变能

11.2.1 外力功

弹性杆受拉力 f 作用如图 11 - 2（a)，当 f 从零开始缓慢加载到终值 F 时，力 f 作用点沿力 f 方向的位移 δ 称为力 f 的**相应位移**，当 f 从零加载到终值 F 时，δ 从零增至终值 Δ［图 11 - 2（b)］。在整个工程中力 f 在相应位移所做的功，称为外力功，由下式计算：

$$W=\int_0^{\Delta} f\mathrm{d}\delta \quad (11-1)$$

对于线弹性体，根据胡克定律，载荷 f 与相应位移 δ 成正比，即 $f=k\delta$，其中 k 为比例常数。外力功为

$$W=\int_0^{\Delta} f\mathrm{d}\delta=\int_0^{\Delta} k\delta\mathrm{d}\delta$$

$$=\frac{1}{2}k\Delta^2=\frac{1}{2}F\Delta \quad (11-2)$$

上式表明，外载荷做功等于载荷终值与相应位移终值乘积的一半。式（11-2）为计算线弹性体外力功的基本公式。

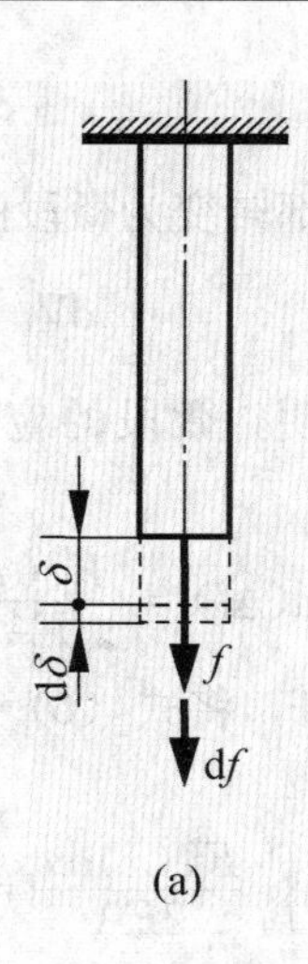

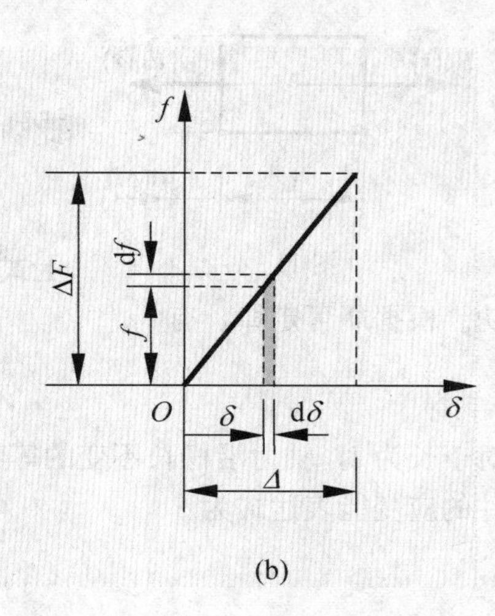

图 11-2

11.2.2 多载荷作用下的外力功

图 11-3 为两载荷做功示意图。线弹性体在 1、2 两点分别作用载荷 f_1 和 f_2，其相应位移分别为 δ_1 和 δ_2，所施加载荷从零到终值 F_1 和 F_2，同时相应位移 δ_1 和 δ_2 分别由零达到终值 Δ_1 和 Δ_2。根据叠加原理及式（11-2），无论是按比例关系加载，还是以非比例关系加载，两载荷总功都可以表示为

$$W=\frac{F_1\Delta_1}{2}+\frac{F_2\Delta_2}{2} \quad (11-3)$$

当线弹性体上有多个载荷 F_i（$i=1$，2，…，n）作用时，若设每个载荷作用点处的相应位移为 Δ_i，则不论按何种次序加载，外载荷对该线弹性体所做的功都可表示为

$$W=\frac{1}{2}\sum_{i=1}^{n} F_i\Delta_i \quad (11-4)$$

上式称为**克拉培依隆** Clapeyron **原理**。其中 F 称为广义力，可以是为集中力，也可是集中力偶矩；Δ 是相应于广义力的**广义位移**。例如，当广义力为集中力时，相应的广义位移为该力方向上的线位移。值得注意的是，位移 Δ 并非是由 F 单独作用引起的位移，而是所有力在 F 方向位移的代数和。

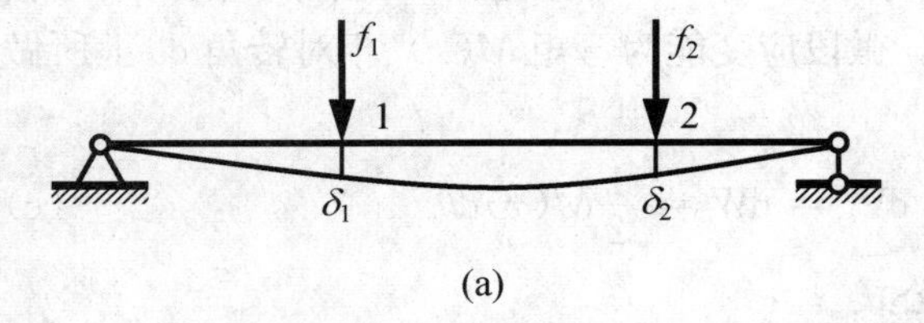

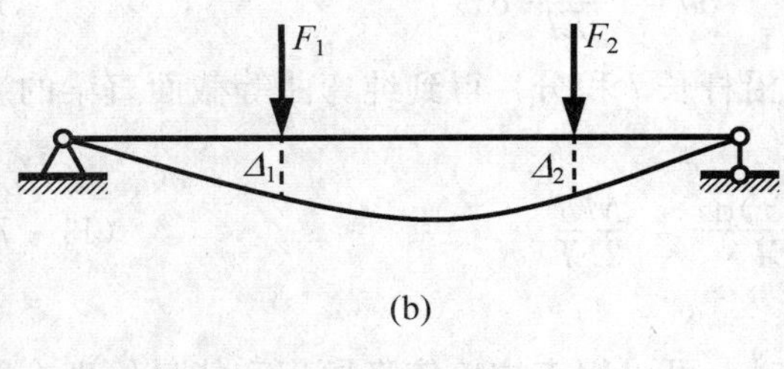

图 11-3

11.2.3 应变能

弹性杆在外力作用下，杆件发生弹性变形，外力功转变为一种能量，储存于杆件内，从而使弹性杆件具有对外做功的能力，这种能量称为**应变能**，用 V_ε 来表示。当杆件内力和变形之间满足线性关系，可以采用积分方法获得杆件应变能计算公式。

1. 等直杆简单拉压的应变能

图 11-4 是受拉微段的内力和变形的情况。作用在 dx 微段上的轴力 $F_N(x)$，使微段两相邻横截面产生相对位移 d(Δl)。轴力 F_N(x) 在相对位移上做功，用 dW 表示，其值为

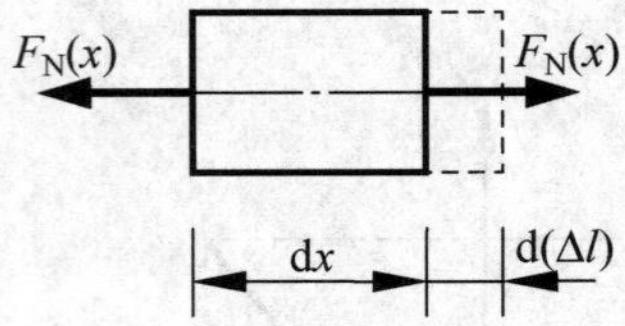

$$dW=\frac{1}{2}F_{\mathrm{N}}(x)\mathrm{d}(\Delta l)$$

此功全部转变为微段的应变能 $\mathrm{d}V_{\varepsilon}$：

$$\mathrm{d}V_{\varepsilon}=\mathrm{d}W=\frac{1}{2}F_{\mathrm{N}}(x)\mathrm{d}(\Delta l) \tag{a}$$

图 11 - 4

上式表明，微段的应变能实质上是内力在相应变形上所做的功。根据胡可定律，有

$$\mathrm{d}(\Delta l)=\frac{F_{\mathrm{N}}(x)}{EA}\mathrm{d}x \tag{b}$$

对于长为 l，轴力沿杆长不变的等直杆，将式（b）代入式（a），并沿杆长 l 积分后，得到杆件的应变能表达式为

$$V_{\varepsilon}=\int_{0}^{l}\frac{F_{\mathrm{N}}^{2}(x)\mathrm{d}x}{2EA}=\frac{F_{\mathrm{N}}^{2}(x)l}{2EA} \tag{11 - 5}$$

2. 圆轴扭转的应变能

如图 11 - 5 所示，对于承受纯扭转的圆轴，作用在 $\mathrm{d}x$ 微段上的扭矩 $T(x)$，使微段两相邻横截面产生相对扭转角 $\mathrm{d}\varphi$。微段的应变能等于扭矩 $T(x)$ 在扭转角 $\mathrm{d}\varphi$ 上所做的功，即

$$\mathrm{d}V_{\varepsilon}=\mathrm{d}W=\frac{1}{2}T(x)\mathrm{d}\varphi \tag{c}$$

根据圆轴扭转变形公式，微段两截面绕杆轴线的相对扭转角公式为

$$\mathrm{d}\varphi=\frac{T(x)\mathrm{d}x}{GI_{\mathrm{P}}} \tag{d}$$

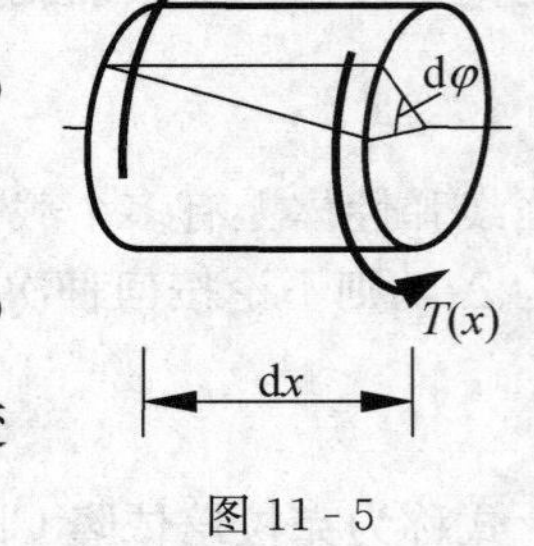

图 11 - 5

把式（d）代入式（c），并沿杆长 l 积分，得纯扭转等截面圆轴应变能为

$$V_{\varepsilon}=\frac{1}{2}\int_{0}^{l}\frac{T^{2}(x)\mathrm{d}x}{GI_{\mathrm{P}}}=\frac{T^{2}(x)l}{2GI_{\mathrm{P}}} \tag{11 - 6}$$

3. 等直杆纯弯曲应变能

对于承受纯弯曲的梁，作用在 $\mathrm{d}x$ 微段上的弯矩 $M(x)$，使微段的两相邻横截面产生相对转角 $\mathrm{d}\theta$（图 11 - 6）。微段应变能为弯矩 $M(x)$ 相对转角 $\mathrm{d}\theta$ 上所做的功，即

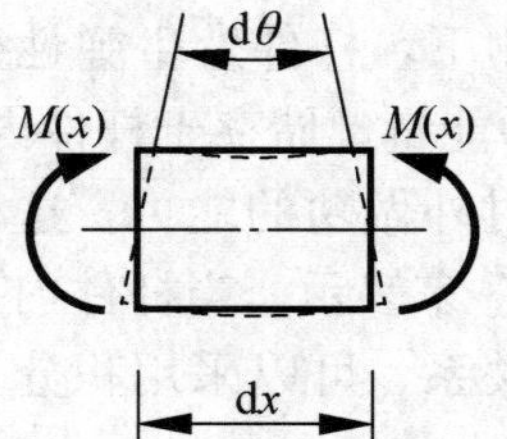

图 11 - 6

$$\mathrm{d}V_{\varepsilon}=\mathrm{d}W=\frac{1}{2}M(x)\mathrm{d}\theta \tag{e}$$

应用梁弯曲时的曲率公式

$$\mathrm{d}\theta=\frac{M(x)}{EI}\mathrm{d}x \tag{f}$$

式（f）代入式（e），并沿杆长 l 积分，得到纯弯曲等截面直梁的应变能公式为

$$V_{\varepsilon}=\frac{1}{2}\int_{0}^{l}\frac{M^{2}(x)\mathrm{d}x}{EI}=\frac{M^{2}l}{2EI} \tag{11 - 7}$$

4. 组合变形的应变能

当杆件同时受轴力、扭矩、弯矩共同作用时，可以用克拉培依隆原理和能量原理求得

应变能。受轴向拉伸、扭转和弯曲的圆截面微段如图 11-7 所示。在小变形的条件下，作用在微段上的轴力 $F_N(x)$、扭矩 $T(x)$ 和弯矩 $M(x)$ 仅在由自身引起的变形上做功（图 11-4～图 11-6），而不会互相耦合做功。内力在微段的变形上做功之和就是其内储存的应变能 dV_ε，根据克拉培依隆原理有

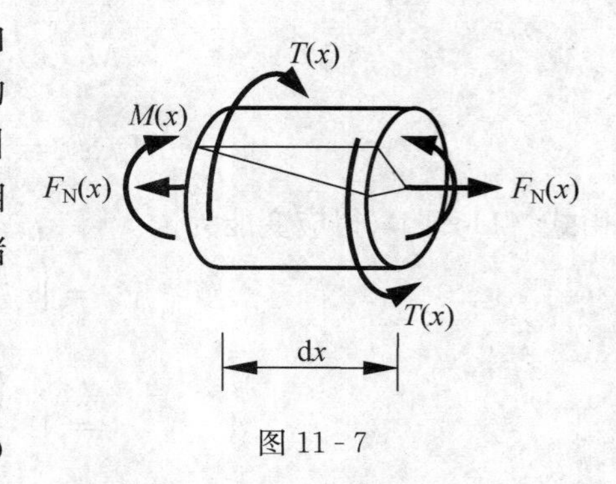

图 11-7

$$dV_\varepsilon = \frac{F_N(x)d(\Delta l)}{2} + \frac{T(x)d\varphi}{2} + \frac{M(x)d\theta}{2} \tag{11-8}$$

将式（11-5）～式（11-7）代入式（11-8），得

$$dV_\varepsilon = \frac{F_N^2(x)dx}{2EA} + \frac{T^2(x)dx}{2GI_p} + \frac{M^2(x)dx}{2EI} \tag{11-9}$$

遍及整个杆（系）结构积分，即可求得结构的应变能为

$$V_\varepsilon = \int_l \frac{F_N^2(x)dx}{2EA} + \int_l \frac{T^2(x)dx}{2GI_p} + \int_l \frac{M^2(x)dx}{2EI} \tag{11-10}$$

11.2.4 功能原理

在加载过程缓慢，结构的动能及耗散能（比如热能、光能和声能）可以忽略的情况下，根据能量守恒原理，可以得到外力的功等于应变能，即

$$W = V_\varepsilon \tag{11-11}$$

上式称为功能原理，可计算载荷作用点的相应位移。

关于应变能的性质，注意以下几点：

(1) 应变能总是大于零，根据功能原理，外力的总功也必然非负。

(2) 式（11-9）和式（11-10）仅适用于小变形线弹性结构，而式（11-8）不受线弹性的限制，但要满足小变形条件。

(3) 应变能与加载的顺序无关，仅取决于外力的最终值。

例 11-1 图 11-8 所示简支梁上受集中载荷 F 作用，用外力功与应变能之间关系计算点 C 的垂直位移。

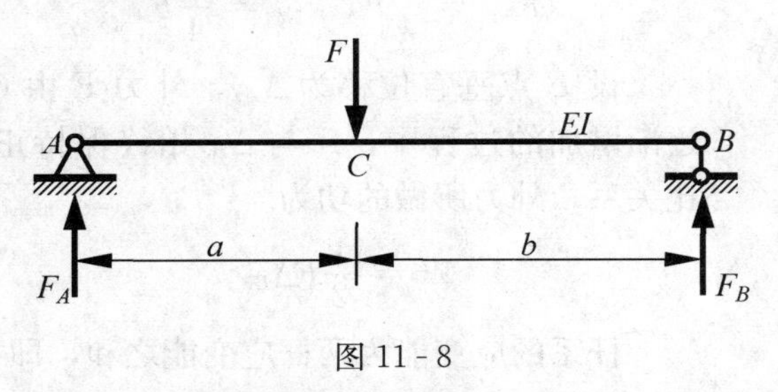

图 11-8

解： 本题为平面弯曲，虽然梁内也有对应于剪力的剪切变形能，但由于这部分变形能很小，可以忽略不计，故在计算变形能时，仅考虑弯曲产生的变形能。支座约束力分别为

$$F_A = \frac{Fb}{l},\ F_B = \frac{Fa}{l}$$

设点 C 的垂直位移为 Δ_{Cy}，在外力 F 由 0 逐渐增加的过程中，F 与 Δ_{Cy} 始终保持正比关系，外力所做的功为

$$W = \frac{1}{2}F\Delta_{Cy}$$

AC 段和 CB 段弯矩方程分别为

$$M_1(x)=\frac{Fb}{l}x \quad (0\leqslant x\leqslant a)$$

$$M_2(x)=\frac{Fa}{l}(l-x) \quad (a\leqslant x\leqslant l)$$

由式（11-10）得应变能为

$$V_\varepsilon=\int_0^a \frac{M_1^2(x)}{2EI}\mathrm{d}x+\int_a^l \frac{M_2^2(x)}{2EI}\mathrm{d}x$$

$$=\int_0^a \frac{\left(\frac{Fb}{l}x\right)^2}{2EI}\mathrm{d}x+\int_a^l \frac{\left[\frac{Fa}{l}(l-x)\right]^2}{2EI}\mathrm{d}x$$

$$=\frac{\left(\frac{Fb}{l}\right)^2}{6EI}a^3+\frac{\left(\frac{Fa}{l}\right)^2}{6EI}b^3$$

$$=\frac{F^2a^2b^2}{6EIl}$$

由功能原理 $W=V_\varepsilon$，得

$$\frac{1}{2}F\Delta_{Cy}=\frac{F^2a^2b^2}{6EIl}$$

解得

$$\Delta_{Cy}=\frac{Fa^2b^2}{3EIl}$$

Δ_{Cy} 为正，说明点 C 的垂直位移与力 F 同向。

例 11-2 线弹性杆件受力如图 11-9 所示。若两杆的拉压刚度均为 EA，用外力功与应变能之间的关系计算点 B 的垂直位移。

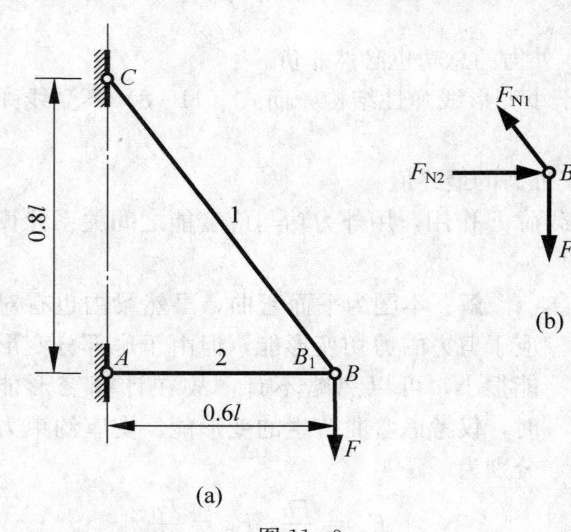

图 11-9

解： 由节点 B 的平衡条件求得两杆轴力分别为

$$F_{N1}=\frac{5}{4}F，F_{N2}=\frac{3}{4}F$$

设 B 点垂直位移为 Δ_{By}，外力 F 由 0 逐渐增加的过程中，F 与 Δ_{By} 始终保持正比关系，外力所做的功为

$$W=\frac{1}{2}F\Delta_{By}$$

杆系的应变能为两杆应变能之和，即

$$V_\varepsilon=V_{\varepsilon,AB}+V_{\varepsilon,BC}=\frac{F_{N1}^2l_1}{2EA}+\frac{F_{N2}^2l_2}{2EA}=\frac{\left(\frac{5}{4}F\right)^2l}{2EA}+\frac{\left(\frac{3}{4}F\right)^2(0.6l)}{2EA}=\frac{1.9F^2l}{2EA}$$

由 $W=V_\varepsilon$，得

$$\frac{1}{2}F\Delta_{By}=\frac{1.9F^2l}{2EA}$$

解得

$$\Delta_{By} = \frac{1.9Fl}{EA}$$

直接运用功能原理，可以获得单个载荷作用点下的相应位移。在实际工程中，对于需要计算非载荷作用点处的位移或转角的问题，不能直接应用功能原理解决。下面将要给出的互等定理和虚位移原理可以获得结构任意点沿任意方向的位移。

11.3 互 等 定 理

11.3.1 功的互等定理

对于线弹性体结构，利用功能原理，可以推导出非常重要的两个互等定理，即**功的互等定理和位移互等定理**。

图 11-10（a）、图 11-10（b）为两个相同结构，在 1 和 2 两点分别受集中力 F_1 和 F_2，挠曲线由图中的细实线表示。在 F_1 作用下，1 和 2 两点的位移分别记为 Δ_{11} 和 Δ_{21}，在 F_2 作用下，1 和 2 两点的位移分别记为 Δ_{12} 和 Δ_{22}。几何量 Δ 两下角标"ij"的含义是：第一指标（i）表示位移发生的位置和方向，第二指标（j）表示引起位移的原因，换言之是哪个力引起的位移。

若相同结构受 F_1 和 F_2 共同作用，由于应变能与加载次序无关，可按两种加载过程来获得应变能。一种加载过程是先加载 F_1 再加载 F_2，如图 11-11（a）。在此过程中，外力的总功为

$$W_1 = \frac{1}{2}F_1\Delta_{11} + \frac{1}{2}F_2\Delta_{22} + F_1\Delta_{12}$$

另一种加载过程是先加载 F_2 再加载 F_1，如图 11-11（b）。在此过程中，外力的总功为

$$W_2 = \frac{1}{2}F_2\Delta_{22} + \frac{1}{2}F_1\Delta_{11} + F_2\Delta_{21}$$

根据功能原理，应有 $W_1 = W_2$，即

$$F_1\Delta_{12} = F_2\Delta_{21} \tag{11-12}$$

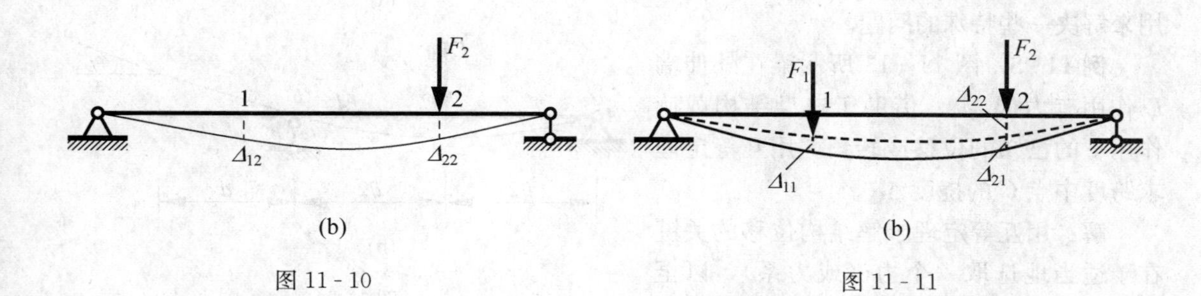

图 11-10　　　　图 11-11

上式表明，对于线弹性体，F_1 在 F_2 所引起位移 Δ_{12} 上做的功，等于 F_2 在 F_1 所引起位移 Δ_{21} 上做的功。不难把此结论推广到同一结构分别受两组力的情况：第一组力在第二组力引起的相应位移上所做的功，等于第二组力在第一组力引起的相应位移上所做的功，这就是线弹性体功的互等定理。

11.3.2　位移互等定理

在式（11-12）中，若 $F_1=F_2$，则得

$$\Delta_{12}=\Delta_{21} \tag{11-13}$$

上式表明，当 F_1 和 F_2 相等时，F_2 在 F_1 作用点沿 F_1 方向所引起的位移 Δ_{12}，等于 F_1 在 F_2 作用点沿 F_2 方向所引起的位移 Δ_{21}。

图 11-12 所示为功的互等定理的一个特殊应用情形。设状态Ⅰ中只有一个载荷 F_1，状态Ⅱ中也只有一个载荷 F_2。这里，表示位移 Δ 时也采用两个下角标 i 和 j，其中一个下标 i 表示位移是与 F_i 相对应的，第二个下标 j 表示位移是由力 F_j 引起的。例如，图 11-12（a）中 Δ_{21} 表示力 F_1 引起的与 F_2 相对应的位移。

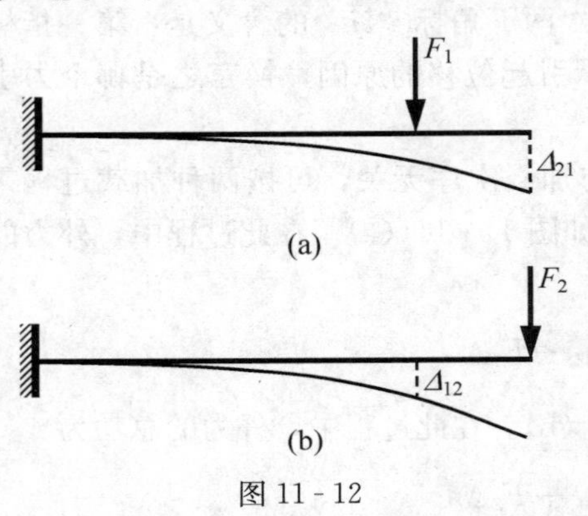

图 11-12

在线性变形体系中，位移 Δ_{ij} 与力 F_j 的比值是一个常数，记作 δ_{ij}，即

$$\frac{\Delta_{ij}}{F_j}=\delta_{ij} \tag{11-14}$$

δ_{ij} 称为位移影响系数。根据式（11-12）可知

$$\delta_{12}=\delta_{21} \tag{11-15}$$

这就是位移互等定理，即在任一线性变形体系中，由载荷 F_1 引起的与载荷 F_2 相对应的位移影响系数 δ_{21} 等于由载荷 F_2 引起的与载荷 F_1 相应的位移影响系数 δ_{12}。

应当指出，这里的载荷可以是广义载荷，而位移则是相应的广义位移。在一般情况下，定理中的两个广义位移的量纲可能是不相等的，但他们的影响系数在数值上和量纲上仍然保持相等。因此，严格地说，位移互等定理应该称为位移影响系数互等定理。但在习惯上，仍称为位移互等定理。

在功和位移互等定理中，力与位移都应理解为广义的，如果力换成力偶，则相应的位移应是转角位移，其推导不变。

位移互等定理不涉及内力和变形，可用来解决一些特殊的问题。

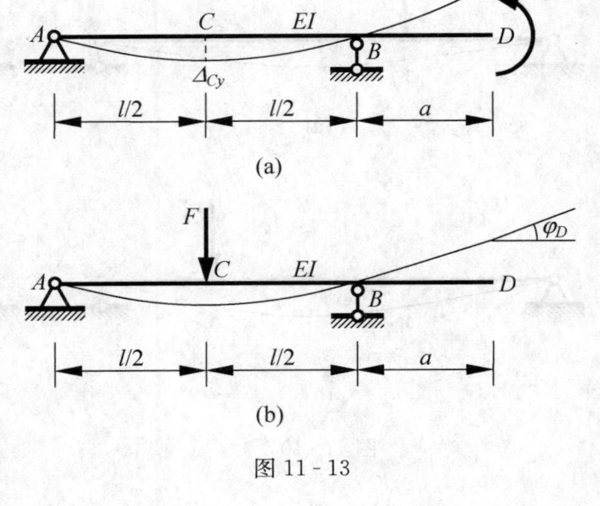

图 11-13

例 11-3　图 11-13 所示梁在外伸端 D 作用有力偶 M_e。借助于典型结构载荷作用下的已知的位移或转角，用互等定理求跨度中点 C 的挠度 Δ_{Cy}。

解： 用互等定理求解结构位移的关键在于适当地选取一个力（或力系），以至于很容易求得在这个力的作用下，原给定

结构外力作用点的位移。以图 11 - 13（a）作为第一组力，取在相同结构的点 C 施加力 F 作为第二组力［图 11 - 13（b）］。图 11 - 13（b）中截面 D 的转角为

$$\varphi_D = \frac{Fl^2}{16EI}$$

第一组力在第二组力引起的位移上所做的功为

$$M_e\varphi_D = \frac{M_eFl^2}{16EI}$$

第二组力在第一组力引起的位移上所做的功为 $F\Delta_{Cy}$，由功的互等定理，有

$$F\Delta_{Cy} = \frac{M_eFl^2}{16EI}$$

解得中点 C 的位移为

$$\Delta_{Cy} = \frac{M_el^2}{16EI}$$

方向向下。

例 11 - 4 装有尾顶针的车削工件可简化成如图 11 - 14 所示静不定梁，用互等定理求解多余约束力。

解： 解除支座 B，代之以顶针约束力 F_B，把工件看成悬臂梁［图 11 - 14（b）］。将切削力 F 及顶针约束力 F_B 作为第一组力。设在相同结构悬臂梁右端作用单位力 $\overline{F}=1$，把 $\overline{F}$ 作为第二组力。在 $\overline{F}$ 作用下，悬臂梁上的 F 及 F_B 作用点的相应位移 δ_1 和 δ_2 分别为［图 11 - 14（c）］

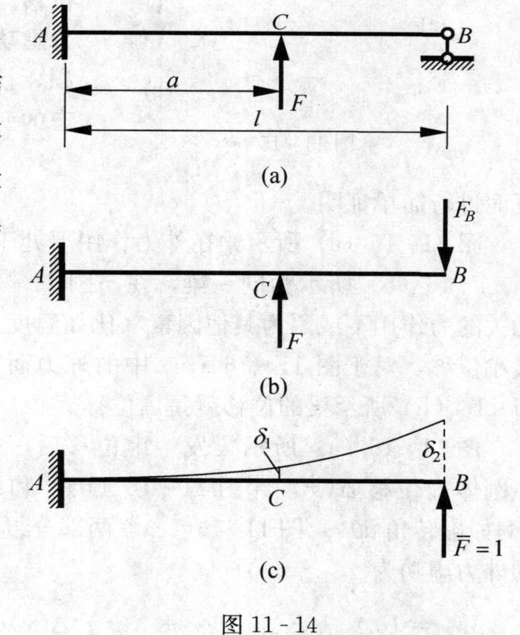

图 11 - 14

$$\delta_1 = \frac{1\times a^3}{3EI} + \frac{1\times(l-a)a^2}{2EI} = \frac{a^2}{6EI}(3l-a)$$

$$\delta_2 = \frac{l^3}{3EI}$$

第一组力在第二组力引起的位移上所做的功为

$$W_1 = F\delta_1 - F_B\delta_2 = \frac{Fa^2}{6EI}(3l-a) - \frac{F_Bl^3}{3EI}$$

在第一组力作用下，右端 B 的挠度必为零，所以第二组力在第一组力引起位移上所做的功等于零，即

$$W_2 = 0$$

由功的互等定理 $W_1 = W_2$，得

$$\frac{Fa^2}{6EI}(3l-a) - \frac{F_Bl^3}{3EI} = 0$$

解得

$$F_B = \frac{F}{2}\frac{a^2}{l^2}(3l-a)$$

方向向下。可见应用功的互等定理很容易求解静不定问题。

11.4 虚功原理和单位载荷法

11.4.1 虚功原理

力在真实外力引起位移上所做的功称为实功，此时力和相应位移之间不是彼此独立的量，此位移与做功的力相关，称为**实位移**。

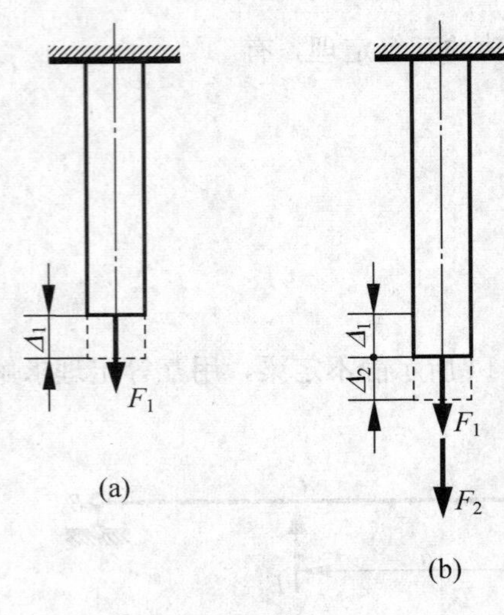

图 11 - 15

对于图 11 - 15（a）所示杆，首先在杆端逐渐加载外力 F_1，杆件伸长 Δ_1后达到平衡状态。在此过程中，F_1在其本身引起的位移上做了实功。如果继续逐渐施加一个外力 F_2，杆件又伸长了 Δ_2，达到新的平衡状态，[图 11 - 15（b）]。显然 F_2在本身引起位移 Δ_2上做实功。在此过程中为常力的 F_1也要在 Δ_2上继续做功，大小为 $F_1\Delta_2$。此时做功的力与相应位移之间没有关系，是彼此独立的量。

称满足位移边界条件和连续条件的微小位移为**虚位移**。力在与自身无因果关系的虚位移上所做的功称为**虚功**。与实功不同，虚功的大小等于力与位移乘积，且可正可负。变形体的**虚功原理**为：处于平衡状态的变形体，外力虚功 W_e等于内力虚功 W_i，即

$$W_e = W_i \tag{11-16}$$

下面进行简单证明。

图 11 - 16（a）所示梁在外力作用下处于平衡。图 11 - 16（b）所示为同一梁，在与图 11 - 16（a）无关的力作用下或因为其他因素（比如温度）发生微小位移，对于图 11 - 16（a）中的外力而言，图 11 - 16（b）所示梁的位移就是虚位移。

图 11 - 16（a）所示梁发生虚位移后，虚位移由刚体虚位移 $\Delta(x)$ [图 11 - 16（b）] 和虚变形 [例如虚转角 $d\theta^*$，图 11 - 16（c）] 两部分组成。梁的外力虚功为

$$W_e = F_1\Delta_1 + F_2\Delta_2 + \cdots + \int_a q(x)\Delta(x)\mathrm{d}x$$

其中 a 为分布载荷的作用范围。梁可看作是由无穷个微段组成，任一微段上有外力和内力，设微段侧面的弯矩如图 11 - 16（c）所示。外力虚功应等于每个微段上的力在虚位移上做的功的代数和，即

$$W_e = \int_l \mathrm{d}W = W$$

其中 l 为梁的长度。由于每个微段是平衡的，对所

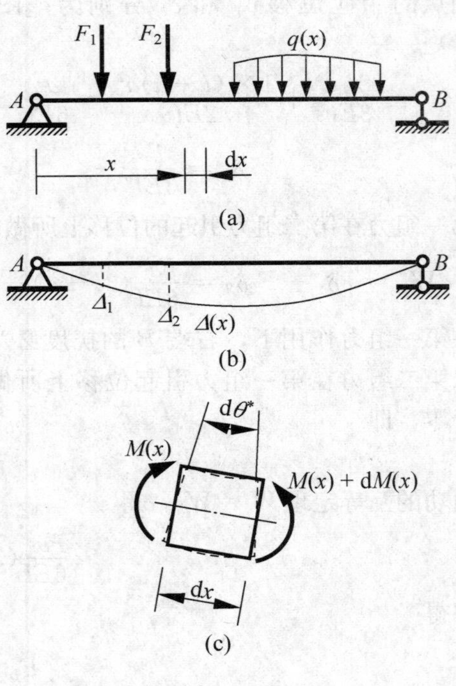

图 11 - 16

有微段应用虚位移原理，力系在刚体虚位移上所做的功的代数和等于零，所以外力虚功等于所有微段内力所做的功的代数和，即

$$W_e = W = W_i = \int_l \mathrm{d}W_i = \int_l M(x)\mathrm{d}\theta^*$$

在上面的推导过程中并未用到材料的物理性质，所以虚功原理不但适用于弹性材料，也适用于非线弹性材料。

11.4.2 单位载荷法

下面根据虚功原理导出求位移的单位载荷法。

图 11-17 的刚架在外力作用下发生小变形，若求点 A 处 $n-n$ 方向的位移 Δ，则可将该结构［图 11-17（a）］发生的真实位移看作虚位移。此时结构中微段的变形有轴向变形 $\mathrm{d}\delta$、扭转角 $\mathrm{d}\varphi$ 和相对转角 $\mathrm{d}\theta$。

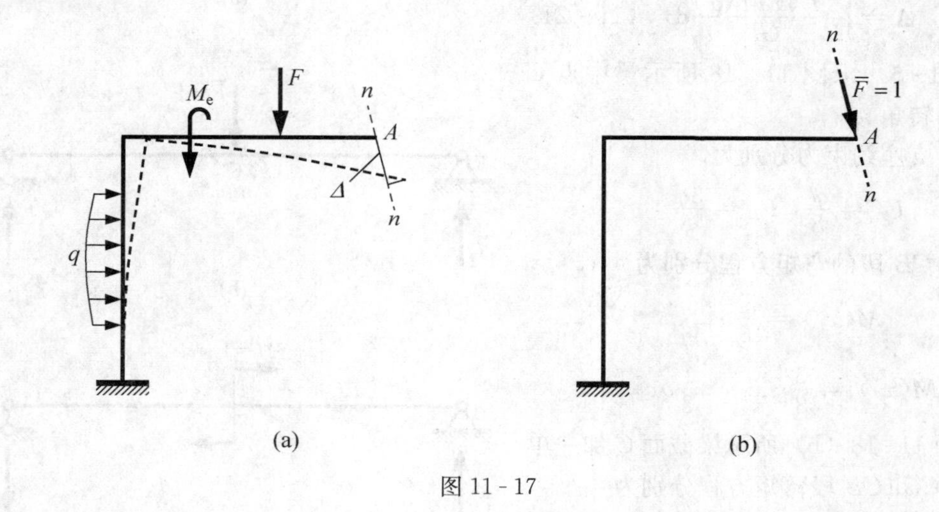

图 11-17

图 11-17（b）所示为一与图 11-17（a）相同的结构，在点 A 沿 $n-n$ 方向，施加单位力 $\overline{F}=1$（广义力），此时对应结构微段上所产生的轴力、扭矩和弯矩分别记为：$\overline{F}_N(x)$、$\overline{T}(x)$ 和弯矩 $\overline{M}(x)$。通常称图 11-17（b）示的力系为单位力系统。现将单位力系统看作真实的外力系统，则单位力在虚位移上所做外力虚功为

$$W_e = 1 \times \Delta$$

由单位力引起的内力在虚位移系统上的内力虚功为

$$W_i = \int_l \overline{F}_N(x)\mathrm{d}\delta + \int_l \overline{T}(x)\mathrm{d}\varphi + \int_l \overline{M}(x)\mathrm{d}\theta$$

根据虚功原理，有

$$\Delta = \int_l \overline{F}_N(x)\mathrm{d}\delta + \int_l \overline{T}(x)\mathrm{d}\varphi + \int_l \overline{M}(x)\mathrm{d}\theta \tag{11-17}$$

这是单位载荷法的基本公式。当求截面 A 的转角时，只要施加一单位力偶就可以应用上面公式。

对于线弹性结构，有

$$\mathrm{d}\delta = \frac{F_N(x)\mathrm{d}x}{EA},\ \mathrm{d}\varphi = \frac{T(x)\mathrm{d}x}{GI_p},\ \mathrm{d}\theta = \frac{M(x)\mathrm{d}x}{EI}$$

其中 $\mathrm{d}\varphi$ 仅适用于圆截面杆，将此三式代入式（11-17），得

$$\Delta = \int_l \frac{\overline{F}_N(x) F_N(x)}{EA} dx + \int_l \frac{\overline{T}(x) T(x)}{GI_p} dx + \int_l \frac{\overline{M}(x) M(x)}{EI} dx \qquad (11-18)$$

式（11-18）为计算线弹性结构位移的通用公式，又称为**莫尔**（Mohr）**积分**。对于发生平面弯曲的线弹性梁，式（11-18）可简化为

$$\Delta = \int_l \frac{\overline{M}(x) M(x)}{EI} dx \quad (11-19)$$

对于线弹性桁架，可简化为

$$\Delta = \int_l \frac{\overline{F}_N(x) F_N(x)}{EA} dx \quad (11-20)$$

对于线弹性圆截面变扭转杆，可简化为

$$\Delta = \int_l \frac{\overline{T}(x) T(x)}{GI_p} dx \quad (11-21)$$

例 11-5 求图 11-18 所示梁中点 C 的挠度和转角。

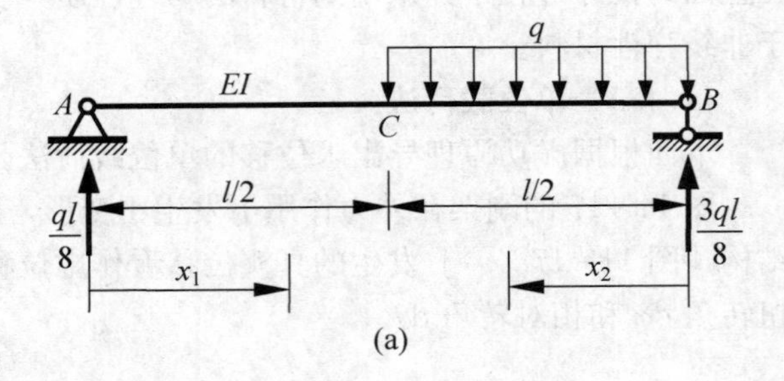

(a)

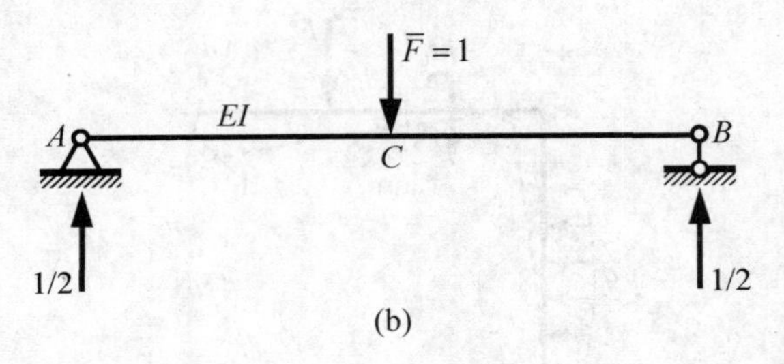

(b)

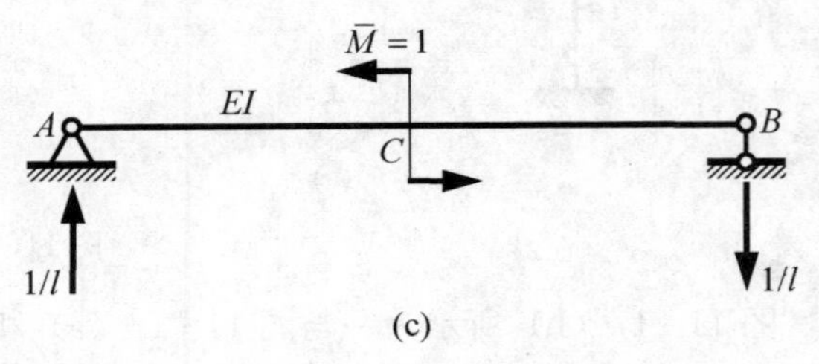

(c)

图 11-18

解：支座约束力分别为

$$F_A = \frac{ql}{8}, F_B = \frac{3ql}{8}$$

梁 AC 和 CB 段的弯矩方程分别为

$$M(x_1) = \frac{ql}{8} x_1,$$

$$M(x_2) = \frac{3}{8} qlx_2 - \frac{1}{2} qx_2^2$$

在图 11-18（b）所示梁截面 C 加一单位力，AC 和 CB 段弯矩方程分别为

$$\overline{M}(x_1) = \frac{1}{2} x_1, \overline{M}(x_2) = \frac{1}{2} x_2$$

由式（11-19），截面 C 的挠度为

$$\begin{aligned}\Delta_{Cy} &= \int_0^{\frac{l}{2}} \frac{\overline{M}(x_1) M(x_1)}{EI} dx_1 + \int_{\frac{l}{2}}^{l} \frac{\overline{M}(x_2) M(x_2)}{EI} dx_2 \\ &= \int_0^{\frac{l}{2}} \frac{\frac{1}{2} x_1 \cdot \frac{ql}{8} x_1}{EI} dx_1 + \int_{\frac{l}{2}}^{l} \frac{\frac{1}{2} x_2 \left(\frac{3}{8} qlx_2 - \frac{1}{2} qx_2^2\right)}{EI} dx_2 \\ &= \frac{5ql^4}{768EI}\end{aligned}$$

在图 11-18（c）所示梁截面 C 加一单位力偶，AC 和 CB 段弯矩方程分别为

$$M(x_1) = \frac{1}{l} x_1, M(x_2) = -\frac{1}{l} x_2$$

由式（11-19），截面 C 的转角为

$$\theta_C = \int_0^{\frac{l}{2}} \frac{\overline{M}(x_1) M(x_1)}{EI} dx_1 + \int_{\frac{l}{2}}^{l} \frac{\overline{M}(x_2) M(x_2)}{EI} dx_2$$

$$=\int_0^{\frac{l}{2}}\frac{\frac{1}{l}x_1\cdot\frac{ql}{8}x_1}{EI}\mathrm{d}x_1+\int_{\frac{l}{2}}^{l}\frac{-\frac{1}{l}x_2\left(\frac{3}{8}qlx_2-\frac{1}{2}qx_2^2\right)}{EI}\mathrm{d}x_2$$

$$=-\frac{ql^3}{384EI}$$

结果为负表示转角与设定方向相反。

例 11-6　图 11-19 所示桁架各杆的拉压刚度均为 EA，求节点 C 的水平位移和垂直位移。

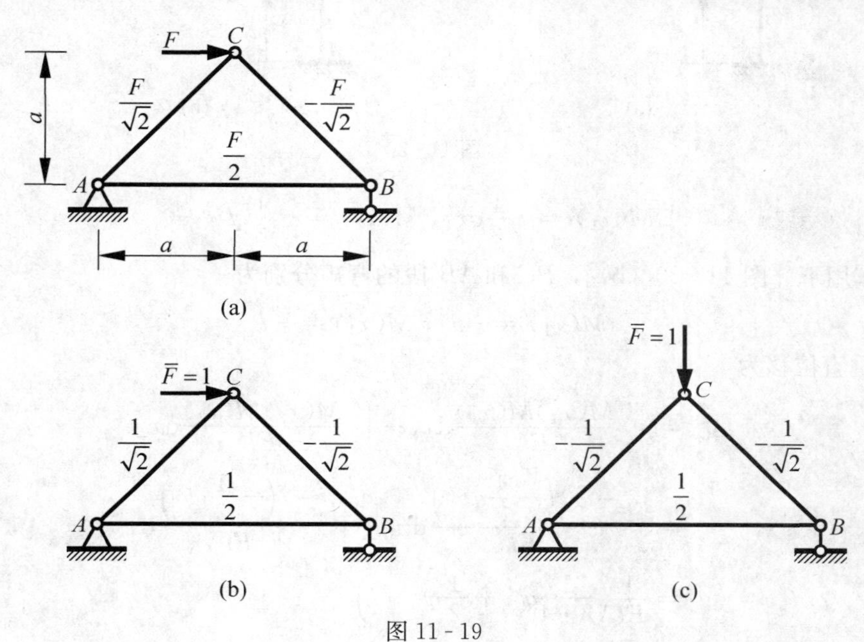

图 11-19

解： 在载荷作用下，桁架杆的内力如图 11-19（a）所示。建立图 11-19（b）和图 11-19（c）所示单位力系统，杆的内力分别如图 11-19（b）和图 11-19（c）所示。由式（11-20），桁架的水平位移为

$$\Delta_{Cx}=\sum\frac{\overline{F}_{\mathrm{N}i}F_{\mathrm{N}i}l_i}{EA}$$

$$=2\times\frac{\frac{1}{\sqrt{2}}\times\frac{F}{\sqrt{2}}\times\sqrt{2}a}{EA}+\frac{\frac{1}{2}\times\frac{F}{2}\times 2a}{EA}$$

$$=\left(\sqrt{2}+\frac{1}{2}\right)\frac{Fa}{EA}$$

桁架的铅垂位移为

$$\Delta_{Cy}=\frac{\frac{1}{2}\times\frac{F}{2}\times 2a}{EA}=\frac{Fa}{2EA}$$

例 11-7　已知图 11-20 所示刚架两段的长度均为 l，刚度均为 EA，求截面 C 的垂直位移。

解： 在载荷作用下［图 11-20（a）］，BC 和 AB 段的弯矩分别为

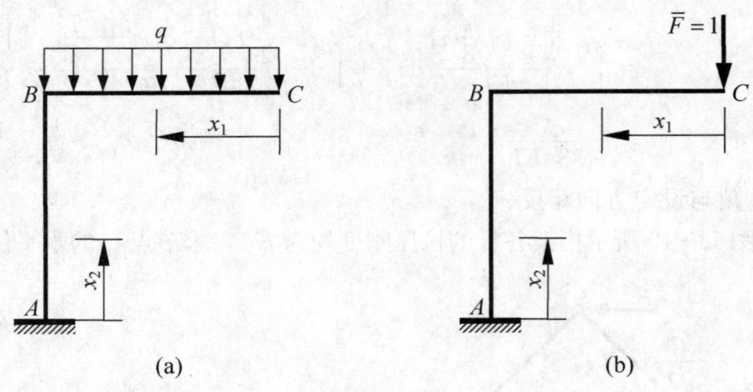

图 11-20

$$M(x_1)=-\frac{1}{2}qx_1^2,\ M(x_2)=-\frac{1}{2}ql^2$$

在单位力作用下［图 11-20（b）］，BC 和 AB 段的弯矩分别为

$$\bar{M}(x_1)=-x_1,\ \bar{M}(x_2)=-l$$

截面 C 的垂直位移为

$$\begin{aligned}\Delta_{Cy}&=\int_0^l\frac{\bar{M}(x_1)M(x_1)}{EI}\mathrm{d}x_1+\int_0^l\frac{\bar{M}(x_2)M(x_2)}{EI}\mathrm{d}x_2\\&=\int_0^l\frac{-x_1\left(-\frac{1}{2}qx_1^2\right)}{EI}\mathrm{d}x_1+\int_0^l\frac{-l\left(-\frac{1}{2}ql^2\right)}{EI}\mathrm{d}x_2\\&=\frac{1}{EI}\left(\frac{1}{2\cdot4}ql^4+\frac{1}{2}ql^3\cdot l\right)\\&=\frac{5ql^4}{8EI}\end{aligned}$$

例 11-8 平面曲杆水平放置，如图 11-21 所示。已知杆的弯曲刚度和扭转刚度分别为 EI 和 GI_p，力 F 垂直于水平面，求点 B 的垂直位移。

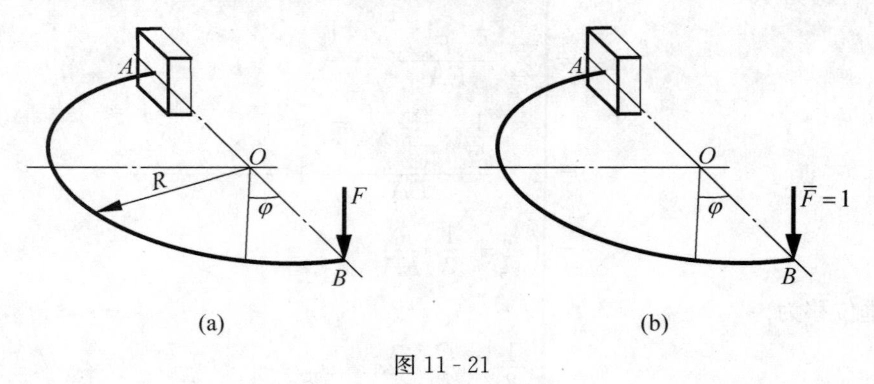

图 11-21

解： 在圆心角为 φ 的任一截面上，曲杆弯矩与扭矩分别为

$$M(\varphi)=FR\sin\varphi,\ T(\varphi)=FR(1-\cos\varphi)$$

施加如图 11-21（b）所示单位力，由单位力在圆心角为 φ 的截面上引起的弯矩与扭矩分别为

$$\overline{M}(\varphi)=R\sin\varphi，\overline{T}(\varphi)=R(1-\cos\varphi)$$

曲杆的垂直位移为

$$\begin{aligned}\Delta_{By}&=\int_l\frac{\overline{T}(\varphi)T(\varphi)}{GI_{\mathrm{p}}}\mathrm{d}s+\int_l\frac{\overline{M}(\varphi)M(\varphi)}{EI}\mathrm{d}s\\&=\int_0^{\pi}\frac{R(1-\cos\varphi)\cdot FR(1-\cos\varphi)}{GI_{\mathrm{p}}}R\mathrm{d}\varphi+\int_0^{\pi}\frac{R\sin\varphi\cdot FR\sin\varphi}{EI}R\mathrm{d}\varphi\\&=\frac{FR^3}{GI_{\mathrm{p}}}\int_0^{\pi}(1-2\cos\varphi+\cos^2\varphi)\mathrm{d}\varphi+\frac{FR^3}{EI}\int_0^{\pi}\sin^2\varphi\mathrm{d}\varphi\\&=\left(\pi+2\times\frac{1}{2}\times\frac{\pi}{2}\right)\frac{FR^3}{GI_{\mathrm{p}}}+2\times\frac{1}{2}\times\frac{\pi}{2}\times\frac{FR^3}{EI}\\&=\frac{3\pi FR^2}{2GI_{\mathrm{p}}}+\frac{\pi FR^2}{2EI}\end{aligned}$$

11.5 卡 氏 定 理

本节介绍求线弹性体位移的另外一种计算方法——卡氏定理。

图 11-22（a）所示线弹性梁上受广义力 F_1，F_2，…，F_k，…，F_n 作用，相应位移分别为 Δ_1，Δ_2，…，Δ_k，…，Δ_n，现在要计算 F_k 的相应位移 Δ_k。

要解决这个问题，可考虑两种加载方式。方式 1 为先加 F_1，F_2，…，F_k，…，F_n，此时梁的应变能为

$$V_{\varepsilon}=\sum_{i=1}^{n}\frac{1}{2}F_i\Delta_i \tag{a}$$

然后在载荷 F_k 作用点再施加一增量载荷 $\mathrm{d}F_k$［图 11-22（b）］。由于应变能是独立变量 F_1，F_2，…，F_k，…，F_n 的函数，此时梁的应变能为

$$V'_{\varepsilon}=V_{\varepsilon}+\frac{\partial V_{\varepsilon}}{\partial F_k}\mathrm{d}F_k \tag{b}$$

方式 2 为先加 $\mathrm{d}F_k$，后施加 F_1，F_2，…，F_k，…，F_n［图 11-22（c）］，此时梁的应变能为

$$V''_{\varepsilon}=\frac{1}{2}\mathrm{d}F_k\mathrm{d}\Delta_k+\left(\sum_{i=1}^{n}\frac{1}{2}F_i\Delta_i+\mathrm{d}F_k\cdot\Delta_k\right) \tag{c}$$

对于线弹性体，变能应仅取决于所施加载荷的终值而与加载次序无关，故两种加载方式最终的应变能应相等。即

$$V'_{\varepsilon}=V''_{\varepsilon} \tag{d}$$

将式（a）和式（b）代入式（c），略去二阶小量 $\mathrm{d}F_k\mathrm{d}\Delta_k/2$，得

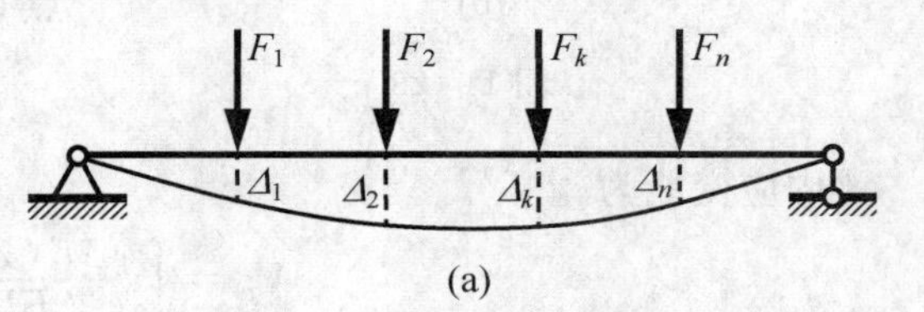

(a)

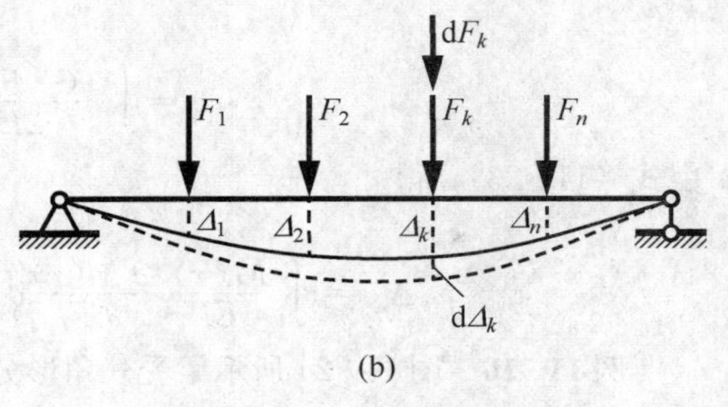

(b)

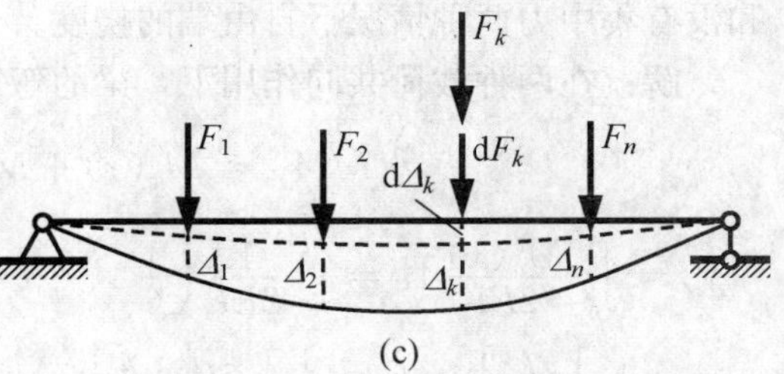

(c)

图 11-22

$$\Delta_k = \frac{\partial V_\varepsilon}{\partial F_k} \tag{11-22}$$

上式表明，线弹性结构的应变能对于某一载荷 F_k 的偏导数，等于该载荷的相应位移 Δ_k，这称为**卡式**（Castigliano）**定理**。将式（11-10）代入式（11-22）得

$$\Delta_k = \int_l \frac{F_N(x)\mathrm{d}x}{EA}\frac{\partial F_N(x)}{\partial F_k}\mathrm{d}x + \int_l \frac{T(x)\mathrm{d}x}{GI_p}\frac{\partial T(x)}{\partial F_k}\mathrm{d}x + \int_l \frac{M(x)}{EI}\frac{\partial M(x)}{\partial F_k}\mathrm{d}x \tag{11-23}$$

例 11-9 求图 11-23 所示梁点 A 和点 C 的挠度。

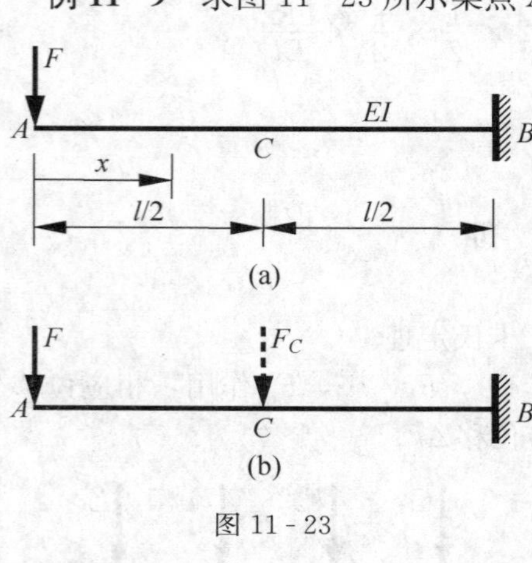

图 11-23

解：（1）求点 A 的挠度。梁的应变能为

$$V_\varepsilon = \int_0^l \frac{M^2(x)}{2EI}\mathrm{d}x = \int_0^l \frac{(Fx)^2}{2EI}\mathrm{d}x = \frac{F^2l^3}{6EI}$$

由卡式定理，得

$$\Delta_{Ay} = \frac{\partial V_\varepsilon}{\partial F} = \frac{Fl^3}{3EI}$$

（2）求点 C 的挠度。求非加力点的位移时，可以在非加力点沿要求位移的方向先虚加一集中力，待对变形能求偏导数后，再令该力等于零即可。在点 C 加一竖向力 F_C，AB 和 BC 段的弯矩分别为

$$M_1 = -Fx,\ M_2 = -Fx - F_C\left(x - \frac{l}{2}\right)$$

梁内应变能为

$$V_\varepsilon = \int_0^{\frac{l}{2}} \frac{M_1^2(x)}{2EI}\mathrm{d}x + \int_{\frac{l}{2}}^l \frac{M_2^2(x)}{2EI}\mathrm{d}x$$

$$= \int_0^{\frac{l}{2}} \frac{(-Fx)^2}{2EI}\mathrm{d}x + \int_{\frac{l}{2}}^l \frac{\left[-Fx - F_C\left(x - \frac{l}{2}\right)\right]^2}{2EI}\mathrm{d}x$$

由式（11-23），得

$$\Delta_{Cy} = \int_l \frac{M(x)}{EI}\frac{\partial M(x)}{\partial F_k}\mathrm{d}x = \int_{\frac{l}{2}}^l \frac{Fx\left(x - \frac{l}{2}\right)}{EI}\mathrm{d}x = \frac{5Fl^3}{48EI}$$

例 11-10 图 11-24 所示梁受三角形分布载荷，用卡氏定理分别计算自由端有集中力 F 和没有集中力两种情况下自由端的挠度。

解：在两种载荷共同作用下，梁的弯矩方程和应变能分别为

$$M(x) = M_q(x) + M_F(x) = -\left(\frac{1}{6}\times\frac{q_0}{l}x^3 + Fx\right)$$

$$V_\varepsilon = \int_0^l \frac{M^2(x)}{2EI}\mathrm{d}x = \int_0^l \frac{1}{2EI}\left(\frac{1}{6}\times\frac{q_0}{l}x^3 + Fx\right)^2\mathrm{d}x$$

$$= \frac{1}{2EI}\left(\frac{1}{252}q_0^2l^5 + \frac{1}{15}q_0Fl^4 + \frac{F^2}{3}l^3\right)$$

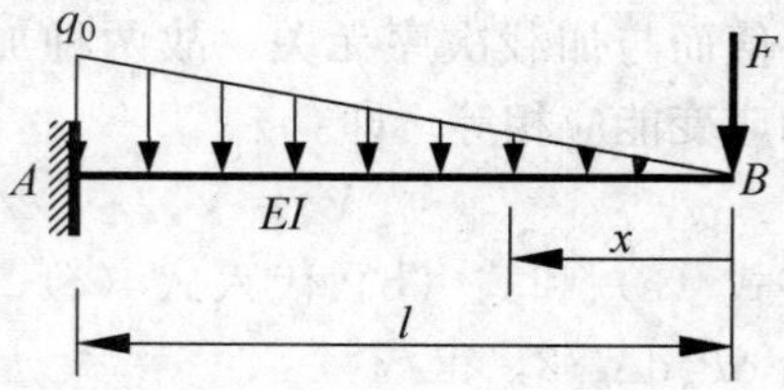

自由端有集中力时，根据卡式定理，得

$$\Delta_{Ay} = \frac{\partial V_\varepsilon}{\partial F} = \frac{1}{2EI}\left(\frac{1}{15}q_0l^4 + \frac{2}{3}Fl^3\right)$$

图 11-24

自由端没有集中力时，计算其位移，应在自由端虚加一集中力 F，即图 11 - 24 所示情况，只要令上式中 F 等于零即可，即

$$\Delta_{By} = \frac{q_0 l^4}{30EI}$$

11.6 冲击问题的能量解法

11.6.1 动载荷

前面内容都是针对构件在静载荷作用下的应力、应变及位移计算。**静载荷**是指构件上的载荷不随时间而变化或者载荷从零开始缓慢平稳地增加到最终值。因加载缓慢，加载过程中构件上各点的加速度很小，可认为构件始终处于平衡状态，加速度影响略去不计。**动载荷**是指随时间明显变化的载荷或者具有较大加载速率的载荷。在非缓慢加载过程中，变形体含有不可忽略的速度和加速度。

工程实际中，有两种动载荷问题最常见，一是变形体作加速运动或等速转动，该类问题的处理方法是应用达朗贝尔原理，只要在有加速度的质点上添加了惯性力，就和静载荷问题无异；二是冲击载荷或突加载荷问题，这类动载荷问题的特点是载荷作用时间如此的短促，以至于难以测量变形体加速度随时间变化的规律，通常还伴随着声、热甚至是光能的损耗，所以精确分析是十分困难的。工程上，冲击载荷问题宜采用能量法进行简化分析计算。

11.6.2 杆件受冲击时的动应力

当冲击物以一定的速度作用到被冲击物（例如杆顶）上时，在极短的时间内，被冲击物将使冲击物的速度发生极大的改变，即使冲击物原有的正加速度改变为很大的负加速度，这种现象称为**冲击**。

分析冲击问题时，作如下假定：

（1）不计冲击物的变形；

（2）冲击物与构件（被冲击物）接触后无回弹，二者合为一个运动系统；

（3）不计被冲击物的质量，冲击应力可以瞬时传遍整个构件；

（4）材料服从虎克定律；

（5）不计能量损耗。

考虑两个状态：状态 1 为冲击发生前的某一时刻，状态 2 为冲击刚结束，被冲击物达到最大变形的状态。设状态 1 和状态 2 的机械能分别为 E_1 和 E_2，由于在冲击过程中，机械能守恒，有

$$E_1 = T_1 + V_1 + V_{\varepsilon 1},\ E_2 = T_2 + V_2 + V_{\varepsilon 2} \tag{a}$$

式中，T_1、V_1 和 $V_{\varepsilon 1}$ 分别为状态 1 冲击物的动能、重力势能和被冲击物的弹性势能（应变能），T_2、V_2 和 $V_{\varepsilon 2}$ 分别为状态 2 冲击物的动能、重力势能和被冲击物的弹性势能。由于机械能守恒，有

$$E_1 = E_2 \tag{b}$$

把式（b）代入式（a），可得

$$(T_1 - T_2) + (V_1 - V_2) = V_{\varepsilon 2} - V_{\varepsilon 1} \tag{c}$$

式（c）表示冲击前后冲击物机械能的减少等于被冲击物应变能的增加。上式可简写为

$$T + V = V_{\varepsilon} \tag{11-24}$$

下面分析三类冲击问题。

1. 垂直冲击问题

图 11-25（a）所示一线弹性杆上方高度为 h 处有重为 P 的物体自由下落到杆上。设杆发生最大位移 Δ_d 时，冲击载荷为 F_d。对于线弹性体，其相应位移与外力成正比，即

$$F_d = k\Delta_d \tag{d}$$

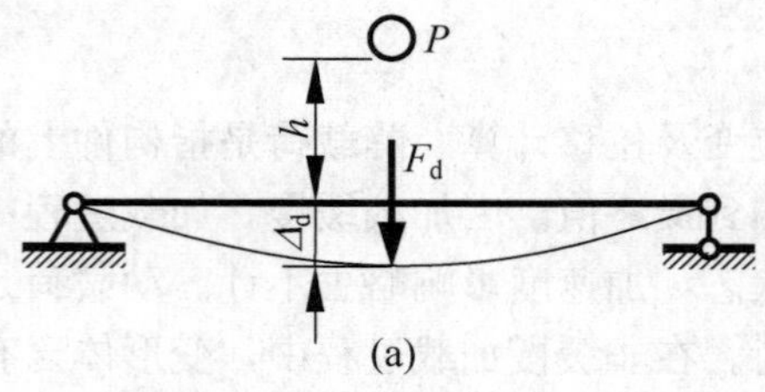
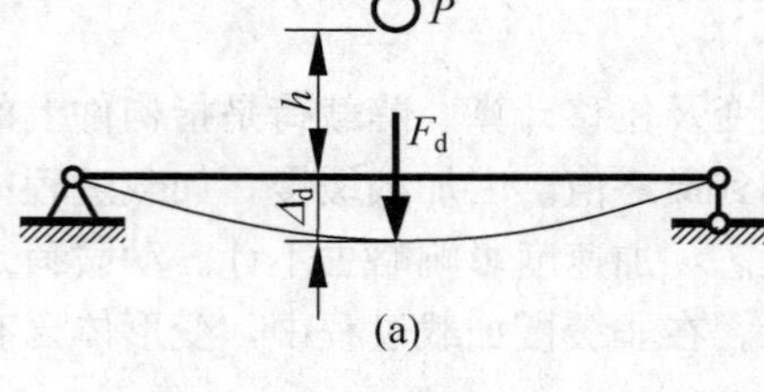

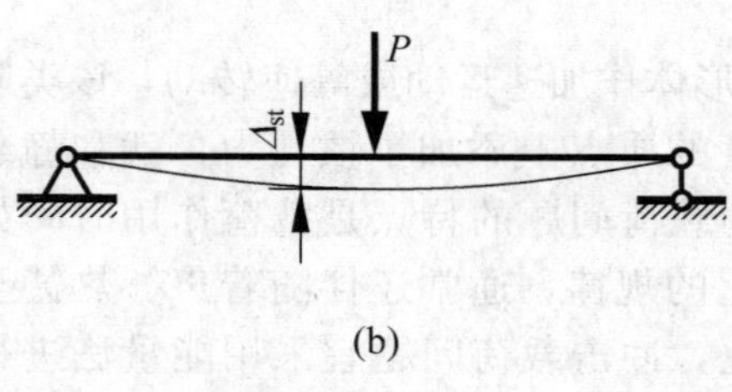

图 11-25

其中 k 为杆的**刚度因数**。在冲击点施加静载 P，设产生的相应静位移为 Δ_{st}，有

$$P = k\Delta_{st} \tag{e}$$

考虑冲击前和发生最大位移时杆的能量变化。冲击前后的动能分别为

$$T_1 = T_2 = 0 \tag{f}$$

取杆的最大变形位置为零势能位置，冲击前后的势能变化为

$$V_1 - V_2 = P(h + \Delta_d) \tag{g}$$

应变能的变化为

$$V_{\varepsilon 2} - V_{\varepsilon 1} = \frac{F_d \Delta_d}{2} \tag{h}$$

将式（f）～式（h）代入式（11-24），并考虑式（d）和式（e）可得

$$\Delta_d^2 - 2\Delta_{st}\Delta_d - 2\Delta_{st}h = 0 \tag{i}$$

式（i）为关于 Δ_d 的一元二次方程，解得

$$\Delta_d = \frac{P}{k} + \sqrt{\left(\frac{P}{k}\right)^2 + \frac{2Ph}{k}} = \left(1 + \sqrt{1 + \frac{2h}{\Delta_{st}}}\right)\Delta_{st} \tag{j}$$

记

$$K_d = 1 + \sqrt{1 + \frac{2h}{\Delta_{st}}} \tag{11-25}$$

K_d 称为冲击**动荷因数**，式（j）可写成

$$\Delta_d = K_d \Delta_{st}$$

由式（d）和式（e）可知

$$F_d = k\Delta_d = kK_d\Delta_{st} = K_d P$$

所以，杆受冲击后，任一点的应力、位移等均为静载荷时的 K_d 倍。

讨论：

（1）以动荷因数 K_d 乘以构件的静载荷、静位移和静应力，就得到冲击时相应构件的冲击载荷 F_d，相应的冲击位移 Δ_d 和冲击应力 σ_d。

（2）$K_d \geqslant 2$，且 $h=0$ 时，$K_d=2$，表明突加载荷将使构件的动应力和变形增加一倍。

（3）式（11-25）中的 Δ_{st} 为冲击物与被冲击物接触处沿冲击方向的静位移，具有特定的含义。如果 Δ_{st} 增大，则 K_d 减小，表明构件越柔软（刚度减小），缓冲作用越强。如果 Δ_{st} 减小，则 K_d 增大，表明构件越刚硬（刚度增大），冲击力就越大。

2. 水平冲击问题

图 11-26 所示杆受速度为 v，质量为 m 的冲击物的水平冲击。设杆的刚度因数为 k，求最大冲击位移和最大冲击力。

取冲击物所在平面为零势能面，设冲击力 F_d 最大时，冲击点的位移为 Δ_d。这时

$$T=\frac{1}{2}mv^2,\ V=0,\ V_\varepsilon=\frac{F_d\Delta_d}{2}=\frac{k\Delta_d^2}{2} \tag{k}$$

将上式代入式（11-24），得

$$\frac{1}{2}k\Delta_d^2=\frac{1}{2}mv^2 \tag{l}$$

当冲击物的重量以静载水平施加于杆的冲击点时，有

$$mg=k\Delta_{st} \tag{m}$$

联立式（l）和式（m），解得最大冲击位移为

$$\Delta_d=\sqrt{\frac{v^2}{g\Delta_{st}}}\cdot\Delta_{st}$$

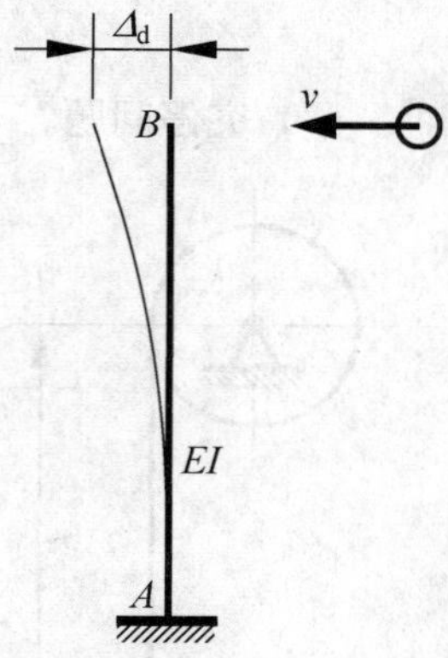

图 11-26

得到水平冲击动荷因数为

$$K_d=\sqrt{\frac{v^2}{g\Delta_{st}}} \tag{11-26}$$

最大冲击载荷为

$$F_d=k\Delta_d=\sqrt{\frac{v^2}{g\Delta_{st}}}\times\Delta_{st}\times\frac{mg}{\Delta_{st}}=\sqrt{\frac{v^2}{g\Delta_{st}}}\cdot mg$$

例 11-11 图 11-27 所示两相同木杆，直径 $d_1=30\text{cm}$，长 $l=6\text{m}$，弹性模量为 $E_1=10\text{GPa}$。重 $P=5\text{kN}$ 的重锤从杆的上部 $H=1\text{m}$ 高度处自由落下，其中图 11-28（b）所示杆顶端放一直径 $d=15\text{cm}$，厚 $h=20\text{mm}$，弹性模量为 $E_2=8\text{MPa}$ 的橡皮垫，求二杆的应力。

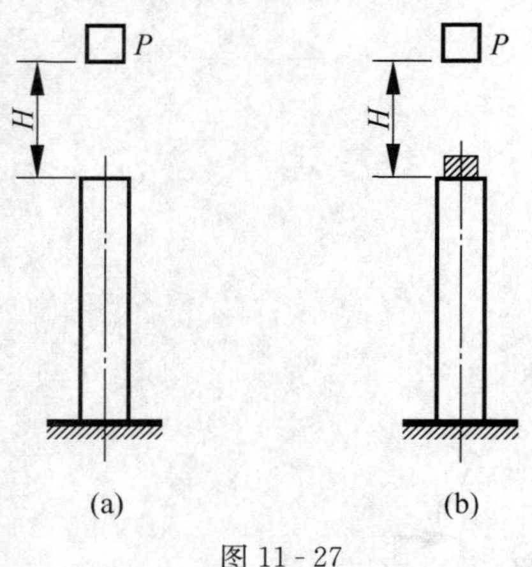

图 11-27

解：

（1）无橡皮垫时。杆的静位移为

$$\Delta_{st}=\frac{Pl}{EA}=\frac{5\times10^3\times6\times4}{10\times10^9\times\pi\times0.3^2}=4.244\times10^{-5}(\text{m})$$

冲击载荷为

$$F_d=P\left(1+\sqrt{1+\frac{2H}{\Delta_{st}}}\right)=5\left(1+\sqrt{1+\frac{2\times1}{4.244\times10^{-5}}}\right)$$
$$=1090.43(\text{kN})$$

在任意横截面上有最大动应力，其值为

$$\sigma_d=\frac{F_d}{A}=\frac{1090.43\times10^3\times4}{\pi\times0.3^2}=15.43\times10^6(\text{Pa})$$

（2）有橡皮垫时。橡皮垫的静位移为

$$\Delta_{st,垫}=\frac{5\times10^3\times0.02\times4}{8\times10^6\times\pi\times0.15^2}=7.0736\times10^{-4}(\text{m})$$

静位移等于杆的静位移和橡皮垫的静位移之和，即

$$\Delta_{st}=\Delta_{st,杆}+\Delta_{st,垫}=4.244\times10^{-5}+7.0736\times10^{-4}=7.498\times10^{-4}(\text{m})$$

杆的动载荷和动应力分别为

$$F_{\mathrm{d}}=5\left(1+\sqrt{1+\frac{2\times0.98}{7.498\times10^{-4}}}\right)=260.69(\mathrm{kN})$$

$$\sigma_{\mathrm{d}}=\frac{260.69\times10^{6}\times4}{\pi\times0.3^{2}}=3.69\times10^{6}(\mathrm{Pa})$$

(3) 突停问题。

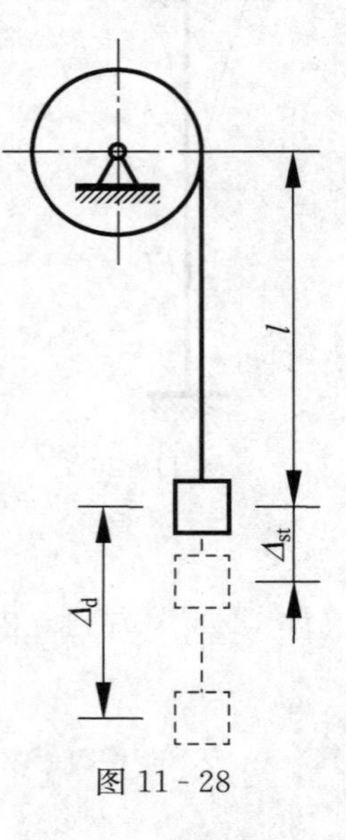

图 11 - 28

有时运动中的构件会因故障而突然停止，造成构件的应力急剧增加，这是很危险的。下面以图 11 - 28 所示的吊索为例，分析吊索中的动载荷。吊索的下端悬挂重量为 P 的重物，以匀速 v 下降，当吊索下降长度为 l 时，起吊中的滑轮被突然卡住，求吊索受到的冲击载荷 F_{d}。

取状态 1 为吊索突停时，状态 2 为吊索达到最大变形时。两个状态下吊索下端的位移如图 11 - 28 所示。在此过程中，重物动能和势能的改变，以及吊索内的应变能改变分别为

$$T_1-T_2=\frac{Pv^2}{2g}-0=\frac{Pv^2}{2g}$$

$$V_1-V_2=P(\Delta_{\mathrm{d}}-\Delta_{\mathrm{st}})$$

$$V_{\varepsilon2}-V_{\varepsilon1}=\frac{F_{\mathrm{d}}\Delta_{\mathrm{d}}}{2}-\frac{P\Delta_{\mathrm{st}}}{2}$$

其中 Δ_{st} 和 Δ_{d} 分别为绳索的静位移和动位移，且 $\Delta_{\mathrm{st}}=\dfrac{Pl}{EA}$，$EA$ 为绳索的拉压刚度。以上三式代入式 (c)，得

$$\frac{Pv^2}{2g}+P(\Delta_{\mathrm{d}}-\Delta_{\mathrm{st}})=\frac{F_{\mathrm{d}}\Delta_{\mathrm{d}}}{2}-\frac{P\Delta_{\mathrm{st}}}{2}$$

注意到 $F_{\mathrm{d}}/P=\Delta_{\mathrm{d}}/\Delta_{\mathrm{st}}=K_{\mathrm{d}}$，上式可简化为

$$K_{\mathrm{d}}^2-2K_{\mathrm{d}}+1-\frac{v^2}{g\Delta_{\mathrm{st}}}=0$$

解得动荷因数为

$$K_{\mathrm{d}}=1+\sqrt{\frac{v^2}{g\Delta_{\mathrm{st}}}}\qquad(11-27)$$

有了动荷因数就很容易计算吊索内的动应力和变形。

习　题

11 - 1　计算构件的应变能。

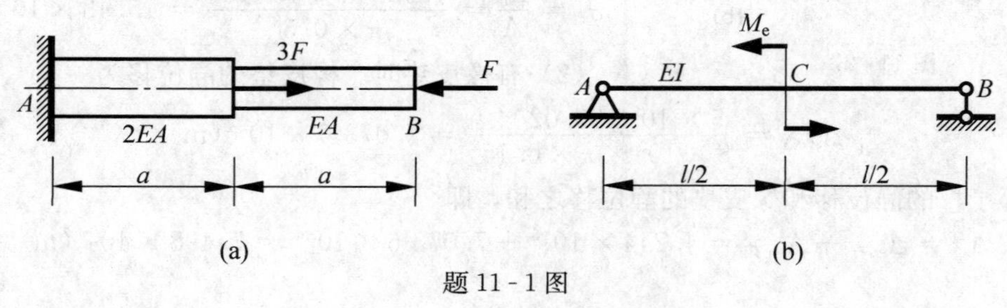

题 11 - 1 图

11 - 2　计算梁的应变能。

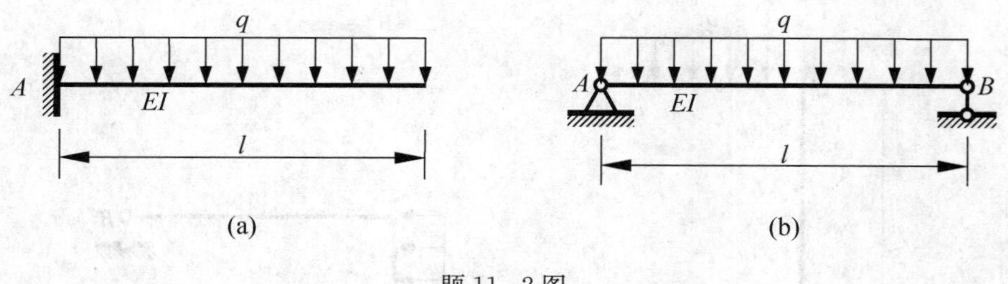

题 11 - 2 图

11 - 3　用能量法计算梁截面 C 的挠度。

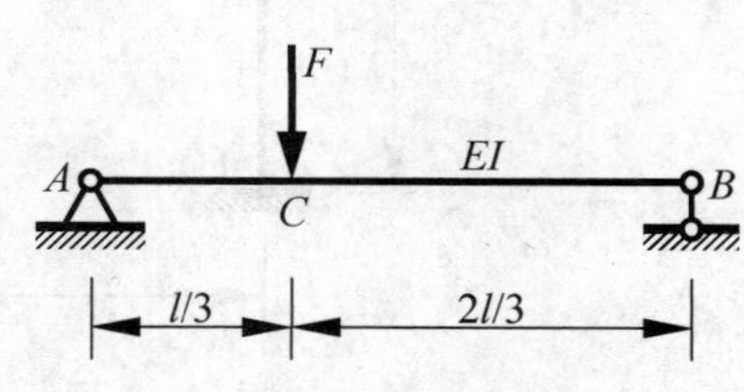

题 11 - 3 图

11 - 4　已知题 11 - 4（a）图所示梁端截面的转角大小为$\dfrac{Fl^2}{16EI}$，用功的互等定理求题 11 - 4（b）图所示梁截面 C 的挠度。

11 - 5　求图示梁截面 B 的挠度和转角。

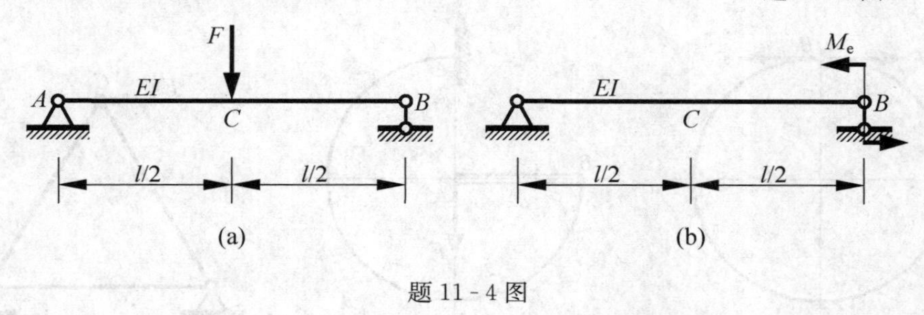

题 11 - 4 图

11 - 6　求图示梁截面 C 的挠度。

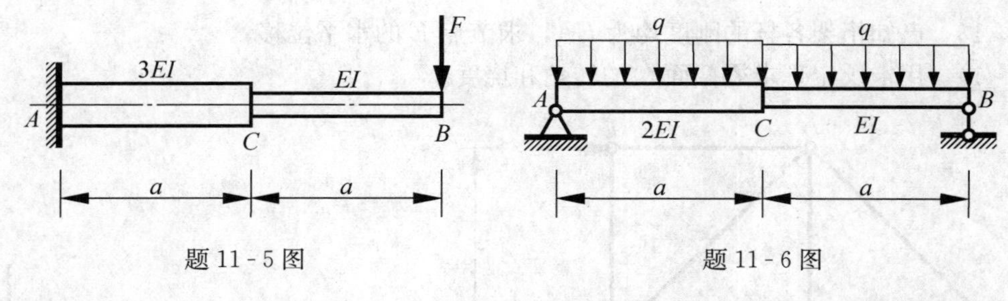

题 11 - 5 图　　　　题 11 - 6 图

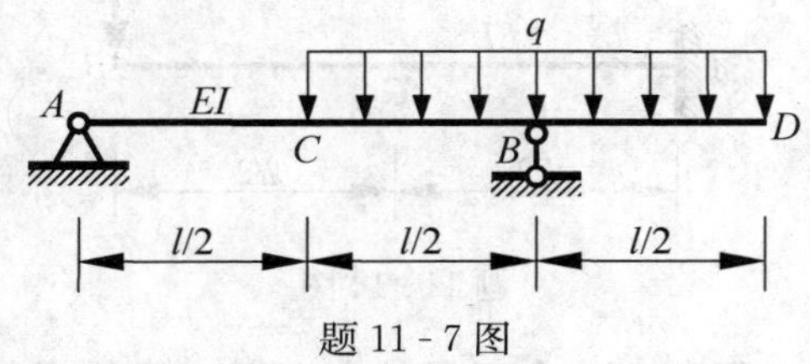

题 11 - 7 图

11 - 7　求图示梁截面 C 的转角和挠度。

11 - 8　图示刚架，每段刚度均为 EI，求截面 C 的转角和垂直位移。

11 - 9　图示刚架，每段长度均为 l，刚度均为 EI，求截面 B 的转角和水平位移。

11 - 10　已知开口圆环的半径为 R，刚度为 EI，求截面 A 和 B 的相对转角 θ_{AB}。

11 - 11　曲杆 AB 半径为 R，刚度为 EI。若 BC 为刚杆，求截面 B 的水平位移和垂直位移。

11-12　桁架各杆的长度均为 a，拉压刚度均为 EA，求节点 C 的水平和垂直位移。

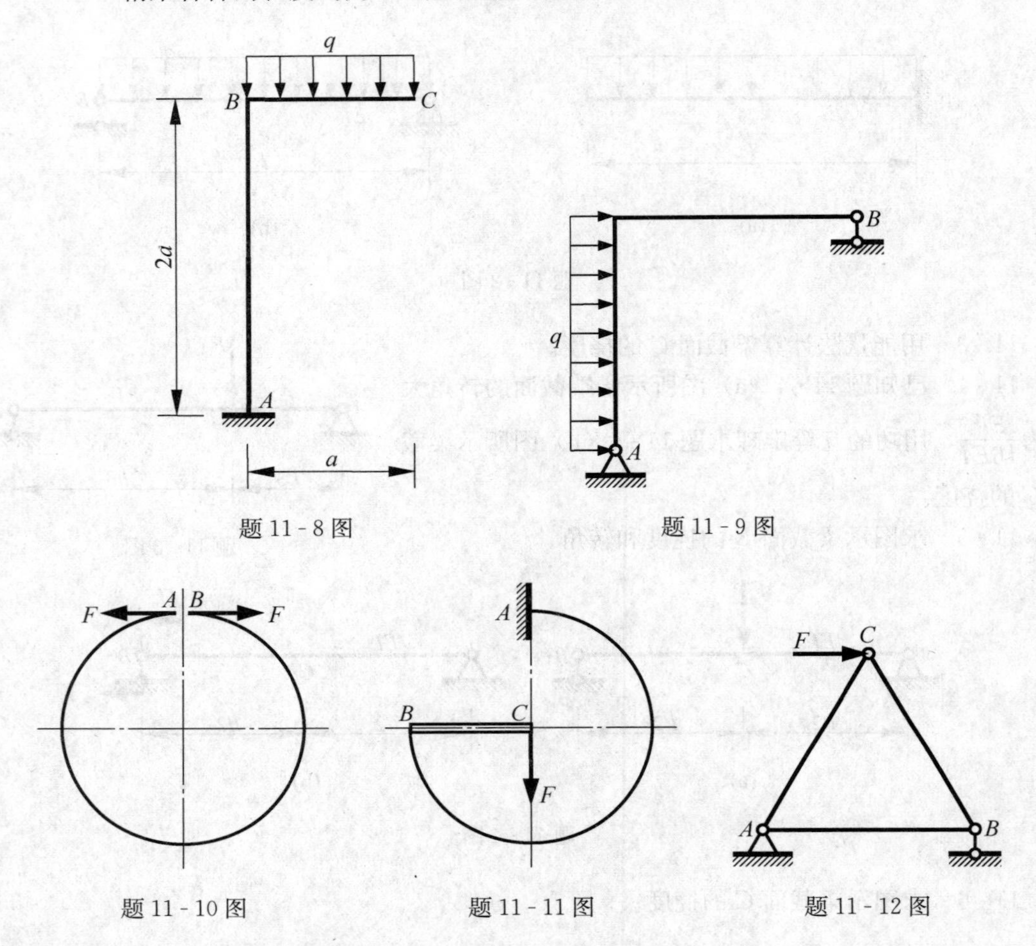

题 11-8 图　　题 11-9 图

题 11-10 图　　题 11-11 图　　题 11-12 图

11-13　已知桁架各杆的刚度均为 EA，求节点 E 的水平位移。

11-14　用卡氏定理求梁截面 C 的转角和挠度。

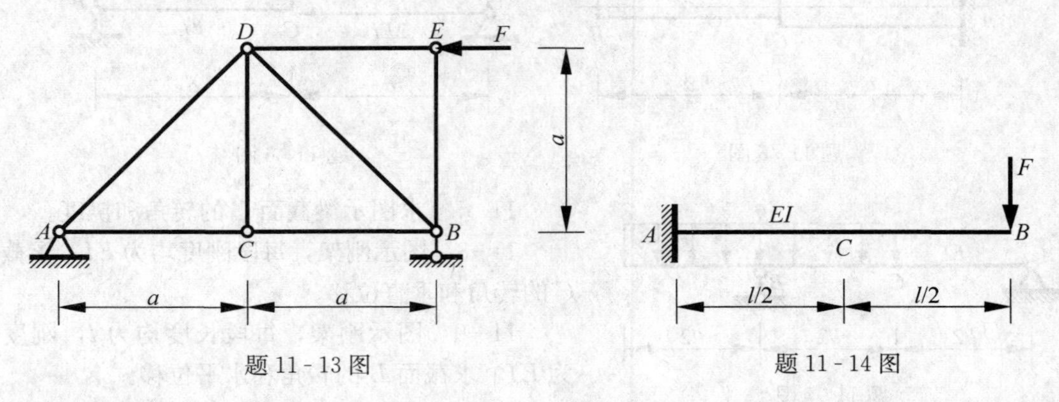

题 11-13 图　　题 11-14 图

11-15　重为 50N 的物体从距梁 $h=0.5\text{m}$ 处自由下落，冲击于梁的点 C 处。已知梁的弹性模量 $E=200\text{GPa}$，求梁内的最大正应力。

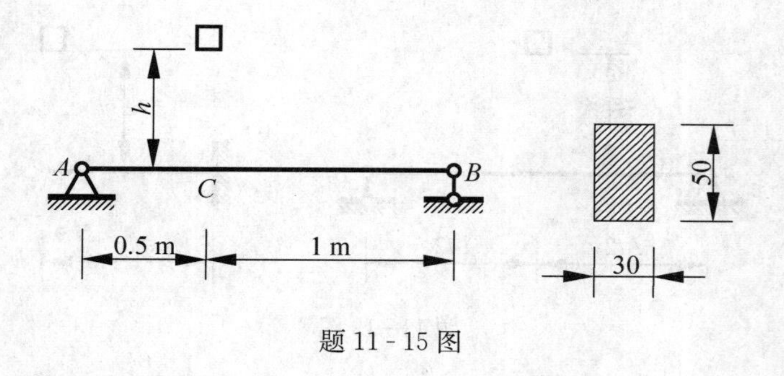

题 11 - 15 图

11 - 16 重为 P 的物体自高度 h 自由下落，冲击各圆截面杆的顶端，比较各杆的最大冲击应力。

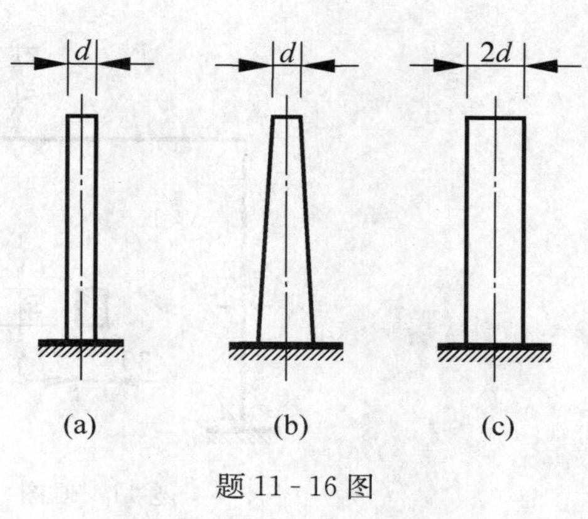

题 11 - 16 图

11 - 17 重为 4kN 的物体自高度 $h=0.5\text{m}$ 自由下落，冲击直径为 30cm、长为 5m，弹性模量为 $E_1=10\text{GPa}$ 的木杆的顶端［题 11 - 17（a）图］，求杆的冲击应力。若在杆的顶端放置一直径为 20cm，厚为 30mm，弹性模量 $E_2=8\text{MPa}$ 的橡胶垫［题 11 - 17（b）图］，杆的冲击应力为多少？

11 - 18 直径 $d=5\text{cm}$、长 $l=4\text{m}$ 的钢杆，上端固定，下端有一凸缘。杆的弹性模量为 $E=200\text{GPa}$，许用应力为 $[\sigma]=120\text{MPa}$，弹簧刚度 $k=15\text{kN/cm}$。重量为 $P=20\text{kN}$ 的物体自由下落，求许用高度 $[h]$。

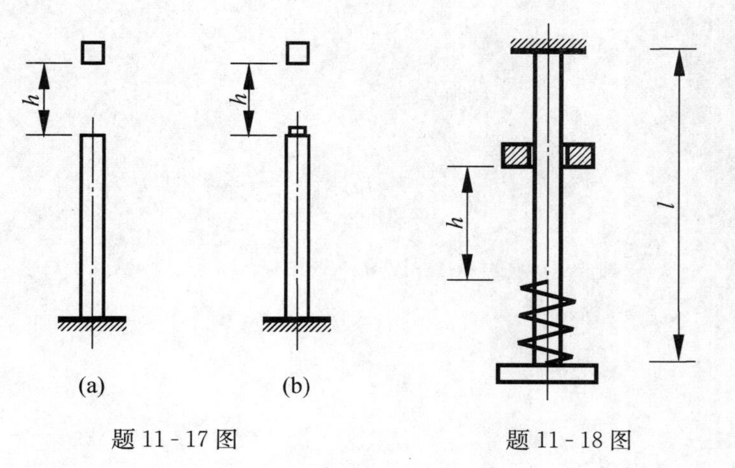

题 11 - 17 图　　　题 11 - 18 图

11 - 19 两梁材料、截面均相同。欲使两梁的最大冲击正应力相等，求 $l_1 : l_2$ $\left(取 K_d=\sqrt{\frac{2h}{\Delta_{st}}}\right)$。

11 - 20 重量为 $P=300\text{N}$ 的物体，自高度 $h=50\text{mm}$ 处自由下落。已知材料的弹性模量 $E=200\text{GPa}$，求刚架内的最大动应力。

11 - 21 重量为 $P=50\text{N}$ 的物体，以速度 $v=3\text{m/s}$ 水平冲击空心圆柱梁 AB 上点 C，空

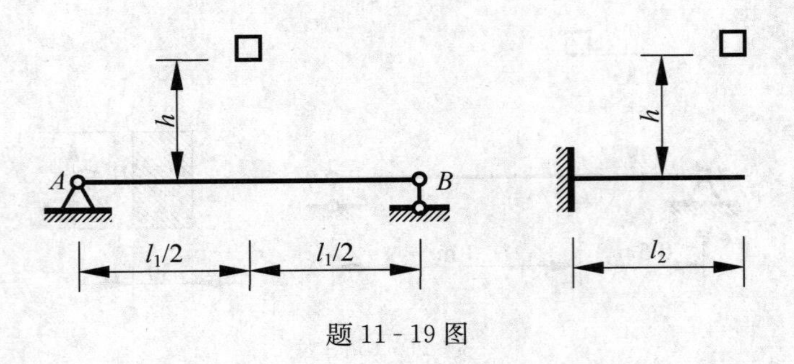

题 11 - 19 图

心圆柱的内径为 d=70mm，外径为 D=80mm。已知材料的弹性模量 E=200GPa，求梁内的最大动应力。

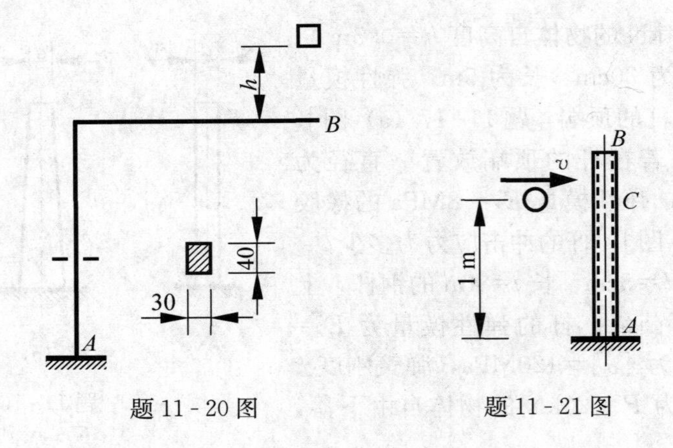

题 11 - 20 图　　题 11 - 21 图

附录Ⅰ 型 钢 表

表 1

热轧等边角钢（GB 9787—1988）

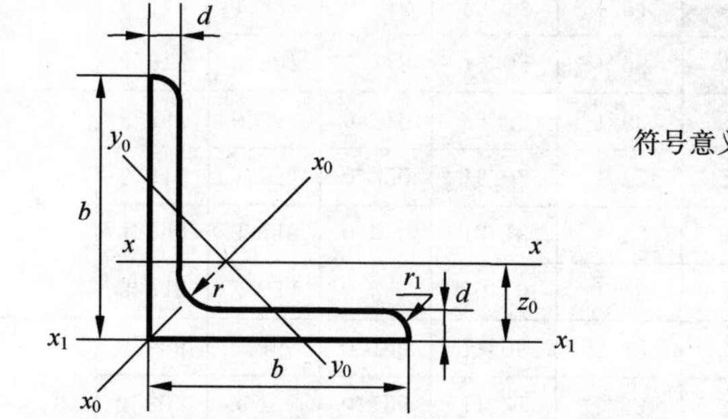

符号意义：b——边宽度；　　　I——惯性矩；
d——边厚度；　　　i——惯性半径；
r——内圆弧半径；　　　W——抗弯截面系数；
r_1——边端内圆弧半径；　　　z_0——重心距离。

角钢号数	尺寸（mm）			截面面积	理论重量	外表面积	参考数值										z_0
							$x-x$			x_0-x_0			y_0-y_0			x_1-x_1	
	b	d	r	(cm²)	(kg/m)	(m²/m)	I_x (cm⁴)	i_x (cm)	W_x (cm³)	I_{x_0} (cm⁴)	i_{x_0} (cm)	W_{x_0} (cm³)	I_{y_0} (cm⁴)	i_{y_0} (cm)	W_{y_0} (cm³)	I_{x_1} (cm⁴)	(cm)
2	20	3	3.5	1.132	0.889	0.078	0.40	0.59	0.29	0.63	0.75	0.45	0.17	0.39	0.20	0.81	0.60
		4		1.459	1.145	0.077	0.50	0.58	0.36	0.78	0.73	0.55	0.22	0.38	0.24	1.09	0.64
2.5	25	3		1.432	1.124	0.098	0.82	0.76	0.46	1.29	0.95	0.73	0.34	0.49	0.33	1.57	0.73
		4		1.859	1.459	0.097	1.03	0.74	0.59	1.62	0.93	0.92	0.43	0.48	0.40	2.11	0.76
3.0	30	3	4.5	1.749	1.373	0.117	1.46	0.91	0.68	2.31	1.15	1.09	0.61	0.59	0.51	2.71	0.85
		4		2.276	1.786	0.117	1.84	0.90	0.87	2.92	1.13	1.37	0.77	0.58	0.62	3.63	0.89
3.6	36	3		2.109	1.656	0.141	2.58	1.11	0.99	4.09	1.39	1.61	1.07	0.71	0.76	4.68	1.00
		4		2.756	2.163	0.141	3.29	1.09	1.28	5.22	1.38	2.05	1.37	0.70	0.93	6.25	1.04
		5		3.382	2.654	0.141	3.95	1.08	1.56	6.24	1.36	2.45	1.65	0.70	1.09	7.84	1.07

续表

角钢号数	尺寸(mm)			截面面积	理论重量	外表面积	参考数值										
							$x-x$			x_0-x_0			y_0-y_0			x_1-x_1	z_0
	b	d	r	(cm^2)	(kg/m)	(m^2/m)	I_x (cm^4)	i_x (cm)	W_x (cm^3)	I_{x_0} (cm^4)	i_{x_0} (cm)	W_{x_0} (cm^3)	I_{y_0} (cm^4)	i_{y_0} (cm)	W_{y_0} (cm^3)	I_{x_1} (cm^4)	(cm)
4.0	40	3	5	2.359	1.852	0.157	3.58	1.23	1.23	5.69	1.55	2.01	1.49	0.79	0.96	6.41	1.09
		4		3.086	2.422	0.157	4.60	1.22	1.60	7.29	1.54	2.58	1.91	0.79	1.19	8.56	1.13
		5		3.791	2.976	0.156	5.53	1.21	1.96	8.76	1.52	3.10	2.30	0.78	1.39	10.74	1.17
4.5	45	3		2.659	2.088	0.177	5.17	1.40	1.58	8.20	1.76	2.58	2.14	0.89	1.24	9.12	1.22
		4		3.486	2.736	0.177	6.65	1.38	2.05	10.56	1.74	3.32	2.75	0.89	1.54	12.18	1.26
		5		4.292	3.369	0.176	8.04	1.37	2.51	12.74	1.72	4.00	3.33	0.88	1.81	15.25	1.30
		6		5.076	3.985	0.176	9.33	1.36	2.95	14.76	1.70	4.64	3.89	0.88	2.06	18.36	1.33
5	50	3	5.5	2.971	2.332	0.197	7.18	1.55	1.96	11.37	1.96	3.22	2.98	1.00	1.57	12.50	1.34
		4		3.897	3.059	0.197	9.26	1.54	2.56	14.70	1.94	4.16	3.82	0.99	1.96	16.69	1.38
		5		4.803	3.770	0.196	11.21	1.53	3.13	17.79	1.92	5.03	4.64	0.98	2.31	20.90	1.42
		6		5.688	4.465	0.196	13.05	1.52	3.68	20.68	1.91	5.85	5.42	0.98	2.63	25.14	1.46
5.6	56	3	6	3.343	2.624	0.221	10.19	1.75	2.48	16.14	2.20	4.08	4.24	1.13	2.02	17.56	1.48
		4		4.390	3.446	0.220	13.18	1.73	3.24	20.92	2.18	5.28	5.46	1.11	2.52	23.43	1.53
		5		5.415	4.251	0.220	16.02	1.72	3.97	25.42	2.17	6.42	6.61	1.10	2.98	29.33	1.57
		6		8.367	6.568	0.219	23.63	1.68	6.03	37.37	2.11	9.44	9.89	1.09	4.16	46.24	1.68
6.3	63	4	7	4.978	3.907	0.248	19.03	1.96	4.13	30.17	2.46	6.78	7.89	1.26	3.29	33.35	1.70
		5		6.143	4.822	0.248	23.17	1.94	5.08	36.77	2.45	8.25	9.57	1.25	3.90	41.73	1.74
		6		7.288	5.721	0.247	27.12	1.93	6.00	43.03	2.43	9.66	11.20	1.24	4.46	50.14	1.78
		8		9.515	7.469	0.247	34.46	1.90	7.75	54.56	2.40	12.25	14.33	1.23	5.47	67.11	1.85
		10		11.657	9.151	0.246	41.09	1.88	9.39	64.85	2.36	14.56	17.33	1.22	6.36	84.31	1.93

续表

角钢号数	尺寸(mm)			截面面积	理论重量	外表面积	参考数值										z_0
							$x-x$			x_0-x_0			y_0-y_0			x_1-x_1	
	b	d	r	(cm²)	(kg/m)	(m²/m)	I_x (cm⁴)	i_x (cm)	W_x (cm³)	I_{x_0} (cm⁴)	i_{x_0} (cm)	W_{x_0} (cm³)	I_{y_0} (cm⁴)	i_{y_0} (cm)	W_{y_0} (cm³)	I_{x_1} (cm⁴)	(cm)
7	70	4	8	5.570	4.372	0.275	26.39	2.18	5.14	41.80	2.74	8.44	10.99	1.40	4.17	45.74	1.86
		5		6.875	5.397	0.275	32.21	2.16	6.32	51.08	2.73	10.32	13.34	1.39	4.95	57.21	1.91
		6		8.160	6.406	0.275	37.77	2.15	7.48	59.93	2.71	12.11	15.61	1.38	5.67	68.73	1.95
		7		9.424	7.398	0.275	43.09	2.14	8.59	68.35	2.69	13.81	17.82	1.38	6.34	80.29	1.99
		8		10.667	8.373	0.274	48.17	2.12	9.68	76.37	2.68	15.43	19.98	1.37	6.98	91.92	2.03
7.5	75	5	9	7.412	5.818	0.295	39.97	2.33	7.32	63.30	2.92	11.94	16.63	1.50	5.77	70.56	2.04
		6		8.797	6.905	0.294	46.95	2.31	8.64	74.38	2.90	14.02	19.51	1.49	6.67	84.55	2.07
		7		10.160	7.976	0.294	53.57	2.30	9.93	84.96	2.89	16.02	22.18	1.48	7.44	98.71	2.11
		8		11.503	9.030	0.294	59.96	2.28	11.20	95.07	2.88	17.93	24.86	1.47	8.19	112.97	2.15
		10		14.126	11.089	0.293	71.98	2.26	13.64	113.92	2.84	21.48	30.05	1.46	9.56	141.71	2.22
8	80	5	9	7.912	6.211	0.315	48.79	2.48	8.34	77.33	3.13	13.67	20.25	1.60	6.66	85.36	2.15
		6		9.397	7.376	0.314	57.35	2.47	9.87	90.98	3.11	16.08	23.72	1.59	7.65	102.50	2.19
		7		10.860	8.525	0.314	65.58	2.46	11.37	104.07	3.10	18.40	27.09	1.58	8.58	119.70	2.23
		8		12.303	9.658	0.314	73.49	2.44	12.83	116.60	3.08	20.61	30.39	1.57	9.46	136.97	2.27
		10		15.126	11.874	0.313	88.43	2.42	15.64	140.09	3.04	24.76	36.77	1.56	11.08	171.74	2.35
9	90	6	10	10.637	8.350	0.354	82.77	2.79	12.61	131.26	3.51	20.63	34.28	1.80	9.95	145.87	2.44
		7		12.301	9.656	0.354	94.83	2.78	14.54	150.47	3.50	23.64	39.18	1.78	11.19	170.30	2.48
		8		13.944	10.946	0.353	106.47	2.76	16.42	168.97	3.48	26.55	43.97	1.78	12.35	194.80	2.52
		10		17.167	13.476	0.353	128.58	2.74	20.07	203.90	3.45	32.04	53.26	1.76	14.52	244.07	2.59
		12		20.306	15.940	0.352	149.22	2.71	23.57	236.21	3.41	37.12	62.22	1.75	16.49	293.76	2.67

续表

角钢号数	尺寸（mm）			截面面积	理论重量	外表面积	参考数值										z_0
							$x-x$			x_0-x_0			y_0-y_0			x_1-x_1	
	b	d	r	(cm^2)	(kg/m)	(m^2/m)	I_x (cm^4)	i_x (cm)	W_x (cm^3)	I_{x_0} (cm^4)	i_{x_0} (cm)	W_{x_0} (cm^3)	I_{y_0} (cm^4)	i_{y_0} (cm)	W_{y_0} (cm^3)	I_{x_1} (cm^4)	(cm)
10	100	6	12	11.932	9.366	0.393	114.95	3.10	15.68	181.98	3.90	25.74	47.92	2.00	12.69	200.07	2.67
		7		13.796	10.930	0.393	131.86	3.09	18.10	208.97	3.89	29.55	54.74	1.99	14.26	233.54	2.71
		8		15.638	12.276	0.393	148.24	3.08	20.47	235.47	3.88	33.24	61.41	1.98	15.75	267.09	2.76
		10		19.261	15.120	0.392	179.51	3.05	25.06	284.68	3.84	40.26	74.35	1.96	18.54	334.48	2.84
		12		22.800	17.898	0.391	208.90	3.03	29.48	330.95	3.81	46.80	86.84	1.95	21.08	402.34	2.91
		14		26.256	20.611	0.391	236.53	3.00	33.73	374.06	3.77	52.90	99.00	1.94	23.44	470.75	2.99
		16		29.267	23.257	0.390	262.53	2.98	37.82	414.16	3.74	58.57	110.89	1.94	25.63	539.80	3.06
11	110	7	12	15.196	11.928	0.433	177.16	3.41	22.05	280.94	4.30	36.12	73.38	2.20	17.51	310.64	2.96
		8		17.238	13.532	0.433	199.46	3.40	24.95	316.49	4.28	40.69	82.42	2.19	19.39	355.20	3.01
		10		21.261	16.690	0.432	242.19	3.39	30.60	384.39	4.25	49.42	99.98	2.17	22.91	444.65	3.09
		12		25.200	19.782	0.431	282.55	3.35	36.05	448.17	4.22	57.62	116.93	2.15	26.15	534.60	3.16
		14		29.056	22.089	0.431	320.71	3.32	41.31	508.01	4.18	65.31	133.40	2.14	29.14	625.16	3.24
12.5	125	8	14	19.750	15.504	0.492	297.03	3.88	32.52	470.89	4.88	53.28	123.16	2.50	25.86	521.01	3.37
		10		24.373	19.133	0.491	361.67	3.85	39.97	573.89	4.85	64.93	149.46	2.48	30.62	651.93	3.45
		12		28.912	22.696	0.491	423.16	3.83	41.17	671.44	4.82	75.96	174.88	2.46	35.03	783.42	3.53
		14		33.367	26.193	0.490	481.65	3.80	54.16	763.73	4.78	86.41	199.57	2.45	39.13	915.61	3.61
14	140	10		27.373	21.488	0.551	514.65	4.34	50.58	817.27	5.46	82.56	212.04	2.78	39.20	915.11	3.82
		12		32.512	25.522	0.551	603.68	4.31	59.80	958.79	5.43	96.85	248.57	2.76	45.02	1099.28	3.90
		14		37.567	29.490	0.550	688.81	4.28	68.75	1093.56	5.40	110.47	284.06	2.75	50.45	1284.22	3.98
		16		42.539	33.393	0.549	770.24	4.26	77.46	1221.81	5.36	123.42	318.67	2.74	55.55	1470.07	4.06

续表

角钢号数	尺寸（mm）			截面面积	理论重量	外表面积	参考数值										z_0
							$x-x$			x_0-x_0			y_0-y_0			x_1-x_1	
	b	d	r	(cm²)	(kg/m)	(m²/m)	I_x (cm⁴)	i_x (cm)	W_x (cm³)	I_{x_0} (cm⁴)	i_{x_0} (cm)	W_{x_0} (cm³)	I_{y_0} (cm⁴)	i_{y_0} (cm)	W_{y_0} (cm³)	I_{x_1} (cm⁴)	(cm)
16	160	10	16	31.502	24.729	0.630	779.53	4.98	66.70	1237.30	6.27	109.36	321.76	3.20	52.76	1365.33	4.31
		12		37.441	29.391	0.630	916.58	4.95	78.98	1455.68	6.24	128.67	377.49	3.18	60.74	1639.57	4.39
		14		43.296	33.987	0.629	1048.36	4.92	90.95	1665.02	6.20	147.17	431.70	3.16	68.24	1914.68	4.47
		16		49.067	38.518	0.629	1175.08	4.89	102.63	1865.57	6.17	164.89	484.59	3.14	75.31	2190.82	4.55
18	180	12		42.241	33.159	0.710	1321.35	5.59	100.82	2100.10	7.05	165.00	542.61	3.58	78.41	2332.80	4.89
		14		48.896	38.383	0.709	1514.48	5.56	116.25	2407.42	7.02	189.14	621.53	3.56	88.38	2723.48	4.97
		16		55.467	43.542	0.709	1700.99	5.54	131.13	2703.37	6.98	212.40	698.60	3.55	97.83	3115.29	5.05
		18		61.955	48.634	0.708	1875.12	5.50	145.64	2988.24	6.94	234.78	762.01	3.51	105.14	3502.43	5.13
20	200	14	18	54.642	42.894	0.788	2103.55	6.20	144.70	3343.26	7.82	236.40	863.83	3.98	111.82	3734.10	5.46
		16		62.013	48.680	0.788	2366.15	6.18	163.65	3760.89	7.79	265.93	971.41	3.96	123.96	4270.39	5.54
		18		69.301	54.401	0.787	2620.64	6.15	182.22	4164.54	7.75	294.48	1076.74	3.94	135.52	4808.13	5.62
		20		76.505	60.056	0.787	2867.30	6.12	200.42	4554.55	7.72	322.06	1180.04	3.93	146.55	5347.51	5.69
		24		90.661	71.168	0.785	3338.25	6.07	236.17	5294.97	7.64	374.41	1381.53	3.90	166.65	6457.16	5.87

注 截面图中的 $r_1=d/3$ 及表中 r 值，用于孔型设计，不作为交货条件。

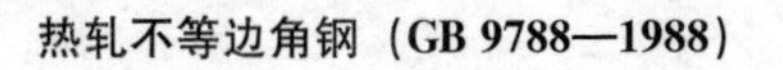

表 2 **热轧不等边角钢（GB 9788—1988）**

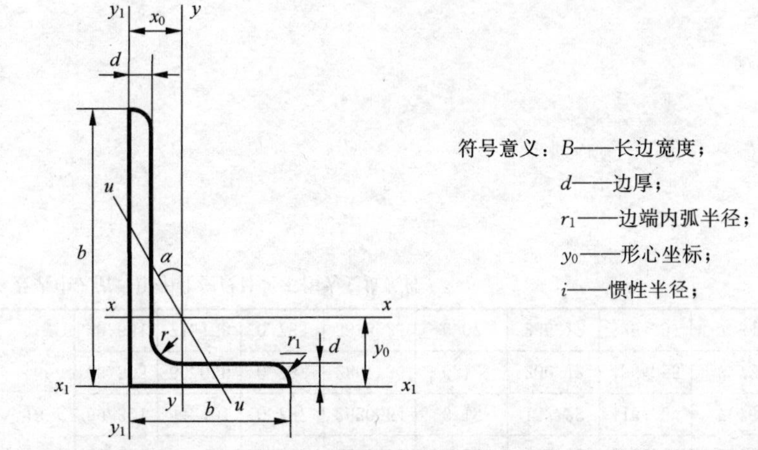

符号意义：B——长边宽度；b——短边宽度；
d——边厚；r——内圆弧半径；
r_1——边端内弧半径；x——形心坐标；
y_0——形心坐标；I——惯性矩；
i——惯性半径；W——抗弯截面系数。

角钢号数	尺寸（mm）				截面面积	理论重量	外表面积	参考数值													
								$x-x$			$y-y$			x_1-x_1		y_1-y_1		$u-u$			
	B	b	d	r	(cm²)	(kg/m)	(m²/m)	I_x (cm⁴)	i_x (cm)	W_x (cm³)	I_y (cm⁴)	i_y (cm)	W_y (cm³)	I_{x_1} (cm⁴)	y_0 (cm)	I_{y_1} (cm⁴)	x_0 (cm)	I_u (cm⁴)	i_u (cm)	W_u (cm³)	$\tan\alpha$
2.5/1.6	25	16	3	3.5	1.162	0.912	0.080	0.70	0.78	0.43	0.22	0.44	0.19	1.56	0.86	0.43	0.42	0.14	0.34	0.16	0.392
			4		1.499	1.176	0.079	0.88	0.77	0.55	0.27	0.43	0.24	2.09	0.90	0.59	0.46	0.17	0.34	0.20	0.381
3.2/2	32	20	3		1.492	1.171	0.102	1.53	1.01	0.72	0.46	0.55	0.30	3.27	1.08	0.82	0.49	0.28	0.43	0.25	0.382
			4		1.939	1.22	0.101	1.93	1.00	0.93	0.57	0.54	0.39	4.37	1.12	1.12	0.53	0.35	0.42	0.32	0.374
4/2.5	40	25	3	4	1.890	1.484	0.127	3.08	1.28	1.15	0.93	0.70	0.49	5.39	1.32	1.59	0.59	0.56	0.54	0.40	0.385
			4		2.467	1.936	0.127	3.93	1.26	1.49	1.18	0.69	0.63	8.53	1.37	2.14	0.63	0.71	0.54	0.52	0.381
4.5/2.8	45	28	3	5	2.149	1.687	0.143	4.45	1.44	1.47	1.34	0.79	0.62	9.10	1.47	2.23	0.64	0.80	0.61	0.51	0.383
			4		2.086	2.203	0.143	5.69	1.42	1.91	1.70	0.78	0.80	12.13	1.51	3.00	0.68	1.02	0.60	0.66	0.380
5/3.2	50	32	3	5.5	2.431	1.908	0.161	6.24	1.60	1.84	2.02	0.91	0.82	12.49	1.60	3.31	0.73	1.20	0.70	0.68	0.404
			4		3.177	2.494	0.160	8.02	1.59	2.39	2.58	0.90	1.06	16.65	1.65	4.45	0.77	1.53	0.69	0.87	0.402

续表

角钢号数	尺寸(mm)				截面面积	理论重量	外表面积	参考数值														
								$x-x$			$y-y$			x_1-x_1		y_1-y_1		$u-u$				
	B	b	d	r	(cm^2)	(kg/m)	(m^2/m)	I_x (cm^4)	i_x (cm)	W_x (cm^3)	I_y (cm^4)	i_y (cm)	W_y (cm^3)	I_{x_1} (cm^4)	y_0 (cm)	I_{y_1} (cm^4)	x_0 (cm)	I_u (cm^4)	i_u (cm)	W_u (cm^3)	tanα
5.6/3.6	56	36	3	6	2.743	2.153	0.181	8.88	1.80	2.32	2.92	1.03	1.05	17.54	1.78	4.70	0.80	1.73	0.79	0.87	0.408
			4		3.590	2.818	0.180	11.45	1.78	3.03	3.76	1.02	1.37	23.39	1.82	6.33	0.85	2.23	0.79	1.13	0.408
			5		4.415	3.466	0.180	13.86	1.77	3.71	4.49	1.01	1.65	29.25	1.87	7.94	0.88	2.67	0.79	1.36	0.404
6.3/4	63	40	4	7	4.058	3.185	0.202	16.49	2.02	3.87	5.23	1.14	1.70	33.30	2.04	8.63	0.92	3.12	0.88	1.40	0.398
			5		4.993	3.920	0.202	20.02	2.00	4.74	6.31	1.12	2.71	41.63	2.08	10.86	0.95	3.76	0.87	1.71	0.396
			6		5.908	4.638	0.201	23.36	1.96	5.59	7.29	1.11	2.43	49.98	2.12	13.12	0.99	4.34	0.86	1.99	0.393
			7		6.802	5.339	0.201	26.53	1.98	6.40	8.24	1.10	2.78	58.07	2.15	15.47	1.03	4.97	0.86	2.29	0.389
7/4.5	70	45	4	7.5	4.547	3.570	0.226	23.17	2.26	4.86	7.55	1.29	2.17	45.92	2.24	12.26	1.02	4.40	0.98	1.77	0.410
			5		5.609	4.403	0.225	27.95	2.23	5.92	9.13	1.28	2.65	57.10	2.28	15.39	1.06	5.40	0.98	2.19	0.407
			6		6.647	5.218	0.225	32.54	2.21	6.95	10.62	1.26	3.12	68.35	2.32	18.58	1.09	6.35	0.93	2.59	0.404
			7		7.657	6.011	0.225	37.22	2.20	8.03	12.01	1.25	3.57	79.99	2.36	21.84	1.13	7.16	0.97	2.94	0.402
(7.5/5)	75	50	5	8	6.125	4.808	0.245	34.86	2.39	6.83	12.61	1.44	3.30	70.00	2.40	21.04	1.17	7.41	1.10	2.74	0.435
			6		7.260	5.699	0.245	41.12	2.38	8.12	14.70	1.42	3.88	84.30	2.44	25.37	1.21	8.54	1.08	3.19	0.435
			8		9.467	7.431	0.244	52.39	2.35	10.52	18.53	1.40	4.99	112.50	2.52	34.23	1.29	10.87	1.07	4.10	0.429
			10		11.590	9.098	0.244	62.71	2.33	12.79	21.96	1.38	6.04	148.80	2.60	43.43	1.36	13.10	1.06	4.99	0.423
8/5	75	50	5		6.375	5.005	0.255	41.96	2.56	7.78	12.82	1.42	3.32	85.21	2.60	21.06	1.14	7.66	1.10	2.74	0.388
			6		7.560	5.935	0.255	49.49	2.56	9.25	14.95	1.41	3.91	102.53	2.65	25.41	1.18	8.85	1.08	3.20	0.387
			7		8.724	6.848	0.255	56.16	2.54	10.58	16.96	1.39	4.48	119.33	2.69	29.82	1.21	10.18	1.08	3.70	0.384
			8		9.867	7.745	0.254	62.83	2.52	11.92	18.85	1.38	5.03	136.41	2.73	34.32	1.25	11.38	1.07	4.16	0.381

续表

角钢号数	尺寸(mm)				截面面积	理论重量	外表面积	参考数值													
								$x-x$			$y-y$			x_1-x_1		y_1-y_1		$u-u$			
	B	b	d	r	(cm²)	(kg/m)	(m²/m)	I_x (cm⁴)	i_x (cm)	W_x (cm³)	I_y (cm⁴)	i_y (cm)	W_y (cm³)	I_{x_1} (cm⁴)	y_0 (cm)	I_{y_1} (cm⁴)	x_0 (cm)	I_u (cm⁴)	i_u (cm)	W_u (cm³)	$\tan\alpha$
9/5.6	90	56	5	9	7.212	5.661	0.287	60.45	2.90	9.92	18.32	1.59	4.21	121.32	2.91	29.53	1.25	10.98	1.23	3.49	0.385
			6		8.557	6.717	0.286	71.03	2.88	11.74	21.42	1.58	4.96	145.59	2.95	35.58	1.29	12.90	1.23	4.18	0.384
			7		9.880	7.756	0.286	81.01	2.86	13.49	24.36	1.57	5.70	169.66	3.00	41.71	1.33	14.67	1.22	4.72	0.382
			8		11.183	8.779	0.286	91.03	2.85	15.27	27.15	1.56	6.41	194.17	3.04	47.93	1.36	16.34	1.21	5.29	0.380
10/6.3	100	63	6	10	9.617	7.550	0.320	99.06	3.21	14.64	30.94	1.79	6.35	199.71	3.24	50.50	1.43	18.42	1.38	5.25	0.394
			7		11.111	8.722	0.320	113.45	3.20	16.88	35.26	1.78	7.29	233.00	3.28	59.14	1.47	21.00	1.38	6.02	0.394
			8		12.584	9.878	0.319	127.37	3.18	19.08	39.39	1.77	8.31	266.32	3.32	67.88	1.50	23.50	1.37	6.78	0.391
			10		15.467	12.142	0.319	153.81	3.15	23.32	47.12	1.74	9.98	333.06	3.40	85.73	1.58	28.33	1.35	8.24	0.387
10/8	100	80	6	10	10.637	8.350	0.354	107.04	3.17	15.19	61.24	2.40	10.16	199.83	2.95	102.68	1.97	31.05	1.72	8.37	0.627
			7		12.301	9.656	0.354	122.73	3.16	17.52	70.08	2.39	11.71	233.20	3.00	119.98	2.01	36.17	1.72	9.60	0.626
			8		13.944	10.946	0.353	137.92	3.14	19.81	78.58	2.37	13.21	266.61	3.04	137.37	2.05	40.58	1.71	10.80	0.625
			10		17.167	13.476	0.353	166.87	3.12	24.24	94.65	2.35	16.12	333.63	3.12	172.48	2.13	49.10	1.69	13.12	0.622
11/7	110	70	6	10	10.637	8.350	0.354	133.37	3.54	17.85	42.92	2.01	7.90	265.78	3.53	69.08	1.57	25.36	1.54	6.53	0.403
			7		12.301	9.656	0.354	153.00	3.53	20.60	49.01	2.00	9.09	310.07	3.57	80.82	1.61	28.95	1.53	7.50	0.402
			8		13.944	10.946	0.353	172.04	3.51	23.30	54.87	1.98	10.25	354.39	3.62	92.70	1.65	32.45	1.53	8.45	0.401
			10		17.167	13.467	0.353	208.39	3.48	28.54	65.88	1.96	12.48	443.13	3.70	116.83	1.72	39.20	1.51	10.29	0.397
12.5/8	125	80	7	11	14.096	11.066	0.403	227.98	4.02	26.86	74.42	2.30	12.01	454.99	4.01	120.32	1.80	43.81	1.76	9.92	0.408
			8		15.989	12.551	0.403	256.77	4.01	30.41	83.49	2.28	13.56	519.99	4.06	137.85	1.84	49.15	1.75	11.18	0.407
			10		19.712	15.474	0.402	312.04	3.98	37.33	100.67	2.26	16.56	650.09	4.14	173.40	1.92	59.45	1.74	13.64	0.404
			12		23.351	18.330	0.402	364.41	3.95	44.01	116.67	2.24	19.43	780.39	4.22	209.67	2.00	69.35	1.72	16.01	0.400

续表

角钢号数	尺寸 (mm)				截面面积 (cm²)	理论重量 (kg/m)	外表面积 (m²/m)	参考数值 x—x			y—y			x_1-x_1		y_1-y_1		u—u			
	B	b	d	r				I_x (cm⁴)	i_x (cm)	W_x (cm³)	I_y (cm⁴)	i_y (cm)	W_y (cm³)	I_{x_1} (cm⁴)	y_0 (cm)	I_{y_1} (cm⁴)	x_0 (cm)	I_u (cm⁴)	i_u (cm)	W_u (cm³)	tanα
14/9	140	90	8	12	18.038	14.160	0.453	365.64	4.50	38.48	120.69	2.59	17.34	730.53	4.50	195.79	2.04	70.83	1.98	14.31	0.411
			10		22.261	17.475	0.452	445.50	4.47	47.31	146.03	2.56	21.22	913.20	4.58	245.92	2.21	85.82	1.96	17.48	0.409
			12		26.400	20.724	0.451	521.59	4.44	55.87	169.79	2.54	24.95	1096.09	4.66	296.89	2.19	100.21	1.95	20.54	0.406
			14		30.456	23.908	0.451	594.10	4.42	64.18	192.10	2.51	28.54	1279.26	4.74	348.82	2.27	114.13	1.94	23.52	0.403
16/10	160	100	10	13	25.315	19.872	0.512	668.69	5.14	62.13	205.03	2.85	26.56	1362.89	5.24	336.59	2.28	121.74	2.19	21.92	0.390
			12		30.054	23.592	0.511	784.91	5.11	73.49	239.09	2.82	31.28	1635.56	5.32	405.94	2.36	142.33	2.17	25.79	0.388
			14		34.709	27.247	0.510	896.30	5.08	84.56	271.20	2.80	35.83	1908.50	5.40	476.42	2.43	162.23	2.16	29.56	0.385
			16		39.281	30.835	0.510	1003.04	5.05	95.33	301.60	2.77	40.24	2181.79	5.48	548.22	2.51	182.57	2.16	33.44	0.382
18/11	180	110	10	14	28.373	22.273	0.571	956.25	5.80	78.96	278.11	3.13	32.49	1940.40	5.89	447.22	2.44	166.50	2.42	26.88	0.376
			12		33.712	26.464	0.571	1124.72	5.78	93.53	325.03	3.10	38.32	2328.35	5.98	538.94	2.52	194.87	2.40	31.66	0.374
			14		38.967	30.589	0.570	1286.91	5.75	107.76	369.55	3.08	43.97	2716.60	6.06	631.95	2.59	222.30	2.39	36.32	0.372
			16		44.139	34.649	0.569	1443.06	5.72	121.64	411.85	3.06	49.44	3105.15	6.14	726.46	2.67	248.84	2.38	40.87	0.369
20/12.5	200	125	12	14	37.912	29.761	0.641	1570.90	6.44	116.73	483.16	3.57	49.99	3193.85	6.54	787.74	2.83	285.79	2.74	41.23	0.392
			14		43.867	34.436	0.640	1800.97	6.41	134.65	550.83	3.54	57.44	3726.17	6.62	922.47	2.91	326.58	2.73	47.34	0.390
			16		49.739	39.045	0.639	2023.35	6.38	152.18	615.44	3.52	64.69	4258.86	6.70	1058.86	2.99	366.21	2.71	53.32	0.388
			18		55.526	43.588	0.639	2238.30	6.35	169.33	677.19	3.49	71.74	4792.00	6.78	1197.13	3.06	404.83	2.70	59.18	0.385

注 1. 括号内型号不推荐使用。

2. 截面图中的 $r_1 = d/3$ 及表中 r 值，用于孔型设计，不作为交货条件。

表 3

热轧槽钢（GB 707—1988）

斜度 1:10

符号意义：h——高度；
b——腿宽度；
d——腰厚度；
t——平均腿厚度；
r——内圆弧半径；
r_1——腿端圆弧半径；
I——惯性矩；
W——抗弯截面系数；
i——惯性半径；
x_0——$y-y$ 轴与 y_1-y_1 轴间距。

型号	尺寸（mm）						截面面积（cm^2）	理论重量（kg/m）	参考数值							
									$x-x$			$y-y$			y_1-y_1	
	h	b	d	t	r	r_1			W_x（cm^3）	I_x（cm^4）	i_x（cm）	W_y（cm^3）	I_y（cm^4）	i_y（cm）	I_{y_1}（cm^4）	x_0（cm^2）
5	50	37	4.5	7	7.0	3.5	6.928	5.438	10.4	26.0	1.94	3.55	8.30	1.10	20.9	1.35
6.3	63	40	4.8	7.5	7.5	3.8	8.451	6.634	16.1	50.8	2.45	4.50	11.9	1.19	28.4	1.36
8	80	43	5.0	8	8.0	4.0	10.248	8.045	25.3	101	3.15	5.79	16.6	1.27	37.4	1.43
10	100	48	5.3	8.5	8.5	4.2	12.748	10.007	39.7	198	3.95	7.8	25.6	1.41	54.9	1.52
12.6	126	53	5.5	9	9.0	4.5	15.692	12.318	62.1	391	4.95	10.2	38.0	1.57	77.1	1.59
14 a	140	58	6.0	9.5	9.5	4.8	18.516	14.535	80.5	564	5.52	13.0	53.2	1.70	107	1.71
14 b	140	60	8.0	9.5	9.5	4.8	21.316	16.733	87.1	609	5.35	14.1	61.1	1.69	121	1.67
16a	160	63	6.5	10	10.0	5.0	21.962	17.240	108	866	6.28	16.3	73.3	1.83	144	1.80
16	160	65	8.5	10	10.0	5.0	25.162	19.752	117	935	6.10	17.6	83.4	1.82	161	1.75
18a	180	68	7.0	10.5	10.5	5.2	25.699	20.174	141	1270	7.04	20.0	98.6	1.96	190	1.88
18	180	70	9.0	10.5	10.5	5.2	29.299	23.000	152	1370	6.84	21.5	111	1.95	210	1.84
20a	200	73	7.0	11	11.0	5.5	28.837	22.637	178	1780	7.86	24.2	128	2.11	244	2.01

续表

型号	尺寸（mm）						截面面积（cm^2）	理论重量（kg/m）	参考数值							
									$x-x$			$y-y$			y_1-y_1	x_0（cm^2）
	h	b	d	t	r	r_1			W_x（cm^3）	I_x（cm^4）	i_x（cm）	W_y（cm^3）	I_y（cm^4）	i_y（cm）	I_{y_1}（cm^4）	
20	200	75	9.0	11	11.0	5.5	32.837	25.777	191	1910	7.64	25.9	144	2.09	268	1.95
22a	220	77	7.0	11.5	11.5	5.8	31.846	24.999	218	2390	8.67	28.2	158	2.23	298	2.10
22	220	79	9.0	11.5	11.5	5.8	36.246	28.453	234	2570	8.42	30.1	176	2.21	326	2.03
25a	250	78	7.0	12	12.0	6.0	34.917	27.410	270	3370	9.82	30.6	176	2.24	322	2.07
25b	250	80	9.0	12	12.0	6.0	39.917	31.335	282	3530	9.41	32.7	196	2.22	353	1.98
25c	250	82	11.0	12	12.0	6.0	44.917	35.260	295	3690	9.07	35.9	218	2.21	384	1.92
28a	280	82	7.5	12.5	12.5	6.2	40.034	31.427	340	4760	10.9	35.7	218	2.33	388	2.10
28b	280	84	9.5	12.5	12.5	6.2	45.634	35.823	366	5130	10.6	37.9	242	2.30	428	2.02
28c	280	86	11.5	12.5	12.5	6.2	51.234	40.219	393	5500	10.4	40.3	268	2.29	463	1.95
32a	320	88	8.0	14	14.0	7.0	48.513	38.083	475	7600	12.5	46.5	305	2.50	552	2.24
32b	320	90	10.0	14	14.0	7.0	54.913	43.107	509	8140	12.2	59.2	336	2.47	593	2.16
32c	320	92	12.0	14	14.0	7.0	61.313	48.131	543	8690	11.9	52.6	374	2.47	643	2.09
36a	360	96	9.0	16	16.0	8.0	60.910	47.814	660	11900	14.0	63.5	455	2.73	818	2.44
36b	360	98	11.0	16	16.0	8.0	68.110	53.466	703	12700	13.6	66.9	497	2.70	880	2.37
36c	360	100	13.0	16	16.0	8.0	75.310	59.118	746	13400	13.4	70.0	536	2.67	948	2.34
40a	400	100	10.5	18	18.0	9.0	75.068	58.928	879	17600	15.3	78.8	592	2.81	1070	2.49
40b	400	102	12.5	18	18.0	9.0	83.068	65.208	932	18600	15.0	82.5	640	2.78	1140	2.44
40c	400	104	14.5	18	18.0	9.0	91.068	71.488	986	19700	14.7	86.2	688	2.75	1220	2.42

表 4

热轧工字钢（GB 706—1988）

符号意义：h——高度；r_1——腿端圆弧半径；

b——腿宽度；I——惯性矩；

d——腰厚度；W——抗弯截面系数；

t——平均腿厚度；i——惯性半径；

r——内圆弧半径；s——半截面的静力矩。

型号	尺寸（mm）						截面面积（cm^2）	理论重量（kg/m）	参考数值						
									$x-x$				$y-y$		
	h	b	d	t	r	r_1			I_x（cm^4）	W_x（cm^3）	i_x（cm）	I_x：S_x（cm）	I_y（cm^4）	W_y（cm^3）	i_y（cm）
10	100	68	4.5	7.6	6.5	3.3	14.345	11.261	245	49.0	4.14	8.59	33.0	9.72	1.52
12.6	126	74	5.0	8.4	7.0	3.5	18.118	14.223	488	77.5	5.20	10.8	46.9	12.7	1.61
14	140	80	5.5	9.1	7.5	3.8	21.516	16.890	712	102	5.76	12.0	64.4	16.1	1.73
16	160	88	6.0	9.9	8.0	4.0	26.131	20.513	1130	141	6.58	13.8	93.1	21.2	1.89
18	180	94	6.5	10.7	8.5	4.3	30.756	24.143	1660	185	7.36	15.4	122	26.0	2.00
20a	200	100	7.0	11.4	9.0	4.5	35.578	27.929	2370	237	8.15	17.2	158	31.5	2.12
20b	200	102	9.0	11.4	9.0	4.5	39.578	31.069	2500	250	7.96	16.9	169	33.1	2.06
22a	220	110	7.5	12.3	9.5	4.8	42.128	33.070	3400	309	8.99	18.9	225	40.9	2.31
22b	220	112	9.5	12.3	9.5	4.8	46.528	36.524	3570	325	8.78	18.7	239	42.7	2.27
25a	250	116	8.0	13.0	10.0	5.0	48.541	38.105	5020	402	10.2	21.6	280	48.3	2.40
25b	250	118	10.0	13.0	10.0	5.0	53.541	42.030	5280	423	9.94	21.3	309	52.4	2.40
28a	280	122	8.5	13.7	10.5	5.3	55.404	43.492	7110	508	11.3	24.6	345	56.6	2.50
28b	280	124	10.5	13.7	10.5	5.3	61.004	47.888	7480	534	11.1	24.2	379	61.2	2.49

续表

型号	尺寸（mm）						截面面积（cm^2）	理论重量（kg/m）	参考数值						
									$x-x$				$y-y$		
	h	b	d	t	r	r_1			I_x（cm^4）	W_x（cm^3）	i_x（cm）	I_x：S_x（cm）	I_y（cm^4）	W_y（cm^3）	i_y（cm）
32a	320	130	9.5	15.0	11.5	5.8	67.156	52.717	11100	692	12.8	27.5	460	70.8	2.62
32b	320	132	11.5	15.0	11.5	5.8	73.556	57.741	11600	726	12.6	27.1	502	76.0	2.61
32c	320	134	13.5	15.0	11.5	5.8	79.956	62.765	12200	760	12.3	26.3	544	81.2	2.61
36a	360	136	10.0	15.8	12.0	6.0	76.480	60.037	15800	875	14.4	30.7	552	81.2	2.69
36b	360	138	12.0	15.8	12.0	6.0	83.680	65.689	16500	919	14.1	30.3	582	84.3	2.64
36c	360	140	14.0	15.8	12.0	6.0	90.880	71.341	17300	962	13.8	29.9	612	87.4	2.60
40a	400	142	10.5	16.5	12.5	6.3	86.112	67.598	21700	1090	15.9	34.1	660	93.2	2.77
40b	400	144	12.5	16.5	12.5	6.3	94.112	73.878	22800	1140	16.5	33.6	692	96.2	2.71
40c	400	146	14.5	16.5	12.5	6.3	102.112	80.158	23900	1190	15.2	33.2	727	99.6	2.65
45a	450	150	11.5	18.0	13.5	6.8	102.446	80.420	32200	1430	17.7	38.6	855	114	2.89
45b	450	152	13.5	18.0	13.5	6.8	111.446	87.485	33800	1500	17.4	38.0	894	118	2.84
45c	450	154	15.5	18.0	13.5	6.8	120.446	94.550	35300	1570	17.1	37.6	928	122	2.79
50a	500	158	12.0	20.0	14.0	7.0	119.304	93.654	46500	1860	19.7	42.8	1120	142	3.07
50b	500	160	14.0	20.0	14.0	7.0	129.304	101.504	48600	1940	19.4	42.4	1170	146	3.01
50c	500	162	16.0	20.0	14.0	7.0	139.304	109.354	50600	2080	19.0	41.8	1220	151	2.96
56a	560	166	12.5	21.01	14.5	7.3	135.435	106.316	65600	2340	22.0	47.7	1370	165	3.18
56b	560	168	14.5	21.0	14.5	7.3	146.635	115.108	68500	2450	21.6	47.2	1490	174	3.16
56c	560	170	16.5	21.0	14.5	7.3	157.835	123.900	71400	2550	21.3	46.7	1560	183	3.16
63a	630	176	13.0	22.0	15.0	7.5	154.658	121.407	92900	2980	24.5	54.2	1700	193	3.31
63b	630	178	15.0	22.0	15.0	7.5	167.258	131.298	98100	3160	24.2	53.5	1810	204	3.29
63c	630	180	17.0	22.0	15.0	7.5	179.858	141.189	102000	3300	23.8	52.9	1920	214	3.27

注 截面图和表中标注的圆弧半径 r 和 r_1 值，用于孔型设计，不作为交货条件。

附录Ⅱ 习 题 答 案

第1章 材料力学的基本概念

1-1 $F_{N1}=-\frac{F}{2}$，$F_{S1}=\frac{F}{2}$，$M_1=\frac{Fa}{4}$；$F_{N2}=-F_C=\frac{\sqrt{2}}{2}F$

1-2 0.005 7°

1-3 图（a）：$\gamma=0$；图（b）：$\gamma=2\alpha$

1-4 $\varepsilon_{AB,\mathrm{avg}}=1\times10^{-3}$，$\varepsilon_{AD,\mathrm{avg}}=2\times10^{-3}$，$\gamma=1\times10^{-3}\mathrm{rad}$

1-5 $\varepsilon_x=0.02$，$\varepsilon_y=\varepsilon_z=-9.85\times10^{-3}$

1-6 $\gamma_{xy}=8.33\times10^{-3}\mathrm{rad}$

1-7 $\varepsilon_x=0.002$，$E=5\times10^3\mathrm{MPa}$

第2章 轴向拉伸和压缩

2-1 略

2-2 10MPa，−40MPa

2-3 7.86MPa，8.05MPa

2-4 $\sigma_{30^\circ}=37.5\mathrm{MPa}$，$\tau_{30^\circ}=21.7\mathrm{MPa}$；$\sigma_{45^\circ}=25\mathrm{MPa}$，$\tau_{45^\circ}=25\mathrm{MPa}$

2-5 215kPa，192kPa，170kPa

2-6 0.015 0

2-7 168kN

2-8 $d_{AB}=15.5\mathrm{mm}$，$d_{AC}=13.03\mathrm{mm}$

2-9 $\sigma_1=82.9\mathrm{MPa}$，$\sigma_2=131.9\mathrm{MPa}$

2-10 $\Delta_{Ey}=0.225\mathrm{mm}$

2-11 $\Delta=\frac{\gamma l^2}{6E}$

2-12 0

2-13 $F_{N1}=9.52\mathrm{kN}$，$F_{N2}=3.46\mathrm{kN}$，$F_{N3}=2.02\mathrm{kN}$

2-14 $F_{N1}=\frac{F}{5}$，$F_{N2}=\frac{2F}{5}$

2-15 $F_{N1}=\frac{2F}{5}$，$F_{N2}=\frac{4F}{5}$

2-16 $A_1=A_2=2A_3\geqslant2450\mathrm{mm}^2$

2-17 $F_A=\frac{Fb}{a+b}$，$F_B=\frac{Fa}{a+b}$

第3章 剪切和扭转

3-1 $[F]=1257\mathrm{N}$

3-2 $\tau=56.6\text{MPa}$，$\sigma_{bs}=55.6\text{MPa}$

3-3 $\tau=\dfrac{F}{\pi dh}$，$\sigma_{bs}=\dfrac{4F}{\pi(D^2-d^2)}$

3-4 $d=14\text{mm}$

3-5 略

3-6 $191\text{N}\cdot\text{m}$

3-7 $d=34.4\text{mm}$

3-8 $\tau_{max}=49.7\text{MPa}$

3-9 0.212rad

3-10 $\varphi=\dfrac{2Tl}{3\pi G}\left(\dfrac{r_2^2+r_1r_2+r_1^2}{r_1^3r_2^3}\right)$

3-11 $l_2=600\text{mm}$

3-12 $G=\dfrac{ml^2}{2\varphi_B I_p}$

3-13 $d_1=84.6\text{mm}$，$d_2=74.4\text{mm}$

3-14 $\tau_{max}=47.8\text{MPa}$，$\theta_{max}=1.71(°)/\text{m}$

3-15 $\tau_{max}=15.3\text{MPa}$，$l_1/l_2=0.711$

第4章 弯 曲 内 力

4-1 (a) A_+：$F_S=0$，$M=0$；C_+：$F_S=-F$，$M=0$；C_-：$F_S=-FM=-Fa$

(b) A_+：$F_S=2qa$，$M=3qa^2$；C_-：$F_S=2qa$，$M=-2qa^2$；B_-：$F_S=0M=0$

(c) A_+：$F_S=\dfrac{M_e}{(a+b)}$，$M=0$；C_+：$F_S=\dfrac{M_e}{(a+b)}$，$M=-\dfrac{M_eb}{(a+b)}$；B_-：$F_S=\dfrac{M_e}{(a+b)}$，$M=0$

(d) A_+：$F_S=\dfrac{F}{3}$，$M=0$；C_+：$F_S=-\dfrac{2F}{3}$，$M=\dfrac{Fa}{3}$；D_-：$F_S=-\dfrac{2F}{3}$，$M=-\dfrac{Fa}{3}$

(e) A_+：$F_S=F$，$M=0$；C_+：$F_S=0$，$M=0$；D_-：$F_S=0$，$M=0$

(f) A_+：$F_S=\dfrac{qa}{2}$，$M=0$；B_-：$F_S=\dfrac{3qa}{2}$，$M=qa^2$；B_+：$F_S=0$，$M=-qa^2$

4-2 内力方程的坐标原点均在点A。

(a) AC段：$F_S=qa-qx$，$M=2qa^2+qax-qx^2/2$；CD段：$F_S=qa-qx$，$M=2qa^2+qax-qx^2/2$；DB段：$F_S=-qa$，$M=3qa^2-qax$；$F_{S,max}=qa$，$M_{max}=M_{D\_}=5qa^2/2$

(b) AC段：$F_S=0$，$M=0$；CD段：$F_S=-F$，$M=-F(x-a)$；DB段：$F_S=F$，$M=-3Fa-Fx$；$F_{S,max}=F$，$M_{max}=M_D=Fa$

(c) AC段：$F_S=11qa/6-qx$，$M=11qax/6-qx^2/2$；CD段：$F_S=5qa/6-qx$；$M=qa^2+11qax/6-qx^2/2$；DB段$F_S=5qa/6-qx$，$M=2qa^2+5qax/6-qx^2/2$；$F_{S,max}=F_{SB\_}=13qa/6$，$M_{max}=M_C=3qa^2/4$

(d) AC段：$F_S=-qx$，$M=-qx^2/2$；CD段：$F_S=-qx+qa/2$，$M=qax/2-qx^2/2$；DB段：$F_S=4qa-qx$，$M=15qa^2/2+4qax-qx^2/2$；$F_{S,max}=F_{SD\_}=2qa$，$M_{max}=-M_D=3qa^2/2$

4-3　见上题。

4-4　(a) $F_{S,max}=qa$，$M_{max}=\frac{qa^2}{2}$；(b) $F_{S,max}=\frac{7qa}{4}$，$M_{max}=\frac{49qa^2}{32}$

4-5

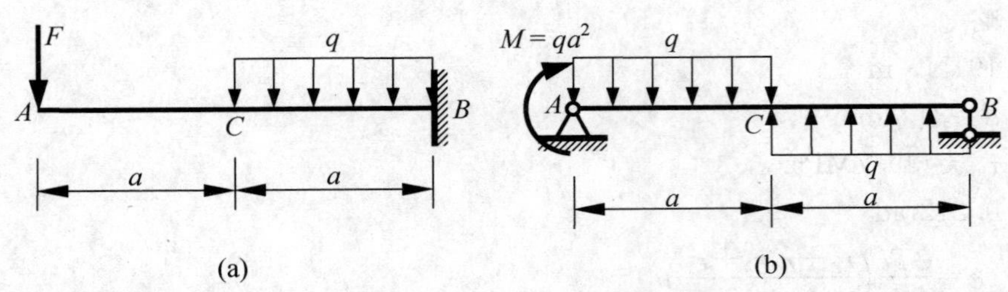

(a)　　　　(b)

4-6　在 C 处加载：$M_{max}=-M_B=F(l+a)$；在 D 处加载，$M_{max}=-M_B=Fl$；在 E 处加载 $M_{max}=-M_B=F(l-a)$

4-7　$a=4.68$m(起吊处的弯矩等于梁中点的弯矩)

4-8　$F_{S,max}=\frac{q_0 l}{3}$，$M_{max}=\frac{\sqrt{3}q_0 l^2}{27}$

4-9　(a) $M_{max}=\frac{ql^2}{2}$，(b) $M_{max}=6qa^2$

4-10　$F_{N,max}=F$，$F_{S,max}=F$，$M_{max}=2FR$

第5章　截面几何性质

5-1　(a) (5a/6，5a/3)

(b) (270.83，204.17)

5-2　(a) $S_z=24.0\times10^3\text{mm}^3$

(b) $-42.25\times10^3\text{mm}^3$

5-3　(a) $I_z=\pi ab^3/4$

(b) $I_z=\frac{5\sqrt{3}a^4}{16}$

(c) $I_z=\frac{a^4}{12}-\frac{\pi R^4}{4}$

5-4　$I_z=\frac{bh^3}{12}-\frac{\pi R^4}{4}$；$I_y=\frac{hb^3}{12}-\frac{\pi R^4}{4}$；$I_{z_1}=\frac{1}{3}bh^3-\frac{\pi R^4}{4}-\frac{\pi R^2h^2}{16}$

5-5　$I_z=1172\text{cm}^4$；$I_{yz}=0$

5-6　$I_z=\frac{5}{4}a^4$；$I_{z_1}=\frac{17}{4}a^4$

5-7　$I_z=\frac{5}{8}a^4$；$I_y=\frac{5}{8}a^4$

5-8　11.12cm

5-9　$\alpha_0=28.5°$，$I_{z0}=9.83\times10^{-7}\text{m}^4$；$I_{y0}=2.13\times10^{-8}\text{m}^4$

第6章　弯　曲　应　力

6-1　0；10.4MPa；20.8MPa

6 - 2 8. 57MPa

6 - 3 $\sigma_{t,max}=154.4\text{MPa}$；$\sigma_{c,max}=54.2\text{MPa}$

6 - 4 $\sigma_{t,max}=50.0\text{MPa}$；$\sigma_{c,max}=100\text{MPa}$

6 - 5 $\dfrac{3ql^2}{16a^3}$；$\dfrac{3ql^2}{8a^3}$

6 - 6 2MPa；1. 5MPa；0

6 - 7 0；39. 1MPa；78. 2MPa；2. 34MPa；3. 12MPa；0

6 - 8 5. 88MPa

6 - 9 9MPa；1. 05MPa

6 - 10 $\sigma_{tmax}=26.4\text{MPa}$；$\sigma_{cmax}=52.8\text{MPa}$

6 - 11 8. 1kN

6 - 12 238N

6 - 13 $a=0$；$\sigma_{max}=\dfrac{3}{2}\dfrac{Fl}{bh^2}$

6 - 14 $h=\dfrac{\sqrt{6}}{3}d$；$b=\dfrac{\sqrt{3}}{3}d$

6 - 15 315. 7mm

6 - 16 16. 2MPa

6 - 17 9. 83MPa

6 - 18 180. 7MPa

6 - 19 14. 82MPa

6 - 20 56. 5mm

6 - 21 140MPa

6 - 22 3. 73MPa

6 - 23 140MPa

6 - 24 18. 375kN；1. 786mm

第7章 弯 曲 变 形

7 - 1 取梁左端为坐标原点。

(a) 两段；$x_1=a$，$w_1=0$；$x_2=a$，$w_2=0$；$x_2=a+l$，$w_2=0$；$x_1=x_2=a$，$\theta_1=\theta_2$

(b) 两段；$x_1=0$，$w_1=0$；$x_2=l$，$w_2=\dfrac{F}{2k}$；$x_1=x_2=\dfrac{l}{2}$，$\theta_1=\theta_2$，$w_1=w_2$

(c) 三段；$x_1=0$，$\theta_1=0$，$w_1=0$；$x_2=2l$，$w_2=0$；$x_3=2l$，$w_3=0$；$x_1=x_2=l$，$w_1=w_2$；$x_2=x_3=2l$，$w_2=w_3$

7 - 2 略

7 - 3 略

7 - 4 $\theta_A=\dfrac{3ql^3}{128EI}$，$\theta_B=-\dfrac{7ql^3}{384EI}$，$w_C=\dfrac{5ql^4}{768EI}$，$w_{max}=\dfrac{5.04ql^4}{768EI}$；

7 - 5 $\theta_A=-\dfrac{ql^3}{24EI}$，$\theta_C=-\dfrac{5ql^3}{48EI}$，$w_C=\dfrac{ql^4}{24EI}$，$w_D=-\dfrac{ql^4}{384EI}$

7-6 $w_B=\dfrac{169ql^4}{384EI}$，$\theta_B=\dfrac{31ql^3}{48EI}$

7-7 $w_C=\dfrac{5ql^4}{48EI}$，$\theta_C=\dfrac{ql^3}{4EI}$

7-8 $w_C=\dfrac{Fl^3}{6EI}+\dfrac{F}{4k}$，$\theta_A=\dfrac{Fl^2}{4EI}+\dfrac{F}{4kl}$

7-9 $\theta_A=\dfrac{5Fl^2}{8EI}$，$w_C=\dfrac{3Fl^3}{4EI}$

7-10 $F=\dfrac{16E\delta bh^3}{5l^3}$，$\sigma=\dfrac{24E\delta h}{5l^2}$

7-11 （1）$x=0.152l$；（2）$x=l/6$

7-12 $F_A=\dfrac{3M_e}{4l}$，$F_B=-\dfrac{3M_e}{4l}$，$M_A=\dfrac{1}{2}M_e$

7-13 $M_{max}=\dfrac{13}{32}Fa$

7-14 $F_C=\dfrac{qa}{8}$，$M_{max}=\dfrac{3}{8}qa^2$

7-15 $F_{NCD}=\dfrac{F}{7}$，$w_C=\dfrac{Fl^3}{7EI}$

7-16 加固前：$w_B=\dfrac{Fl^3}{3EI}$，$M_{max}=Fl$；加固后：$w_B=\dfrac{13FL^3}{64EI}$，为加固前的 60.9%，$M_{max}=\dfrac{5}{8}Fl$，为加固前的 62.5%

7-17 $b=8.92$cm，$h=17.84$cm

第8章 应力状态

8-1 （a）体内任意点；（b）右段内外表面上任意点；（c）固定端上顶点；（d）构件内外表面上任意点。

8-2 点 a：$\sigma_x=-37.5$MPa，$\sigma_y=0$，$\tau_{xy}=5.6$MPa；点 b：$\sigma_x=12.5$MPa，$\sigma_y=0$，$\tau_{xy}=-1.87$MPa

8-3 （a）$\sigma_{30^\circ}=80$MPa，$\tau_{30^\circ}=0$；（b）$\sigma_{30^\circ}=-40$MPa，$\tau_{30^\circ}=-69.3$MPa；（c）$\sigma_{30^\circ}=69.3$MPa，$\tau_{30^\circ}=-40$MPa

8-4 略

8-5 （a）$\sigma_1=100$MPa，$\sigma_2=20$MPa，$\sigma_3=0$，$\alpha_0=-22.5^\circ$

（b）$\sigma_1=51.2$MPa，$\sigma_2=0$，$\sigma_3=-31.2$MPa，$\alpha_0=-37.98^\circ$

（c）$\sigma_1=50$MPa，$\sigma_2=0$，$\sigma_3=-60$MPa，$\alpha_0=-26.56^\circ$

8-6 （a）$\sigma_1=25$MPa，$\sigma_2=0$，$\sigma_3=-25$MPa

（b）$\sigma_1=71.2$MPa，$\sigma_2=0$，$\sigma_3=-11.2$MPa，$\tau_{max}=41.2$MPa

8-7 （a）$\sigma_1=80$MPa，$\sigma_2=40$MPa，$\sigma_3=0$，$\tau_{max}=20$MPa

8-8 （a）$\sigma_1=110$MPa，$\sigma_2=60$MPa，$\sigma_3=10$MPa，$\tau_{max}=50$MPa

（b）$\sigma_1=50$MPa，$\sigma_2=30$MPa，$\sigma_3=-50$MPa，$\tau_{max}=50$MPa

8-9 （a）$\tau_{max}=65$MPa；（b）$\sigma_1=88.3$MPa，$\sigma_2=30$MPa，$\sigma_3=-28.3$MPa，$\tau_{max}=58.3$MPa

8-10 $\sigma_1=40\text{MPa}$，$\sigma_3=-10\text{MPa}$，$\tau_{xy}=-20\text{MPa}$

8-11 $\sigma_1=\sigma_2=-38.6\text{MPa}$，$\sigma_3=-90\text{MPa}$，$\varepsilon_1=\varepsilon_2=0$，$\varepsilon_3=330\times10^{-6}$

8-12 $M_e=\dfrac{15\pi D^3E\varepsilon_{45^\circ}}{256(1+\mu)}$

第9章 强度理论与弯曲和扭转的组合

9-1 (a) $\sigma_{r3}=89.4\text{MPa}$，$\sigma_{r4}=87.2\text{MPa}$

(b) $\sigma_{r3}=85.4\text{MPa}$，$\sigma_{r4}=74.7\text{MPa}$

9-2 $\sigma_{r3}=104.4\text{MPa}$，$\sigma_{r4}=92.6\text{MPa}$

9-3 $\sigma_{r3}=300\text{MPa}$，$\sigma_{r4}=264.6\text{MPa}$

9-4 $\tau\leqslant\dfrac{\sqrt{3}}{3}[\sigma],[\tau]=\dfrac{\sqrt{3}}{3}[\sigma]=0.577[\sigma]$

9-5 2.14mm，1.86mm

9-6 $\sigma_1=\sigma_2=\dfrac{pD}{4\delta}$，$\sigma_3=0$

9-7 $\sigma_{r4}=132.0\text{MPa}$

9-8 $\sigma_{r4}=133.9\text{MPa}$

9-9 $\sigma_{r3}=94.64\text{MPa}$

9-10 40.0mm

9-11 26.5mm

9-12 $\sigma_{r3}=4.74\text{MPa}$

9-13 $\sigma_{r1}=24.7\text{MPa}$

第10章 压 杆 稳 定

10-1 (d)

10-2 $\sqrt{2}$

10-3 8kN

10-4 矩形；圆形

10-5 18.44°

10-6 1.86

10-7 2.48m

10-8 334.2kN

10-9 148MPa

10-10 210.5kN

10-11 0.908m

10-12 74.3kN

10-13 $a\geqslant43.2\text{mm}$；$F_{cr}=488.5\text{kN}$

10-14 36.5kN

10-15 $\sigma=66.5\text{MPa}<[\sigma_{st}]=73.6\text{MPa}$

10-16 拉杆：$\sigma=67.5\text{MPa}$；压杆：$\sigma=47.7\text{MPa}<[\sigma_{st}]=57.6\text{MPa}$

10-17 (1) 100.8kN；(2) $\sigma=54.0\text{MPa}<[\sigma_{st}]=71.3\text{MPa}$

10-18 31.2mm

第11章 能量法

11-1 (a) $\frac{3F^2a}{2EA}$，(b) $\frac{M_e^2l}{24EI}$

11-2 (a) $\frac{q^2l^5}{80EI}$，(b) $\frac{q^2l^5}{240EI}$

11-3 $\frac{4Fl^3}{243EI}$

11-4 $\frac{M_el^2}{16EI}$

11-5 $\theta_B=\frac{Fa^2}{EI}$，$\Delta_{By}=\frac{19Fa^3}{18EI}$

11-6 $\frac{5qa^4}{32EI}$

11-7 $\theta_C=\frac{ql^3}{384EI}$，$\Delta_{Cy}=\frac{ql^4}{768EI}$

11-8 $\theta_C=\frac{7qa^3}{3EI}$，$\Delta_{Cy}=\frac{9qa^4}{4EI}$

11-9 $\theta_B=\frac{ql^3}{12EI}$，$\Delta_{Bx}=\frac{3ql^4}{8EI}$

11-10 $\frac{2\pi FR^2}{EI}$

11-11 $\Delta_{Bx}=\frac{FR^3}{2EI}$，$\Delta_{By}=\frac{(3\pi+4)FR^3}{4EI}$

11-12 $\Delta_{Cx}=\frac{9Fa}{4EA}$，$\Delta_{Cy}=\frac{\sqrt{3}Fa}{12EA}$

11-13 $\frac{5Fa}{2EA}$

11-14 $\theta_C=\frac{3Fl^2}{8EI}$，$\Delta_{Cy}=\frac{5Fl^3}{48EI}$

11-15 200MPa

11-16 $\sigma_{db,max}>\sigma_{da,max}>\sigma_{dc,max}$

11-17 (a) 10.7MPa；(b) 2.50MPa

11-18 0.780m

11-19 1∶1

11-20 160MPa

11-21 72.9MPa

参 考 文 献

[1] 哈尔滨工业大学理论力学教研室．理论力学（Ⅰ）[M]．北京：高等教育出版社，2009.
[2] 孙亚珍，侯祥林．理论力学 [M]．北京：中国电力出版社，2015.
[3] 王永岩．工程力学 [M]．北京：科学出版社，2010.
[4] 聂毓琴，李洪．工程力学 [M]．北京：科学出版社，2010.
[5] 刘杰民．材料力学教程 [M]．北京：中国电力出版社，2009.
[6] 李前程，安学敏．建筑力学 [M]．2 版．北京：高等教育出版社，2013.
[7] 聂毓琴，孟广伟．材料力学 [M]．北京：机械工业出版社，2009.
[8] 刘鸿文．材料力学Ⅰ [M]．北京：高等教育出版社，2017.
[9] 孙训芳．材料力学Ⅰ [M]．北京：高等教育出版社，2015.
[10] 刘海燕，韩斌，水小平．材料力学学习指导与题解 [M]．北京：电子工业出版社，2014.
[11] 顾晓勤．工程力学 [M]．北京：机械工业出版社，2014.
[12] 单辉祖，谢传锋．工程力学 [M]．北京：高等教育出版社，2018.
[13] 单辉祖．材料力学．4 版．（Ⅰ）[M]．北京：高等教育出版社，2016.
[14] 苑学众，刘杰民，孙雅珍．低碳钢等多晶体材料式样的滑移带形式，力学与实践 [J]．2014，36 (2)．
[15] 苑学众，孙雅珍．计算简支梁最大挠度的简单方法，力学与实践 [J]．2013，35 (4)．
[16] R. C. Hibbeler，Mechanics of Materials (Fifth Edition) [M]．北京：高等教育出版社，2004.
[17] Ferdinand P. Beer，E. Russell Johnston，Jr. Mechanics of Materials (Second Edition) [M]．Mc GrawHill，Inc，1992.